黄土区露天煤矿重构土壤
特性定量表征理论与方法

王金满 白中科 杨睿璇 秦 倩等 著

U0302847

科学出版社

北 京

内 容 简 介

本书探讨了黄土区露天煤矿重构土壤特性定量表征理论与方法。全书分为12章，总结了国内外露天煤矿土壤重构研究现状，分析了黄土区露天煤矿土地损毁类型及其对土壤质量的影响，运用地统计学方法研究了黄土区露天煤矿损毁土地土壤特性空间变异，探讨了受损土地土壤重构过程与方法，运用构建模型的方法分析了复垦土壤质量演替规律及复垦土壤质量与植被交互影响。此外，对复垦土壤粒径分布、复垦土壤孔隙分布进行了多重分形表征，对复垦土壤特性进行了联合多重分形表征，并对重构土壤孔隙进行了三维重建及定量表征，实现了重构土壤粒径分布和土壤孔隙分布的定量化研究。

本书可作为土地资源、生态学、农业资源与环境专业研究生和高年级本科生的参考教材，也可供相关专业的科研、教学等人员参考。

图书在版编目(CIP)数据

黄土区露天煤矿重构土壤特性定量表征理论与方法／王金满等著．
—北京：科学出版社，2016.5
ISBN 978-7-03-048284-6

Ⅰ.①黄⋯ Ⅱ.①王⋯ Ⅲ.①黄土区–露天矿–煤矿–复土造田–研究
Ⅳ.①TD88

中国版本图书馆 CIP 数据核字（2016）第 103599 号

责任编辑：周　杰／责任校对：张凤琴
责任印制：张　倩／封面设计：铭轩堂

科 学 出 版 社 出版
北京东黄城根北街 16 号
邮政编码：100717
http://www.sciencep.com

北京通州皇家印刷厂 印刷
科学出版社发行　各地新华书店经销

*

2016 年 5 月第 一 版　　开本：720×1000　1/16
2016 年 5 月第一次印刷　　印张：15 1/4
字数：274 000

定价：108.00 元
（如有印装质量问题，我社负责调换）

《黄土区露天煤矿重构土壤特性定量表征理论与方法》编委会名单

按姓氏汉语拼音排序：

白中科　曹银贵　曹振环　谷　裕　郭凌俐

贺振伟　胡斯佳　贾　玮　焦泽珍　李　博

李新凤　刘慧娟　刘　鹏　刘　涛　刘伟红

秦　倩　王洪丹　王金满　王　平　王　宇

吴克宁　杨睿璇　叶驰驱　尹建平　张　萌

张耿杰　赵华甫　赵中秋　周　伟

前　　言

　　中国是全世界最大的煤炭生产国和消费国，而煤炭开采在促进经济发展的同时也带来了一系列的生态环境问题。黄土区露天煤矿的开采是一种高速度、大规模改变生态环境的生产活动，它破坏了地形地貌，改变了原有的水循环过程，加剧了土壤流失和退化，降低了当地的生物多样性，使黄土区本就恶劣的生态环境雪上加霜。因此，做好黄土区的土地复垦工作意义重大。

　　土壤重构是矿区土地复垦的基础阶段，也是复垦的重点与核心。复垦中应采取适当的工程措施及物理、化学、生物、生态措施，重新构造一个适宜的土壤剖面与土壤肥力条件，以及稳定的地貌景观，在较短的时间内恢复和提高重构土壤的生产力，改善重构土壤的环境质量。虽然自20世纪80年代初期中国就开展矿区土地复垦工作，也取得一些成果，但目前土地复垦工作明显落后于欧美发达国家，复垦率比较低，同时缺乏对复垦质量的要求和控制，特别是对土壤重构不够重视，导致一些土地复垦工程效益低下，甚至失败。此外，露天煤矿排土场受大型机械施工碾压，导致土壤板结严重，物理结构不良，土壤培肥改良周期长。为此，作者在国家自然科学基金"基于多重分形理论的黄土区大型露天煤矿排土场土壤重构机理与调控模式"（项目编号：41271528）、北京高校"青年英才计划""黄土区大型露天煤矿排土场复垦土壤特性空间变异研究"　（项目编号：YETP0638）、中央高校基本科研业务费专项资金项目"黄土区排土场重构土壤结构的定量表征方法"（项目编号：2652012072）、"黄土高原生态脆弱矿区排土场土壤–植被动态交互影响与模拟"（项目编号：2652010027）等项目的资助下，开展了黄土区露天煤矿损毁土地土壤特性空间变异、复垦土壤质量演替规律、复垦土壤质量与植被交互影响、复垦土壤粒径与土壤孔隙分布的多重分形表征，以及重构土壤孔隙三维重建及定量表征等方面的研究，旨在为黄土区露天煤矿的复垦与土壤重构工作提供依据与指导。

　　全书共12章，在总结国内外露天煤矿土壤重构研究现状、分析黄土区露天煤矿土地损毁类型及其对土壤质量的影响的基础上，研究了黄土区露天煤矿损毁土地土壤特性空间变异，探讨了受损土地土壤重构过程与方法，运用构建模型的方法分析了复垦土壤质量演替规律及复垦土壤质量与植被交互影响。此外，还运用多重分形理论对复垦土壤粒径分布、复垦土壤孔隙分布进行了多重分形表征，对复垦土壤特性进行了联合多重分形表征，并对重构土壤孔隙进行了三维重建及定量表征。

先后参加有关项目研究的有中国地质大学（北京）土地科学技术学院的王金满、白中科、杨睿璇、秦倩、周伟、曹银贵、张萌、郭凌俐、王宇、王洪丹、曹振环、谷裕等。本书是对上述项目组成人员研究成果的高度总结。另外，本书还参考了其他单位和个人的研究成果，均已标注在参考文献中，在此一并表示感谢！全书由王金满、秦倩、谷裕、曹振环统稿，由王金满最后审定。

在本书成稿之际，向所有为本书出版提供支持和帮助的同仁表示衷心感谢。由于时间及经费的限制，所取得的成果仅仅限于黄土区露天煤矿土壤定量表征理论与方法的某几个方面，可能对有些问题的认识还不够深入。同时，由于作者水平有限，书中难免存在疏漏之处，还恳请广大读者提供宝贵意见，也恳请同行专家批评指正。

作　者

2015 年 6 月

目　　录

第1章 绪 论

1.1 研究背景

中国是全世界最大的煤炭生产国和消费国，2013 年，我国露天煤矿煤炭产量已经从 4% 提升到了 12%。露天煤矿大多分布在黄土高原等生态脆弱区，该地区自然条件严酷，土壤贫瘠，植被稀疏，水资源极度匮乏，生态环境极为脆弱，是典型的干旱、半干旱地区。而露天煤炭的开采直接剥离表土和煤层的上覆岩层，使煤层暴露后开采。露天开采是一种高速度、大规模改变生态环境的生产活动，破坏了地形地貌，改变了原有的水循环过程，破坏了地表径流下渗过程，加剧了土壤流失和退化，同时破坏了动物栖息地，使物种多样性降低，给矿区生态系统带来了很大威胁，严重制约着矿区社会经济的发展。据有关部门预测，到2020 年，中国露天开采煤炭损毁土地 0.22 hm²/万 t，随着露天煤矿的建设和发展，其对矿区土地资源和生态环境的破坏日趋严重。因此，做好黄土高原矿区的复垦工作意义重大。露天煤矿导致的废弃地多为排土场，因而必须做好该地区露天煤矿排土场土地的复垦与生态恢复工作，恢复矿区的生态景观，减缓土壤流失和退化，促进矿区社会经济的可持续发展。

露天煤矿土地复垦包括地貌重塑、土壤重构和植被重建。其中，土壤重构是矿区土地复垦的基础阶段，也是复垦的重点与核心。土壤重构（soil reconstruction, soil restoration），即重构土壤，是以工矿区破坏土地的土壤恢复或重建为目的，采取适当的采矿和重构技术工艺，应用工程措施及物理、化学、生物、生态措施，重新构造一个适宜的土壤剖面与土壤肥力条件，以及稳定的地貌景观，在较短的时间内恢复和提高重构土壤的生产力，并改善重构土壤的环境质量。如果没有良好的土壤母质条件，植被和作物就没有很好的生存基础，将很难达到良好的复垦效果。复垦后的土壤条件直接关系到复垦的成败和效益的高低，因此重构一个较高生产力的土壤是土地复垦技术革新的动力和方向。现代矿区土地复垦技术研究的重点之一就是土壤因素的重构，为了使复垦土壤达到最优生产力，最基本的是要构造一个最优的土壤物理、化学和生物条件。

在露天矿区复垦的过程中，由于受开采成本及开采技术的限制，露天煤矿各层岩土的剥采与堆倒会无次序混排，形成"矿山土"，改变了原有土壤的层次结构，容易造成土壤侵蚀及水土流失，不利于植被重建工程的开展。此外，露天煤矿排土场受大型机械施工碾压，导致土壤板结严重，物理结构不良，持水保温能力差，氮、磷、钾和有机质等含量只有原表土层的 20%～30%，不利于复垦植物的生长。另外，上覆岩层或煤矸石中可能含有重金属元素，会造成土壤污染，这些有毒元素若随径流扩散，会造成更大范围的土壤污染。

要重构一个适宜植被生长的土壤条件，科学地推进黄土露天矿区土地复垦工作，需要一套完整且切实可行的理论作为依据，尤其在重构土壤特性层量表征方面，其对黄土区露天煤矿土壤重构理论与方法的研究与探讨具有重要意义。

1.2　国内外研究现状

本节将从矿山土地复垦土壤重构研究进展、露天煤矿重构土壤质量研究、露天煤矿植被及生态恢复研究，以及露天煤矿土壤重构研究中新方法的使用等几个方面来综述国内外的研究现状。总体来说，目前关于露天煤矿重构土壤质量、植被恢复的研究较多，但是对土壤质量–植被–环境因子之间响应关系机理的揭示不够深入，同时在露天煤矿重构研究中很少应用地统计学、多重分形、三维重建等新方法。

1.2.1　矿山土地复垦土壤重构研究进展

1. 矿山土壤重构发展历程

发达国家从 19 世纪末开始对矿区废弃地进行治理，20 世纪 20 年代开始对矿区土地复垦和生态恢复的研究。70 年代的研究主要针对矿山废弃地恢复、防止生态系统退化。20 世纪末期的研究主要针对沉陷区环境影响植被恢复、废弃地复垦技术、固废综合利用和土壤重金属去除等方面。21 世纪的研究则针对矿山废弃地物种多样性、土壤重金属的植物富集、矿山开采对环境的影响机理、3S 技术在土地复垦监测和评价中的应用、矿区水体修复等方面。美国复垦法律健全，技术先进，实行边开采边复垦，复垦率高达 85%。德国实施复合型土地复垦，休闲用地、物种保护用地、景观用地都有，机构健全，执法严格，资金渠道稳定。澳大利亚的特色土地复垦模式以高科技主导、多专业联合、综合性治理开发为主。英国将损毁土地复垦为农林用地，矿区土壤改良处于世界领先地位（卞正富，2000）。

我国现代意义的土地复垦开始于 20 世纪 50 年代，当时主要针对土地退化和土壤退化问题将废弃地进行农业复垦。1988 年开始强调生态恢复学理论在基质改良方面的应用。1999 年开始注重生态系统健康和环境安全的生态恢复。矿山废弃地土壤重构主要包括物理改良、化学改良和生物恢复等技术。其中，物理改良包括排土、换土、去表土、客土、深耕翻土；化学改良包括用酸碱盐改善土壤酸碱化；生物恢复包括施用有机肥料、木屑、绿色垃圾、粪肥、有机污泥，推广重金属超富集植物以富集重金属，补充树皮以提高土壤有机碳含量等（魏远等，2012）。

2. 土壤剖面重构方法研究

露天煤矿区土壤重构的主要内容是排土场重构，而排土场重构的核心问题主要是排土场合理的开采工艺与复垦技术相结合的土壤剖面重构。土壤剖面重构是土壤重构的关键，也是最为基础的一步。土壤剖面（soil profile）在土壤学中是指一个具体的土壤纵剖面，一个完整的土壤剖面包括土壤形成过程中所产生的发生学层次及母质层次。土壤剖面重构（soil profile reconstruction），概括地说就是土壤物理介质及其剖面层次的重新构造，是指采用合理的采矿工艺和剥离、堆垫、贮存、回填等重构工艺，构造一个适宜土壤剖面发育和植被生长的土壤剖面层次、土壤介质和土壤物理环境。

美国《露天采矿管理与土地复垦法》规定和推荐采用一体化的采矿与复垦工艺，即根据不同的地区和地形条件，分别采用平地开采法、等高开采法、山顶开采法等一系列采矿与复垦一体化模式。国外应用比较广泛的是横跨采场倒推的铲斗轮开采系统，这是一种同时使用剥离铲和斗轮挖掘机进行剥离的无运输倒推工艺，适用于倾角小于 10℃ 的水平或近水平煤层，是比较典型的露天煤矿土地复垦技术。这种方法没有运输环节，与其他工艺相比，具有投资省、成本低、功效高等一系列优点，能够形成边采煤边复垦的良性循环。

国内对露天煤矿土壤剖面重构技术的研究较少。20 世纪 80 年代初，我国复垦采煤沉陷地主要采用泥浆泵挖深垫浅的方法，但此方法不适宜恢复为耕地的复垦。运用拖式铲运机挖深垫浅的工艺可解决这一难题，而后"条带复垦表土外移剥离法"、"梯田模式表土剥离法"等生态复垦表土剥离工艺，以及生态预复垦的表土剥离工艺被广泛应用，进一步优化了土壤重构技术（付梅臣和陈秋计，2004）。露天煤矿排土场是由原来的剥离土体和上覆土壤经过剧烈的扰动，以松散堆积状态堆置形成的人工巨型地貌景观，因此存在严重的水土流失、表层土壤压实，以及排土场本身的稳定等问题。排土场平台"堆状地面"的土壤重构方法有效地避免了表层土壤压实，并起到了增加水分入渗和分散地表径流的作用（魏忠义等，2001）。基于土壤学理论和国外露天矿复垦的实践经验，胡振琪等（2005）提出的"分层剥离、交错回填"的土壤剖面重构技术广泛应用于露天煤矿复垦，这种方法使得损毁土地的土层顺序在复垦后能保持基本不变，从而更适宜于植物的生长。通过对内蒙古胜利东二号露天矿排土场平台及边坡的研究，刘春雷（2011）将开采时的表土剥离、表土存放，以及复垦过程中的剖面重构、复垦后的土壤改良、植被的筛选与配置、水土保持工程措施、人工管护作为整体，系统地提出了草原露天煤矿区土壤重构技术，以及矿区复垦中需要注意的问题，进一步完善了矿区土壤重构技术理论，为排土场后期及相同区域土地复垦提供了一定的参考。

1.2.2 露天煤矿重构土壤质量研究

重构土壤是矿山植被重建的基础，重构土壤质量的高低是土地复垦效果的主要评价标准，也是复垦成败的关键。国内外关于重构土壤质量的研究较多，但多集中在土壤理化性质、土壤微生物及土壤污染方面，而目前对于复垦土壤质量空间变异性研究、重构土壤特性定量化研究及土壤质量演替规律模型研究较少。

在复垦土壤质量评价中，胡振琪（1996）运用模糊集理论开发了一个定量评价土壤生产力模糊数学模型，对复垦土壤耕作效果进行了评价，采用土壤生产力指数的修正模型和复垦土地生产力的耕作效果指数评价了复垦土壤耕作效果。此外，陈龙乾等（1999）、卢铁光等（2003）、王志宏等（2006）、马建军等（2007）分别用土壤质量评价指数法、单因子评价和模糊数学综合评价、灰色关联分析法评价了复垦土壤的质量。这些土壤质量评价方法为复垦土壤质量的研究奠定了基础。

下面将从重构土壤理化性质与养分、重构土壤微生物活性及重构土壤重金属污染3个方面叙述国内外关于露天矿重构土壤质量的研究进展。

1. 重构土壤理化性质与养分研究

在重构土壤质量的研究中，往往以有机质、全氮、有效磷、速效钾、pH、电导率、容重等作为评价指标来反映复垦土壤的理化性质及养分状况。Potter 等（1988）、Akala 和 Lal（2001）、于君宝等（2001，2002）、Shukla 等（2004）、李戎凤等（2007）、丁青坡等（2007）对复垦土壤养分状况进行了分析。Daniel 等（2002）对露天开采后复垦 20 年的土壤与未受损土壤进行了对比研究，发现复垦土壤有机质的含量仅为未受损土壤的 36%。李华等（2008）以风化煤为修复介质研究了复垦土壤理化性质的变化，结果发现 0～20 cm 土层土壤有机质、腐殖质含量显著提高，pH 有所降低，但效果不显著，并指出风化煤施加量为 27 000 kg/hm² 时改良效果最佳。张乃明等（2003）、孙海运等（2008）选择土壤有机质、全氮、有效磷、速效钾、pH、电导率、容重等指标对复垦土壤质量进行了综合评价，指出随着复垦年限的增加，土壤质量不断提高，复垦后种植不同植被土壤质量差异较大，种植牧草、杨树较好，用作耕地和种植针叶树较差，施用有机肥和化肥可以加速土壤的熟化，土壤理化性质逐年改善。樊文华等（2010）以复垦13 年的平朔安太堡露天矿区南排土场 1420 平台正常复垦土壤与自燃退化土壤为研究对象，研究了煤矸石自燃对复垦土壤质量的影响，发现自燃后土壤体积质量、田间持水率与正常平台和原地貌土壤相比显著偏小，总孔隙度比正常平台和原地貌土壤的要大，煤矸石自燃可以降低复垦土壤的有机质、速效磷质量分数及 pH，提高复垦土壤表层速效钾的质量分数。郭凌俐等（2014）分析了内蒙古大唐胜利东二号露天矿不同表土堆存方式下土壤质量的变化，研究结果表明散状表土场除土壤 pH 和堆状表土场基本一致外，土壤有机质养分参数（有机质、全氮、速效钾、速效磷）和电导率都高于堆状表土场。

此外，也有少数学者对露天煤矿复垦土壤有机碳进行了研究，刘伟红等（2014）研究了平朔露天煤矿排土场不同复垦阶段的耕地、林地、草地土壤有机碳的动态变化，结果表明土壤有机碳随着土层深度的增加而逐渐递减，与未复垦土壤相比，复垦土壤有机碳含量增加，且有机碳含量呈现林地大于耕地、耕地大于草地的趋势，同时发现林地和草地土壤有机碳含量与全氮之间有极显著的正相关关系，耕地和林地土壤有机碳含量与 pH 具有明显的负相关性。李俊超等（2014）研究了植被重建模式过程中碳储量的变化，结果显示在不同植被重建模式中表层土有机碳含量从高到低依次为草地、灌木、乔木、乔灌混交林、自然恢复地，在不同的植被配置类型中苜蓿地 0 ~ 10 cm 土壤中有机碳含量最高，达到 5.71 g/kg，比自然恢复地高 166.7%，与未进行植被恢复的排土场相比，植被重建后的草地、灌木、乔木地有机碳含量均增加，表现出了巨大的固碳能力。Bartuska 和 Frouz（2015）运用年代序列的方法，研究了索科洛夫附近露天煤矿复垦土壤的碳积累，发现随着复垦年限的增加，碳积累量也增加，但增加的速度变得缓慢。

2. 重构土壤微生物活性研究

土壤微生物是维持土壤生物活性的重要组分，其对土壤中各化学元素的循环和矿物质的分解有着重要作用，在土壤发育、肥力改善以及植被生长等方面起着重要作用。在露天煤矿的开采中，原有的地形地貌和土层结构都遭到损坏，微生物种群也受到很大影响，从而影响到营养元素的循环及土壤的肥力，因此恢复地下土壤微生物生态群落是复垦中的一项重要工作。重构土壤微生物及其活性的研究对复垦土壤质量的提高具有重要意义。

矿区重金属污染能使土壤微生物总数下降，土壤酶活性减弱，土壤生化作用强度降低（龙健等，2003；Ciarkowska et al.，2014）。Daniel 等（2002）的研究结果表明，露天煤矿开采后复垦 20 年的土壤中，总微生物量、细菌、真菌量分别仅为未受损土壤的 20%、16% 及 28%。可见，经过露天煤矿的开采，土壤中微生物受到很大影响，土壤活性也会下降。但 Frouz 等（2001）、樊文华等（2011a）、Dangi 等（2012）发现，随着复垦年限的增加，土壤中微生物的数量种类也逐渐恢复，且土壤微生物群落恢复最重要的阶段在复垦后的 5 ~ 14 年。Wanner 和 Dunger（2001）对德国东部露天煤矿已复垦 46 年的林地土壤微生物活性进行了研究，发现复垦地微生物丰富度及生物量与未扰动林地相差不大，但在复垦土壤中却很少见到大型有壳变形虫。

不同的复垦模式及植被配置方式对微生物恢复的效果不同。Sourkova 等（2005）对矿区砂土和黏土两种复垦土壤中的微生物碳、磷及微生物活性进行了长期研究，结果表明，砂土中微生物活性要高于黏土，底层黏土全磷浓度高不代表微生物的磷含量高。樊文华等（2011a）研究了安太堡露天煤矿不同复垦植被模式对土壤微生物的影响，发现云杉、油松、落叶松配置方式对微生物恢复的生态效益较好，在任何一种复垦模式或复垦年限的 0 ~ 20 cm 土层中，细菌的数量占 95%以上，放线菌的数量居中，真菌的数量最少。Li 等（2013，2015）探究了黄土高原露天煤矿不同复垦模式和不同施肥处理对土壤微生物的影响，发现真菌、细菌和古生菌都在施肥后增加，但复垦时植被组成比施肥对微生物群落有更大的影响，Li 随后又研究了复垦方案对土壤酶活性和微生物群落的影响，发现混交林复垦方式下土壤养分、土壤酶活性及微生物的丰富度均高于裸地和园地。因此，在土地复垦中选择合适的复垦模式及植被配置方式，有利于土壤中微生物的恢复。

为了加速土壤质量的提高，可以人工培育菌种，将其投入到矿区的土地复垦当中。韩桂云等（2003）以霍林河露天煤矿排土场的绿色泥岩为研究对象，接种外生菌根真菌菌剂，分别进行了施肥、不施肥、泥岩氨化 3 组对比试验，结果显示不施肥的感染率和成活率均高出施肥的 1.21 ~ 2.78 倍和 1.0 ~ 2.7 倍，供试的部分菌根菌剂对贫瘠质量差的土壤条件表现出了较强的适应能力。张淑彬等（2009）研究发现，分离自江西和新疆的两个丛枝菌根真菌菌种对内蒙古露天煤矿回填土壤有很好的适应能力，能够显著提高沙打旺的生物量，并且能改善植株的氮、磷营养。类似这种耐受性菌剂应用到矿区生态修复中，可加速植被恢复及提高土壤质量。

3. 重构土壤重金属污染研究

露天煤矿开采中产生大量的煤矸石，煤矸石中的重金属元素经过风化、自燃、淋溶等过程迁移到土壤中,导致重金属污染,土壤功能受损,影响复垦区植被的恢复,并且重金属向农作物转移还会威胁到粮食安全。因此,对复垦土壤重金属的研究及修复是土地复垦中一项重要的工作。

目前,关于露天煤矿重构土壤重金属的研究大多集中在重金属含量及生态危险评价方面。Popovic 等(2001)、Hinojosa 等(2004)、秦俊梅等(2006)采用单项和综合污染指数对复垦土壤的环境质量进行了研究,结果表明,复垦土壤虽然有一定的污染性,但土壤环境质量可以达到环境质量标准,不会影响植物生长。魏忠义等(2008)、魏忠义和王秋兵(2009)对抚顺西露天矿区煤矸石山表层土壤重金属污染进行了分析,结果显示 Cd、Cr、Ni、Cu 等元素含量随着与煤矸石山距离的增大而减小,且重金属元素具有一定的纵向迁移性,表现为 0~20 cm 土层 Cd、Cr、Ni 元素含量大于 20~40 cm 土层,但在煤矸石山植被重建土壤限制性因子的研究中发现,重金属元素的影响排在末位。

虽然大部分研究表明露天矿区重金属的污染程度处于安全范围内,不会影响植被的恢复,但是部分重金属元素污染还是要引起我们的重视。马从安等(2007)、葛元英等(2008)、樊文华等(2011b)、Wang 等(2013a)、李春等(2014)在对露天矿区重金属污染的评价中发现,Cd、Cr、Hg、Pb 等元素污染最为严重,是主要的潜在污染因子。马建军等(2012)以黑岱沟露天煤矿为研究对象,研究发现 Cu、Pb、Zn、Cd、Ni 及 As 的累积量随着复垦时间的增加而减小,而 Hg、Cr 的累积量却随着复垦时间的增加而增加,成为复垦地农用的限制性因素。秦俊梅等(2006)对安太堡露天煤矿不同复垦土壤、基质及植物中重金属进行了研究,研究发现煤矸石是重金属主要的污染来源,植物中重金属 Cd、Pb、Cu 和 As 含量均未超出正常植物的含量标准,但所有植物中 Cr 含量均超出正常植物的含量标准。Martinez 等(2013)研究了越南东部距离露天矿 2 km 的水稻田植物,结果表明,水稻植株内 Cd、Cu、Pb 含量超过了正常食物含量标准,水稻根部 Cd 和 Pb 的含量最高,达到了(0.84±0.02)mg/kg 和(7.7±0.3)mg/kg,重金属通过食物累积到人体器官,可能会导致严重的疾病。

综上所述,露天煤矿开采带来的土壤重金属污染对矿区的植被、农作物及人体健康造成一定的威胁,因此在矿区复垦时要结合物理化学修复、植被修复、生物修复等技术减轻重金属污染。Habakuchi(2015)的发明专利指出,通过烘烤发泡剂和锌、铜、锰、铬等金属氧化物混合物得到的发泡烧结材料对土壤中的重金属或有毒物质具有洗脱和抑制作用,可以用于矿区的土地复垦,减少重金属等的污染。在矿区土地复垦过程中,人为构建地形异质性可以明显加速生态演替和促进植物群落多样性,而将矿业碎片与污泥混合用于采石场等矿区的复垦中,不仅不会污染土壤及地下水,还会为土壤生物的栖息提供合适的场所,从而加快植被重建（Gilland and Mccarthy，2014；Domene，2010）。

1.2.3 露天煤矿植被及生态恢复研究

植被是陆地生态系统的重要组成部分，是生态系统中物质组成和能量流动的中枢（杨勤学等，2015）。植被不仅能够改善重构土壤的质量和结构，还能减少水土流失与侵蚀，矿区植被恢复是复垦的主要环节之一，是矿区生态系统恢复的基础与保障（Parrota，1992）。植被恢复是指运用生态学原理，保护现有植被，修复或重建已毁坏或破坏的森林和其他自然生态系统，恢复其生物多样性及其生态系统功能（李其远，1998）。目前，国内关于露天煤矿植被及生态恢复的研究较多，多分布在植被恢复模式选取、植被恢复的影响因素、植被恢复对土壤质量的影响，以及露天矿区生态系统评价等方面，但目前关于植被与土壤质量交互影响规律的揭示不够深入，对限制植被恢复的立地环境因子考虑单一。

1. 植被恢复模式选取

根据矿区的情况，因地制宜地选取合适的植被配置模式是至关重要的，合适的植被配置能促进矿区生态系统更加快速恢复。在选择植被时，应考虑当地的气候、水热条件及矿区恢复的目标，挑选耐受性好、土壤培肥能力强、生长快速的先锋物种。

豆科植物被认为是在贫瘠、缺水矿区环境中最为有用的物种，一方面豆科植物的枯枝落叶能为复垦土壤提供大量的有机物质，提高土壤中的氮素含量；另一方面豆科植物可以起到保护其他植物的作用，如为栎属（*Quercus*）、山毛榉属（*Fagus*）等林窗入侵种的生长提供了有利条件（张志权等，2002；Harris et al.，1996；Herrera et al.，1993）。李晋川等（1999）的研究指出，豆科牧草适合作为安太堡煤矿的复垦先锋植物，复垦植被可选择沙棘、柠条等灌木，刺槐和新疆杨等树种。陈洪祥等（2007）的研究表明，豆科灌丛植物对土壤容重的改良效果最好，且油松+柳+沙棘或锦鸡儿，以及杨树+沙棘等类型的乔、灌混合林土壤有机质含量较高。赵洋等（2015）也指出，豆科植物可明显改善土壤质量，促进矿区排土场物种多样性的恢复。台培东等（2002）及陈来红和马万里（2011）都认为，沙棘可以作为草原露天煤矿植被恢复的先锋物种，其土壤培肥和水土保持效果明显。郝蓉等（2003）指出，在安太堡露天煤矿复垦中较好的人工植被模式为刺槐+油松+柠条、刺槐+油松、刺槐+沙棘和刺槐纯林。赵广东等（2005）的研究结果表明，在矸石山废弃地中，白榆和沙打旺的成活率分别为81%、85%，小叶杨、刺槐、栾树的成活率均在70%以上，这些物种均适合矸石山废弃地的复垦。郭祥云和李道亮（2009）应用除趋势典范对应分析（DCCA）排序法分析了阜新海州排土场植被和土壤环境的关系，植被种类的分布象限表明，刺槐能适应复垦初期恶劣的生长环境，随着复垦年限的增加，土壤环境得到改善后，猪毛蒿等草本植被在阜新海州排土场生长较好。郭道宇等（2007）在对安太堡矿区草地群落、灌丛群落及森林群落的调查研究中发现，森林群落处于植被演替相对稳定的阶段，主要物种呈现正联结，森林群落的配置方式较灌丛群落和草地群落配置更适合矿区的生境。

生物土壤结皮（biological soil crusts，BSCs）是指由藻类、地衣、藓类等隐花植物及土壤中的微生物和其他相关的生物体与土壤表层颗粒等非生物体胶结形成的十分复杂的复合体（李新荣，2012；Belnap and Lange，2003）。BSCs 能与土壤颗粒紧密黏结在一起，提高土壤表面的稳定性，从而增强其抗侵蚀能力，减少水土流失。赵洋等（2014）对黑岱沟排土场 5 种植被配置模式（乔木、乔木+灌木、乔木+禾本科草本、乔木+豆科草本、撂荒地）的研究结果表明，乔木和乔木+豆科草本配置模式下藓类结皮的盖度最高，达到了 56% 和 43%，比其他配置模式下的藓类结皮盖度高出很多，不同植被配置条件下 BSCs 的厚度均超过了 0.30 cm，其中乔木+灌木配置条件下的 BSCs 厚度最高，为 0.55 cm，显著高于其他配置条件下的 BSCs 厚度。

由于各个矿区的气候、土壤条件不相同，选择的复垦植被也各有差异，国内外对于复垦植被的选择大多是通过实验对比分析而来的，实验法周期长，且实验植物品种存在局限性，如何快速选择适宜矿区复垦的植被是一个值得研究的问题。李道亮和王莹（2005）采用相似算法，建立了煤矿区植被恢复品种选择模型，该模型是通过寻找土壤和气候条件相似矿区的植被恢复成功模式，确定适宜该区的植被品种集，通过实验证明该模型方法具有科学性，其可为矿区植被恢复提供决策依据。但是这种模型数据库中成功复垦的案例较少，在实际应用中存在一定局限性。

2. 植被恢复的影响因素

植被在恢复过程中受很多因素的影响，主要有土壤肥力和 pH（Costigan et al.，1981）、氮、磷和有机质等（Dancer et al.，1977），此外坡度、坡向、光照条件、外来物种的入侵等也对矿区植被的恢复存在影响，对这些影响因子的研究可以更好地开展矿区植被恢复工作。

在植被恢复初期，土壤理化性质是植被生长的主要影响因子。张桂莲等（2005）、郭祥云和李道亮（2009）用 DCCA 排序方法分析了植被与土壤环境之间的关系。DCCA 排序表明，土壤有机质含量是影响安太堡矿区植物群落发展的主要环境因子，全氮、有机质、速效钾和 pH 是影响阜新海州露天煤矿植被生长的主要因子。Guo 等（2013）以安太堡矿区为研究对象，分析了植被恢复中种群特征与土壤因子之间的相关性，结果表明，pH、碱解氮、速效磷的含量影响刺槐的生长，其中 pH 的影响最大。高英旭等（2014）研究了海州露天煤矿排土场土壤理化性质对植被生物量的影响，表明白榆纯林复垦模式下土壤养分含量高，地上生物量也最高，指出地上植被生物量与土壤理化性质呈正相关关系。

植被生长受水热及光照条件的影响。王改玲等（2000）通过对安太堡矿区刺槐连续 5 年的跟踪试验表明，坡度、坡向、地表物质组成和植被配置模式是影响刺槐生长的主要因子，刺槐在阳坡及避风处生长得较好，说明光照条件对植物生长的影响较大。随后王改玲和白中科（2002）指出，安太堡排土场植被恢复的主要限制性因子是水分、温度、构造不良的土体、贫瘠的养分等。潘德成等（2014）采用变异系数和有效水分参数相结合的方法，研究了土壤水分时空分布对植被恢复的影响，结果显示矿区土壤水分变异系数和有效水分参数均存在较大差异，地上植被的生长受到影响，且土壤水分未被植被根系很好的利用。

外来物种的入侵有利于矿区植被的恢复，可以促进生态系统趋于稳定。马建军等（2006）对黑岱沟露天矿区野生植物入侵进行了调查分析，结果显示，1992～2005 年 14 年中，自然入侵的物种有 115 种，群落中占优势的为一年生植物，多年生植物占总种数的 40%～50%，相对复垦初期增加了很多，披碱草和拂子茅是影响矿区植被生长的主要入侵种，外来种的入侵增加了复垦土地的植被盖度及生物多样性，增强了生态系统的稳定性。

3. 植被恢复对土壤质量的影响

植被恢复和土壤质量的关系随着植被群落的演替而改变，二者是一种相互依赖和制约的关系。在复垦初期，植被恢复受土壤质量的制约，随着复垦年限的增加，野生物种大量侵入，种子库逐渐形成（韩丽君等，2007），生物多样性不断丰富（许丽等，2005；牛星等，2011；王蓉等，2013），植被的枯枝落叶在微生物的作用下转化为有机物质，加上植被的保水保肥作用，促使土壤质量不断提高。

植被恢复在改善土壤养分方面具有重要作用。赵广东等（2005）的研究表明，植物措施能明显提高煤矸石山废弃地不同土层有机质、全氮、全磷和全钾的含量。台培东等（2002）在对草原露天矿的研究中发现，沙棘可以快速形成灌丛，可减轻风蚀强度，形成地表凋落物覆盖层，具有很好的土壤培肥和水土保持效果。李春等（2014）的研究表明，植被恢复提高了昆阳磷矿区土壤中全氮、碱解氮、速效钾的含量，尤其是土壤氮养分增加显著。胡振琪等（2003）对矸石山植被恢复进行了研究，指出植被能够提高保水保肥作用，使矸石山的渗透速率减小，且刺槐林能够增加矸石山的全氮量。Zhang 等（2015）探讨了安太堡矿区植被恢复对减少径流和土壤侵蚀的影响，其研究结果表明刺槐、沙棘及豆科植物在控制径流和侵蚀方面有很好的效果，从长远来看，植被恢复能够增加有机质，改善土壤质量。

植被恢复提高了土壤活性与微生物含量。Deng 和 Tabatabai（1994）指出，植物根系的分泌物可以提供氨基酸、维生素等养料，从而改善土壤的生态环境。王翔等（2013）研究了不同复垦植被恢复对土壤养分含量及酶活性的影响，指出随着植被恢复的进行，土壤养分含量均有所增加，土壤酶活性显著提高，改善了土壤质量。李春等（2014）、Li 等（2015）的研究结果表明，植被恢复提高了土壤细菌的多样性，且不同的植被恢复模式下土壤细菌群落存在差异性。

4. 露天矿区生态系统评价

露天煤矿多分布在干旱半干旱生态脆弱区，经过开采后，原有的地形地貌遭到破坏，自然植被也不复存在，这使得土壤更加贫瘠，加剧了该区域生态系统的恶化，制约了矿区社会经济的发展。因此，对露天煤矿开采区生态系统进行评价，采取措施促进矿区生态系统趋于稳定，对矿区可持续发展具有重要意义。

白中科等（1999a）对安太堡露天煤矿生态系统受损情况进行了研究，指出新的生境沟壑消失相比原生境地貌形态趋于简单，但是重构的固相岩土结构松散紊乱，地表物质趋于复杂，土壤贫瘠，天然植被恢复，无法使受损生态系统发生顺向演替，需要进行人工植被的恢复，否则会加剧新侵蚀地貌的形成。崔旭等（2010）对安太堡煤矿生态承载力的研究结果表明，安太堡矿区 2007 年的生态系统弹性力、资源环境承载力都处于中等水平，生态系统压力度超负荷，矿区生态系统稳定性较差，但总体来说，安太堡矿区生态系统稳定性是在恢复中上升。程建龙等（2004）阐述了生态风险评价的基本概念，建立了典型露天煤矿风险评价指标体系，探讨了生态风险评价方法及步骤，对露天煤矿生态风险评价提供了依据。高雅等（2014）研究分析了内蒙古平庄西露天煤矿区土壤生态系统的稳定性，结果表明，矿区土壤系统的稳定度与复垦年限具有很大关系，其中煤矿开采区与排弃物堆放区的土壤肥力低，动植物群落稳定性差，需要通过土壤改良和植被恢复来促进生态系统的稳定性。

1.2.4　露天煤矿土壤重构研究中新方法的使用

1. 地统计学

地统计学（geostatistics），又称地质统计学，于 20 世纪 50 年代初被提出。60 年代在法国著名统计学家 G. Matheron 大量理论研究工作的基础上形成一门新的统计学分支，由于它首先是在地学领域，如采矿学、地质学等中发展和应用的，因此得名地统计学（王政权，1999；Webster，1985）。地统计学是以区域化变量理论为基础，以变异函数为主要工具，研究那些在空间分布上既有随机性又有结构性的自然现象的科学（候景儒等，1998）。地统计学发展至今，不仅在地质学，而且在土壤、农业、气象、海洋、生态、环境等各个学科领域都得到了相应的发展。

目前，国内外利用地统计学研究土壤空间变异多集中在塌陷地重构土壤、自然土壤或农业利用类型土壤，涉及露天煤矿重构土壤的相对较少。露天煤矿由于排土方式、施工技术、表土来源及厚度等因素的不同，都会引起采矿后复垦土壤空间变异性的巨大变化。因此，应用地统计学来研究排土场土壤空间变异是一项新的方法，可为排土场的复垦提供指导。

（1）露天煤矿重构土壤空间变异研究

关于露天煤矿复垦土壤空间变异的研究相对较少。Komnitsas 等（2010）的研究表明，在废弃多年没有进行植被恢复的排土场，有机物质变异性比较大。而且相比原地貌，复垦土壤中有机物质的空间自相关距离更短（Mummey et al.，2002）。黄龙（2011）对海州露天煤矿排土场边坡土壤抗冲性空间变异性特征进行了研究，得到在坡面尺度范围内，土壤抗冲指数具有中等程度的空间变异性和中等强度的空间自相关性，而且随着时间的增加，土壤抗冲指数呈增大趋势。郭凌俐等（2015）在对露天煤矿排土场中的复垦土壤质地进行研究和分析时，将传统的统计学方法与地统计学方法有机结合，进行土壤质地的分析，研究结果表明，从水平方向来看，粉粒含量高值区对应着砂粒含量的低值区，从垂直方向来看，不同土壤粒径的含量在空间分布上并没有表现出较强的规律性。

（2）塌陷地重构土壤空间变异研究

胡振琪（1992）较早地对复垦土壤空间变异性进行了研究，选择穿透阻力这一参数对土壤物理性质空间变异性进行分析，研究表明，复垦土壤穿透阻力的空间变异性与采煤方向有关，沿开采方向比垂直于开采方向变异性大，而且空间变异在土壤的垂直剖面上有明显的规律性，要求田间管理和改良措施应主要针对复垦土壤的这种特点进行。戚家忠等（2008）的研究表明，刚复垦的塌陷地重构土壤中，表层土壤的有机质在0°、135°方向上，其变异函数模型为纯块金效应模型，即有机质含量没有表现出空间自相关性，这可能与复垦机械覆土时进出的方向、熟土的来源，以及覆土的方法有关系，而在研究区西部的表层土壤里，有机质含量明显高于该区其他部分，这可能是由回填熟土不均匀造成的。Nyamadzawo 等（2008）的研究结果显示，总有机碳含量的块金值/基台值较高，说明复垦时间越长，总有机碳的空间自相关性越强。王辉等（2007）对充填复垦区土壤水分空间变异性的研究表明，充填复垦土壤体积含水量的空间变异性小，复垦行为使土壤综合性质变得均一。赵红梅等（2010）对大柳塔采煤塌陷区土壤含水量的空间变异特征进行分析，认为地表塌陷后，表层土壤结构变得疏松，土壤粒度变粗，其持水能力下降，土壤含水量比正常区域显著降低。塌陷区土壤含水量在各个深度层均小于非塌陷区，且土壤含水量的变异程度在各个深度层也均大于非塌陷区。这是因为采煤塌陷造成塌陷区土壤层位在垂向上倒置、重组等，引起土壤粒度、容重、孔隙度等土壤物理特性的改变，使得土壤含水量在空间分布上也表现出较强的变异性。地裂缝的增加及其分布的不均匀也必然导致土壤含水量的空间变异性增强。

（3）其他不同利用类型土壤空间变异研究

在对亚马孙盆地中一个农场里土壤的空间变异性进行分析时，Cerri 等（2004）将传统统计学方法和地统计学方法进行结合，对该地区的土壤特性空间变异性进行了研究，根据相关的研究成果和数据，他们发现，该地区土壤中砂粒含量和黏粒含量的半方差函数能够很好地被指数模型拟合。冯娜娜等（2006）对蒙顶山茶园土壤颗粒组成的空间变异性进行研究时发现了一个比较重要的现象，即土壤颗粒在不同的尺度下所体现出来的空间变异性并不完全一致。李毅等（2010）分析了新疆地区盐渍土 3 个不同尺度下土壤颗粒粒径体积分形维数和土壤质地的空间变异性，同时对相关实验研究的数据进行了研究分析，他们发现，如果土壤中细颗粒的比表面积比粗颗粒的还大，那么就会在一定程度上增大该土壤中的黏粒含量，进而使土壤中的颗粒粒径呈现增大的趋势。在对土壤进行取样时一定要考虑到取样的尺度问题，因为不同尺度会对该区域土壤颗粒粒径的分形维数及体积分数产生一定的影响。

2. 分形理论

土壤是由不同大小和不同形状的固体颗粒及孔隙构成的高度复杂的多孔介质，由于缺乏对其结构组成的深入研究，限制了我们对其物理等性状的解析。其不规则的几何形体，许多学者验证了土壤在粒径分布、颗粒表面积、孔隙大小等都具有分形特征，早在 1986 年就有学者对土壤分形维数的计算方法进行了研究（Turcotte，1986）。分形理论能够很好地解释以往土壤科学中无法解释的复杂现象和过程，其已发展成一种定量描述土壤结构特征的新方法，目前分形理论已经在土壤颗粒分布、土壤孔隙分布、土壤水力特性，以及土壤特性空间变异等方面得到了应用，但是关于露天煤矿重构土壤的研究较少。

（1）土壤颗粒分布

早期 Gardner（1956）通过对不同土壤的粒径分布关系进行拟合，验证了土壤粒径具有分形特征这一结论。此后，Tyler 和 Wheatcraft（1992）在 Turcotte 研究的基础上，假定土粒的质量密度为一恒量，通过对比不同土粒形状差异，建立了土壤颗粒的累积重量与粒径的分形关系。Gibson 等（2006）用 CT 对 20 个土样的土壤团聚体进行了 2D 扫描，抽取两种不同土样，再各取一份全扫描的 CT 图片进行

3D 重建。在分形分析方法对比中，固体质量分形模型描述小且单独的土壤团聚体的准确性远高于一般孔隙采用的固体分形密度测量模型。Cristescu 等（2012）将动物群落再繁殖的多相性作为影响矿区复垦成功与否的因素，证明结合使用含有原地貌植物种子的新鲜表土并且植上幼苗的方法，可成功增加动物群落的密度和多样性。Martin 和 Montero（2002）利用激光粒度仪测量了干土壤体积大小分布，并用多重分形对其进行定量表征。这一研究表明，激光粒度仪等高科技设备对获得多重分形分析所需的数据是非常有必要的，而且适当的精度使多重分形分析结果更加具有可信性。Caniego 等（2005）利用多重分形维数表征了土壤粒径分布特点，得出相关性越高的体积数据表现出的测度特点越差的结论。利用分形理论假设破碎体遵循质量守恒定律，对土壤粒径分布进行定量表征。但是当应用于冲积形成主要土壤颗粒时，这一模型完全不成立。事实上这两种过程同时作用于土壤时，才能够解释参数变化的尺度依赖性。

国内学者主要采用粒径的重量分布等价于粒径的数量分布来表征土壤分形特征（杨培岭等，1993）。而后，许多学者分别对丘陵土壤（廖尔华等，2002）、西北干旱区土壤（杨秀春等，2004）、干旱沙漠地区植被恢复过程中的土壤（贾晓红等，2007）、黄土高原丘陵区不同土地利用类型的土壤（丁敏等，2010；王德等，2007）、沙地土壤（高君亮等，2010）、各种人工林地土壤（淮态等，2008）、矿区复垦后排土场不同重构剖面土壤（王金满等，2014）等不同地域、不同土地利用条件的土壤颗粒分形特征展开研究，通过分析发现，土地利用方式对土壤结构特性及土壤颗粒分形维数的影响显著。土壤粒径的分形维数反映了土壤质地的均一程度，分形维数与砂粒含量呈负相关，与黏粒含量呈正相关，土壤质地越细，土壤粒径分形维数越大，土壤结构越紧实，土壤的通透性越差；而分维值越小，土壤质地越松散，通透性则较好（郭中领等，2010；贾晓红等，2007；周萍等，2008）。

（2）土壤孔隙结构

土壤孔隙是土壤结构的重要组成部分，是气体、水分养分等介质有效存储和交换的重要场所，其结构复杂，影响着土壤理化、生物等特性。研究发现，土壤孔隙分布是一个分形结构，且具有多重分形特征（刘松玉和张继文，1997）。众多学者通常应用计算机图像处理技术对不同类型的土壤孔隙进行研究，采用计盒维数的方法计算孔隙的分维数（Peyton，1994；冯杰和于纪玉，2005；何娟等，2008）。孔隙分形维数能够描述土壤的孔隙结构、空间变异等特征，通过计盒维数法得到的土壤断面孔隙的分形维数与土壤孔隙的空间分布、形态大小、孔隙边缘等因素密切相关（李德成等，2002；冯杰和郝振纯，2004；冯亮亮和庞奖励，2009）。此后，冯杰和郝振纯（2002）、冯杰和于纪玉（2005）利用先进的 CT 扫描技术，分析了各断面大孔隙的分形维数和大孔隙度。

虽然分形能够表征土壤孔隙的非规律特征，但由于不同的土壤结构可能具有相同的分形维数，因此有必要引入分形的非均匀性指标，也就是多重分形来表征孔隙结构的变化（Zeng et al.，1996）。郭飞等（2005）研究了土壤孔隙分形维数、多重孔隙轮廓线分形特征与土壤质地间的关系，Grout 等（1998）和 Posadas 等（2003）相继运用多重分形理论研究了土壤孔隙结构。刘霞等（2011）将土壤分形学与水文学原理相结合，研究了不同植物群落下的土壤颗粒组成、分形维数、土壤孔隙度三者之间的相关性。以上研究表明，土壤孔隙分形维数能够反映土壤孔隙与固体颗粒接触界限的不规则性，在一定程度上体现土壤结构的非均质性，运用分形模型计算土壤颗粒团聚体、孔隙度等分形维数来表征土壤质地、结构组成及其均匀程度的不同，已经成为定量描述土壤结构特征的新方法。

（3）土壤水力特性

由于采用直接实测方法来获取土壤水力性质的限制性，众多学者转而利用分形方法等间接的方法来估计土壤水力特性。

Tyler 和 Wheatcraft（1992）在 Arya 和 Paries（1981）等研究的基础上提出了一种根据土壤颗粒分布计算分形维数并预测水分特征曲线的方法。刘建立和聂永丰（2001）、黄冠华和詹卫华（2000）分别验证了水分特征曲线与分形维数的关系，指出二者之间可以相互反推得到。王康等（2004）建立了土壤孔隙和粒径分布的不完全分形模型，并结合土壤毛管水运动方程得到了土壤水分特征曲线模型。在水分运动方面，王玉杰等（2006）和姜娜等（2005）通过分形特征分析了影响水分运移的影响因素；李国敏（1992）研究了多孔介质水动力弥散度效应的分形特征，表明水动力弥散具有尺度效应；Xu 和 Sun（2002）、Fuentes 等（2003）建立了土壤水分渗透和土壤水分运移的分形模型；冉景江和梁川（2006）将分形特征与分数布朗运动相结合，说明了土壤介质中水分运动的物理机制，得出其运动的数学解析模型和土壤水分的对流-弥散分数阶方程。

（4）土壤特性空间变异

土壤特性的空间变异性是指在土壤质地相同的区域内，同一时刻不同点的土壤物理化学及生物等特性在不同空间位置上的值不同（李鹏和徐康，2013）。学者们通常采用传统地统计学中的变异函数、空间自相关性等结合的方法来研究土壤的空间变异性。Burrough（1983）首次将分形理论引入到土壤的空间变异性研究中，指出土壤特性的空间分布在一定的时空尺度上具有分形特征，研究尺度的大小影响着土壤属性的分形特征。此后，国内外学者纷纷通过变异函数在不同尺度（李晓燕和张树文，2004；李敏和李毅，2009）、不同利用类型（李小昱和雷庭武，2000）和土壤类型（姜娜等，2005）上进行了大量有关土壤属性空间变异的分形研究。单一分维描述的是土壤属性空间变异特征的整体特征，多重分形谱则能全面地反映土壤属性在空间上的差异变化特征，因此，学者们开始将多重分形应用到土壤属性的空间变异研究中（刘继龙等，2010a；Zeleke and Si，2006；Caniego et al.，2005）。

3. 三维重建技术在土壤孔隙研究中的应用

土壤是一个三维连通的多孔介质，传统的表征方法只能体现土壤孔隙分布的大致情况，不能用来表征土壤的孔隙结构及其土壤水力学性质（周虎等，2009）。随着新技术的发展应用，通过对孔隙三维空间结构特征的获取，实现了对真实土壤孔隙结构的定量表征。由于直接测定土壤的水力学性质比较困难，对土壤孔隙结构进行模型模拟，进而预测土壤的水力学性质成为目前研究的热点，尤其是对土壤孔隙结构的三维重构。

通过三维重构可以直观地从图像中得到物质的几何信息，从而更加深入地研究多孔介质的结构特性（李华清等，2006）。以往所建立的土壤孔隙结构模型，如非空间模型、随机模型等没有考虑孔隙的连通性，模型的相关参数也很难确定，这些缺点极大地限制了孔隙结构的表征（Graham，1996）。在土壤学中引入分形理论模型的概念，采用传统的网络模型与实测的孔隙形态特征相结合的方法，在一定范围内克服了网络模型有关参数不确定性因素的影响。但是，这种二维网络模型在反映孔隙的三维连通性方面具有很大的局限性，不能代表实际的土壤孔隙状况，Vogel 和 Roth（2001）与吕菲等（2008）建立的三维网络模型，实现了对土壤孔隙大小分布、土壤溶质运移、连通性等参数的模拟，解决了局限性问题，今后利用三维模型研究土壤孔隙的真实特征将成为一种趋势。

1.3　黄土区露天煤矿复垦土壤特性定量表征的研究内容

结合当前露天煤矿研究存在的一些不足，本书将从露天煤矿土地损毁对土壤质量的影响、损毁土地土壤特性的空间变异、土壤质量演替规律、土壤质量与植被间的交互影响、复垦土壤粒径分布与土壤孔隙的多重分形表征、土壤孔隙分布的三维重建及土壤特性的联合多重分形表征等几个方面进行研究，深入揭示土壤质量演替规律，以及土壤质量与植被之间的交互关系，对排土场复垦土壤进行定量化表征，从而为黄土区露天煤矿的复垦工作提供指导与依据。

1.3.1　露天煤矿损毁土地土壤特性空间变异

排土方式、施工技术、表土来源及厚度等因素的不同，会引起采矿后复垦土壤理化性质空间变异性的巨大变化，但矿区复垦土壤的空间变异性却很少有人研究。

本书将在实地采样数据的基础上，依据地统计学理论，结合 GIS 技术对平朔安太堡露天煤矿排土场复垦土壤的理化性质空间变异展开研究，主要研究内容如下。

（1）土壤理化性质的描述性统计

采用经典统计学的方法对研究区的土壤理化性质进行描述性统计，包括最小值、最大值、均值、中位数和变异系数（C_V）等，初步分析不同层次土壤理化性质的相关关系。

（2）土壤理化性质空间变异的地统计学分析

采用地统计学的方法，建立土壤理化性质的变异函数拟合模型，并对各个指标进行空间插值预测，制作不同层次土壤理化性质空间分布图，分析不同层次各指标的空间分布状况及其变异性，并讨论产生变异的原因。

（3）确定研究区合理的采样数目和监测点布设方案

结合采样设计方案，利用地统计学交叉验证的方法，假设某一实测点未被测定，由所选定的变异函数模型，根据其他测定点的值估算这个点的值，计算在一定精度下研究区土壤理化性质的合理采样数目，并基于变异函数讨论监测点布设方案。

1.3.2　露天煤矿复垦土壤质量植被演替规律模型及二者交互影响

土壤质量变化是衡量排土场复垦土壤生产力大小和土壤环境质量优劣的量度，恢复受损的土壤和植被是矿区生态恢复的关键，植被恢复过程的实质是植被–土壤复合生态系统相互作用的过程。本书露天煤矿复垦土壤质量植被演替规律及土壤质量与植被间的交互影响包括以下几个方面。

（1）排土场复垦土壤质量演替规律

土壤体积质量是土壤最重要的物理性质，土壤中的氮、磷、钾是作物生长的必要元素，有机质、pH、电导率是反映土壤质量好坏的重要的间接指标。本书对同一复垦模式、不同复垦年限的以上各理化指标变化规律进行探讨，揭示土壤质量演替规律。

（2）排土场复垦土壤综合质量演替模型

通过相对土壤质量指数法来反映土壤质量的演替规律，将不同复垦年限土壤质量综合值经过回归拟合后，最终求出能够计算任意复垦年限复垦土壤质量的公式，即排土场复垦土壤质量演替模型。

（3）植被生物量动态演替规律与模型

主要研究排土场复垦地林木蓄积量随复垦时间变化的生长演化规律。选择不同复垦年限的样地同时采集土壤与植被数据，根据测得的株高、胸径等数据对样地内的主要树种（榆树、刺槐和油松）进行植被总蓄积量计算，采用 Logistic 生长模型，通过 SPSS 13.0 软件获取林木蓄积量的演变规律。

（4）土壤与植被的交互影响与模型

在土壤环境因子对植被的蓄积量影响的基础上进行线性回归，得出土壤与植被的线性方程，综合植被与土壤演替模型最终得到二者交互模型，交互影响模型采用 Kolmogorov 捕食模型。

（5）植被恢复对立地环境因子的响应

基于典范对应分析（CANOCO 4.5）软件，采用降趋势对应分析和冗余分析研究土壤与地形因子对植被恢复的影响，以期为黄土区植被恢复与重建及生态环境系统恢复提供科学的参考价值。

1.3.3　露天煤矿复垦土壤粒径分布与孔隙的多重分形表征

1. 露天煤矿复垦土壤粒径分布的多重分形特征

关于露天煤矿复垦土壤粒径分布的多重分形特征研究内容包括以下几个方面。

（1）排土场重构土壤粒径分布的多重分形定量表征

采集排土场不同土壤剖面重构相同复垦年限不同土层深度土壤样品，利用激光粒度仪分析土壤的粒径分布，引入多重分形奇异谱理论，分析排土场土壤颗粒分布的多重分形特征，定量表征土壤粒径特性参数的空间变异性，探究排土场重度损毁土壤重构过程中土壤粒径分布的规律。

（2）排土场重构土壤质量参数与多重分形参数的关系

基于土壤粒径分布的多重分形特征，结合排土场土壤重构过程中土壤质量指数的变化规律，分析土壤质量指数与土壤粒径分布多重分形谱参数之间的关系，探索建立土壤质量指数对土壤粒径分布多重分型谱参数之间的响应关系模型，分析排土场不同土壤重构模式的土地复垦与生态恢复效果。

（3）重构土壤粒径分布的多重分形参数空间变异特征

采用地统计学的方法建立土壤粒径分布的多重分形参数的变异函数拟合模型，对各参数进行空间插值预测，制作相关土层土壤粒径分布的多重分形参数的空间分布图，分析土层间各参数的空间分布状况及其变异性，并讨论产生变异的原因。

2. 露天煤矿复垦土壤孔隙的多重分形特征

以黄土高原区露天煤矿排土场土壤重构后土壤孔隙结构为研究对象，采用无损技术 CT 扫描获取重构土壤孔隙的分布特征，在此基础上分析复垦后重构土壤孔隙的分布规律，引入多重分形理论定量表征土壤孔隙的非均质性，以期为深入揭示生态脆弱区露天煤矿排土场土壤重构的机理，以及矿区土壤重构提供理论依据与技术支撑。其主要研究内容如下。

（1）不同复垦年限重构土壤孔隙分布规律

用 Photoshop 软件将 CT 扫描的重构土壤图像转为只有黑白两种色调的灰度图像，利用 ArcGIS 对黑白图像进行处理，统计土壤孔隙的大小、数量、周长、面积、当量直径、孔隙度等物理特性，分析不同复垦年限重构土壤孔隙分布规律。

（2）不同复垦年限土壤孔隙结构的多重分形定量表征

采集不同复垦年限排土场及原地貌土壤，引入多重分形奇异谱理论，编写 Matlab 程序，对处理的二值化扫描图进行土壤孔隙的广义维和多重分形计算，绘制各土样不同复垦年限同一土层深度土壤孔隙、同一复垦年限不同土层深度土壤孔隙的 q-D（q）广义维数谱曲线和多重分形奇异谱函数，定量表征土壤孔隙特性参数的空间变异性，探究排土场重度损毁土壤重构过程中土壤孔径分布的规律。

1.3.4 露天煤矿复垦土壤特性的联合多重分形特征

以平朔露天煤矿内排土场为研究区域，采用联合多重分形理论，对不同深度土层间土壤特性的空间变异性进行描述，分别分析土层黏粒、粉粒、砂粒、有机质、全氮空间变异性的相互关系。

1.3.5 黄土区露天煤矿重构土壤孔隙三维重建及定量表征

基于 Matlab 平台，通过获取的 CT 扫描图片，对不同复垦年限重构土壤孔隙进行三维重建，展示土壤孔隙的三维分布及连通性，并对孔隙团的数量和孔隙团的体积大小进行分析，揭示不同复垦年限土壤孔隙的分布规律，从而为露天煤矿区的复垦工作与土壤质量的改良提供指导。

1.4 黄土区露天煤矿复垦土壤特征定量表征的研究思路和技术方案

1.4.1 黄土区露天煤矿复垦土壤特征定量表征的研究思路

黄土区露天煤矿多分布在干旱半干旱等生态脆弱区，露天煤矿的开采损坏了地表结构，引起了严重的生态环境问题。本书结合国内外研究现状，在分析露天开采土地损毁类型、特点、土壤重构的限制性因素，土地损毁对土壤理化性质、土壤肥力影响的基础上，运用地统计学原理研究黄土区露天煤矿受损土壤理化性质空间变异特征，探讨受损土壤重构的原理、过程、工艺与方法，进一步运用质量模型、植被模型，以及质量植被交互模型研究土壤质量、植被演替规律及交互影响机制，同时分析植被恢复对立地环境因子的响应，深入揭示露天矿复垦土壤质量–植被–环境因子之间的关系。另外，引入多重分形理论，研究不同复垦年限土壤颗粒粒径、土壤孔隙分布的特征，实现各分形参数的定量化表征，并运用联合多重分形理论研究了土壤特性的空间变异特征。其研究结果可以为黄土区露天煤矿复垦工作提供指导。

1.4.2 黄土区露天煤矿复垦土壤特性定量表征的技术方案

根据研究思路，本书的技术方案如图 1.1 所示。

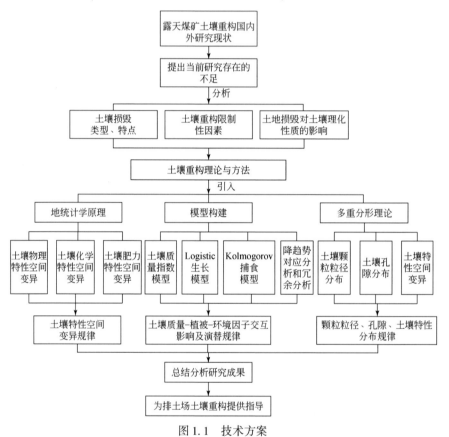

图 1.1 技术方案

第2章　研究区概况

2.1　自然资源概况

2.1.1　地理位置

研究区位于山西朔州平朔露天煤矿区内。平朔矿区隶属朔州管辖，地处黄土高原晋陕蒙接壤的黑三角地带，西北沿长城与内蒙古接壤，西南与山西省忻州地区相邻，东连山阴县，北接右玉县，是典型的生态脆弱区，地理坐标为112°10′E ～ 113°30′E，39°23′N ～39°37′N。平朔矿区包括特大型露天矿3个，分别是安太堡露天煤矿、安家岭露天煤矿及东露天煤矿，占地面积为263 km²，本研究采样点大都分布在安太堡矿区。

2.1.2　地形地貌

研究区为黄土丘陵地貌，区内沟壑纵横，自然地理环境复杂多样，地形以山地、丘陵为主，地势北高南低，地表海拔1200 ～ 1350 m，相对高差低于500 m。受地表水剧烈切割，地表呈树枝状冲沟，形成典型的黄土高原梁峁地貌景观。另外，前期排弃堆垫形成的排土场呈现平台、边坡相间分布的阶梯式地形。矿区地处宁武向斜北端，南北走向的复向斜构造，东侧地层倾角平缓，西侧倾角较大。研究区地形地貌现状如图2.1所示。

(a) 排土中的排土场

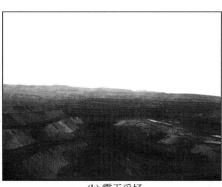

(b) 露天采场

(c) 排土场不均匀沉降   (d) 排土场顶部平台

图 2.1 研究区地形地貌

2.1.3 气候条件

研究区属于典型的干旱大陆性温带季风气候区。气候差异大、四季分明，冬春干燥少雨、寒冷、多风，夏季降水集中、温凉少风，秋季天高气爽。

1）温度。研究区内年平均气温为 4.8 ~ 7.8℃，极端最高气温为 37.9℃，极端最低气温为 -32.4℃，≥10℃ 的年积温为 2200 ~ 2500℃，日温差为 18 ~ 25℃，年最高、最低温差可达 61.8℃，具有气温低、温差大的特点。

2）降水量。受南太平洋及西印度洋暖湿气流和西伯利亚冷空气的影响，矿区降水量在时间上分布极不均匀，年降水量最高为 757.4 mm，最低为 195.6 mm，降水集中分布在 7 ~ 9 月 3 个月，占全年总降水量的 75%，年平均降水量为 428.2 ~ 449.0 mm。

3）蒸发量。年蒸发量为 1786.6 ~ 2598.0 mm，一般为 2066.7 mm，蒸发旺盛的月份为 4 ~ 6 月，月蒸发量可达 580 mm，基本上超过了降水量的 4 倍。1 月蒸发量最低。

4）风速。矿区风向多为西北风或西风，且多发生于冬春季节，年平均风速为 2.5 ~ 4.2 m/s，最大风速可达 20 m/s，年平均 8 级以上大风日数在 35d 以上，最多可达 47d。飓风天在 2d 左右，风沙日在 29d 以上（崔艳，2009），每年有风的时间占全年总时间的 70%，这也是该地区风蚀地貌显著的主要因素。

5）无霜期。研究区的初霜期一般出现在每年的 9 月下旬，最晚为 10 月 4 日；终霜期为次年 4 月，个别年份会推迟到 5 月上旬，最晚为 6 月 7 日。无霜期时间较短，年均为 115 ~ 130d。

此外，研究区内冻土最大深度为 1.31 m，积雪最大厚度为 26 mm。灾害性天气主要有干旱、冰雹、霜冻和风害，严重影响了工农业生产。干旱和风害多集中在春季，冰雹常发生在夏季和初秋，春季的晚霜和秋季的早霜危害农业生产。

2.1.4　土壤状况

研究区土壤为栗钙土与栗褐土的过渡带，其主要地带性土壤为栗钙土，成土母质主要是黄土性的冲积物、坡积物、洪积物，也包含一些风积物，通常是花岗岩和片麻岩的风化物。在强烈的风化作用下，土质偏砂，土体干旱，较易发生风力及水力侵蚀。

存在于黄土丘陵区峁梁、倾斜平地及河谷沟地上的土壤，绝大多数为农耕地，少数为林地、荒地。由于自然条件差，耕作粗放，土壤贫瘠，耕层土壤有机质含量为 5.0 ~ 9.0 g/kg，有的低于 5.0 g/kg；全氮含量为 0.3 ~ 0.6 g/kg；速效磷含量为 5.0 ~ 8.0 mg/kg，少数在 10 mg/kg 以上，低的只有 2.0 ~ 3.0 mg/kg；速效钾含量为 50 ~ 90 mg/kg，少数超过 100 mg/kg。总体而言，研究区土壤肥力低下，养分匮乏，不利于作物的正常生长（白中科，1998a）。

2.1.5　水文条件

朔州地表水系属海河流域的永定河水系，主要有桑干河及其支流：七里河、源子河、恢河和黄水河等 20 条河流。流域面积为 7690 hm²，占全市总面积的 72.3%。其中，七里河全长为 31 km，水流量为 0.132 ~ 0.236 m³/s，矿区西侧的马关河向北汇入永定河，最终流入渤海（马锐，2004）。

由于采矿扰动，地下水很难获得。受露天矿剥离和井工矿采煤沉陷的影响，矿区所处小流域分布及地表径流将发生一定程度的变化，但对矿区总体地表水系特征没有产生严重影响。已在平朔建成的引黄工程将来有可能对矿区的水文情况产生有益的影响，但仍然难以从根本上改变研究区的水源需求问题。

2.1.6　植被状况

研究区位于半干旱的草原地带，具有比较丰富的林地和草地。境内原始森林基本已经绝迹，现有林地主要为天然灌木林、人工林。天然灌木林以耐寒性强的沙棘为主；而人工林主要为杨树、刺槐、柳树、榆树等。

矿区地带性植被类型属干草原。由于开发历史悠久，耕垦指数高，很少见到大片草原群落，而呈零星分布，其植被覆盖率低，目前总体上呈农业耕作景观。在排水良好不受地下水补给源的地面，包括黄土丘陵、倾斜平原（洪积扇）与一级阶地上，分布有长芒草（*Stipa bungcana*）、克氏针茅（*Stipa krylovii*）、扁穗冰草（*Agropyron cristatum*）、百里香（*Thymus mongolicus*）、达乌里胡枝子（*Lespedeza davurica*）等耐旱植物（师华定，2004）。矿区农田栽培植被均属一年一熟制，主要栽植的农作物有谷子、玉米、莜麦、糜子、马铃薯、胡麻、春麦、豆类等（张前进，2003）。

另外，复垦年限较高的排土场由于植物的配置状况不同，不同生境对不同配置状况的植物群落的影响也不同，再加上植物群落自身演替，形成了现有植物群落类型。其中，森林群落主要包括：①刺槐+油松+柠条+冰草；②刺槐+沙棘+茵陈蒿；③旱榆+沙枣+茵陈蒿。灌丛群落主要包括：①柠条+冰草+茵陈蒿；②沙棘+披碱草。草地群主要包括早熟禾-茵陈蒿（郭道宇等，2007）。

2.2　社会经济概况

朔州以煤、电、奶为支柱产业，兼有陶瓷、建材、冶金等较为完整的工业体系，并以农牧业为主导，农林牧副渔综合发展。2013 年，全市生产总值为1026.4 亿元，比上年增长 9.0%。

安太堡露天煤矿作为本书的重点研究矿区，总面积达 376 hm²，煤炭地质储量约为 126 亿 t，目前其已经成为我国规模最大、现代化程度最高的煤炭生产基地之一。平朔矿区拥有 3 座生产能力 2000 万 t/年的特大型露天矿，3 座生产能力千万吨级的现代化井工矿，入洗能力 1 亿 t/年的 6 座配套洗煤厂，4 条总运输能力 1 亿 t 的铁路专用线。截至 2013 年年底，公司拥有职工 12 656 人，资产总额 607 亿元，已累计生产原煤 10.84 亿 t，外运商品煤 8.3 亿 t，缴纳税费 515 亿元。煤炭产业的迅猛发展，也带动了当地经济等的发展。

朔州具有华北地区最大的两个火力电厂，即神头第一电厂和神头第二电厂，该区年度发电量可达 250 亿 k·Wh，人均发电量全国名列第一。近年来，朔州大力发展风能电厂和煤矸石电厂，逐步形成了以火力发电、风能发电、煤矸石发电为主的电力工业结构，电力行业呈现快速发展的势头。据统计，2013 年电力工业实现主营业务收入 92.5 亿元。

2.3　矿区复垦概况

平朔安太堡露天煤矿是中国煤炭开发总公司与美国石油公司合作建设的第一个中外合作经营项目，煤矿面积为 66 km²，总投资 6.49 亿美元，设计原煤生产能力 1533 万 t/a。矿区采用"单斗电铲-卡车-半固定破碎站-带式输送机"半连续开采工艺，并实现机械化作业（李明安，1996），走出了"采、运、排、复一体化"的路子。

排土场是露天煤矿复垦的重中之重，安太堡露天煤矿经过 20 多年的开采，现有排土场 5 个：外排土场二铺排土场、南排土场、西排土场、西排土场扩大区、内排土场。截至 2008 年，外排土场复垦率达到了 90% 以上，南排土场 1992～2010 年，累积复垦面积 174.94 hm²，复垦率高达 97%，以刺槐、油松、榆树、沙棘为主的多层次植物布局结构，使生态系统得到了显著的恢复。西排土场总面积为 280.16 hm²，截至 2010 年年底，复垦面积为 266.06 hm²，其中耕地为 98.02 hm²，林草地为 141.03 hm²，总复垦率为 95%，西排土场扩大区主要复垦为草地，复垦率为 85%。内排土场面积最大，但复垦面积最小，仅占总排土场的 28%。

　　总体而言，矿区土地复垦与生态重建效益明显，到 2013 年矿区已复垦的土地达 2000 hm²，每公顷土地平均升值 18 万元，土地升值达 3.6 亿元，生物多样性也得到了提高。今后，矿区将积极促进以复垦土地为核心的生态产业链，探索矿区可持续发展的新型道路。

第3章 黄土区露天煤矿土地损毁类型及其对土壤质量的影响

据统计显示，煤炭在中国一次性能源消费结构中占70%左右，并且在21世纪相当长一段时间里还将占据较大比重（卞正富，2005）。随着煤炭资源日趋减少，资源回采率的要求已提上日程，为此，中国将大力发展露天采矿技术，预计到2020年，露天采矿比例将由目前的4%提高到15%。然而，露天采矿对生态环境和土地资源的破坏极为严重。据有关资料不完全统计，中国露天开采每万吨煤约破坏土地0.22 hm²，这对于人均土地资源极少的中国来说，开展露天煤矿土地复垦的生态重建意义重大。我国大型露天煤矿大多分布在西北和东北地区，这些地区生态环境脆弱，水土流失严重。露天采矿对土地大规模的扰动，更加速了生态系统的退化，而且黄土高原露天采矿后形成了极度退化生态系统，其采煤剥离物形成的排土场和采煤沉陷往往具有独特的损伤特点。矿业废弃地的生态恢复已成为中国当前所面临的紧迫任务之一，也是中国实现可持续发展战略优先关注的问题之一。

3.1 土地损毁类型

在露天煤矿开采活动过程中，剥离物或废弃物的堆排、工业场地及其附属设施的建设等都造成土壤和植被被大量迁移或被废弃物压埋，土壤、植被和水资源遭受破坏，土地的生产和生态功能降低甚至丧失。露天开采对土地破坏的特点相对于井工开采方式是露天矿场开采前较矿井投产前挖损较少土地，且投产后每开采万吨煤比井工开采沉陷破坏的土地量小。露天煤矿开采活动导致的土地损毁类型主要有土地挖损、土地压占、土地污染和土地占用等。

3.1.1 土地挖损

煤矿的土地挖损是因为采矿活动致使原地表形态、土壤结构、地质层组、地表生物等直接被摧毁，其对土地资源的破坏是最直接的，也是毁灭性的，包括露天煤矿（包括地表煤层露头线盗采乱掘地）开采、取土、挖土石方、开山等面状工程，矿山所需兴修水利、铁路、公路等线性工程活动等（夏冰等, 2011)。土地挖损对土地损毁的表现如下: ①大规模的土方移动使挖损区地形地貌发生负向地貌改变, 形成凹型挖损地貌; ②地表土壤全部剥离, 土壤被转移, 土壤结构已经遭到彻底破坏, 对土地资源的破坏是毁灭性的; ③土地挖损后遗留下大面积台阶状的地形地貌或台阶状的深坑, 台阶坡度较陡, 基岩裸露。

3.1.2　土地压占

煤矿的土地压占过程是因为堆放剥离物、废石、矿渣、表土等, 造成土地生态功能丧失的过程。煤矿开采活动产生的剥离物、废石等堆积于原土地上, 不可避免地要覆盖原地表, 露天煤矿外部排土场压占土地的面积, 一般为露天矿占地面积的 50% 左右, 造成了大量土地被破坏。土地压占对土地资源的损毁是毁灭性的, 而且往往压占了大量的土地。煤矿土地压占损毁的主要表现形式为露天煤矿的表土堆放场、排土场等。

3.1.3　土地占用

矿区在基建期, 征占和使用了大量土地用于工业场地及其附属设施的建设, 破坏了项目区的生态环境, 采掘场、工业场地等施工区内的全部植被遭到了破坏。施工活动、施工机械的碾压和人员往来等也将不同程度地破坏和影响施工场地及周围的植被。工业建设损毁土地通常会对地面进行硬化、夯实, 清理废弃物和地面硬化后的土地比原有地面低, 不利于耕作, 所以需要购买客土, 对清理形成的坑洼进行填充, 对沟槽进行填平。工程建设和工厂生产对土地的影响一般分为永久占用、临时占用和环境次生影响 3 种, 其中永久占用土地是指厂房、车间等占用的土地, 往往具有固定性和难以改变的特性, 修复后其土地利用方式常保持建设用地; 临时占用土地是指在进行铁路、公路等工程建设时, 由于工程需要, 除永久占用外, 在施工过程中使用的, 工程完毕后不再使用的土地, 这部分土地在进行修复时会考虑占用前的利用方式, 结合适宜性评价结果进行修复 (王自威, 2013)。

3.1.4　土地污染

土壤是人类赖以生存的最基本的物质基础之一, 又是各种污染物的最终归宿, 世界上 90% 的污染物最终滞留在土壤内。煤矿的土地污染是指开采过程中排放的污染物, 造成土壤原油理化形状恶性化、土地原有功能部分或全部丧失的过程。土地污染的主要来源包括各种尾矿或次生矿种的堆积物所含有的有机污染物和重金属污染物, 在各种降解或淋洗作用下, 直接或间接地污染大气环境、水系及土壤，导致土地资源污染；工矿开采产生的大量粉尘、污水（酸性废水、洗煤水和生活污水等）、固体废弃物淋溶、下渗等对土地造成直接或间接的污染。土地污染具有以下几个特点：①隐蔽性和滞后性，土地污染要通过对土壤样品进行分析化验和对农作物的残留检测才能确定。因此，土地污染从产生到出现问题，通常会滞后较长的时间，从而导致了土地污染问题一般不能及时受到重视。②累积性，污染物质在土壤中较难迁移，这使得它们在土壤中并不能像在大气和水体中那样容易扩散和稀释。污染物的不断累积导致离子浓度不断富集，因此土壤中的污染物在不断富集的过程中容易超标。③治理难，污染一旦发生，仅依靠切断污染源很难恢复。为了治理被污染的土壤，有时要通过换土、淋洗土壤等方法，才能较为有效地解决问题。由此可见，治理污染土壤不仅成本较高，而且治理周期较长（卢昆和陈剑伟，2014）。

3.2　土壤重构限制因素

土壤是具有肥力、能够生长植物的、疏松的陆地表层。它的形成必须经过两个阶段，先是岩石经过风化变成母质，然后是成土母质在自然因素的作用下，经过生物作用产生肥力而发育成土壤。这两个过程是同时同地进行的，且需很长时间的演变。因此，最终土壤的形成是成土母质、气候、生物、地形和时间 5 个因素相互影响、相互渗透，以生物为主导综合作用的结果（胡振琪，1997）。矿区土地复垦的主要步骤可简化为地貌重塑（reshaping）、土壤重构（resoiling）和植被恢复（replanting），土壤重构的好坏直接影响植被恢复的效果，而土壤重构又与地貌重塑紧密相关，因此土壤重构成为土地复垦中非常关键的一步。

土壤重构，即重构土壤，是以恢复或重建工矿区破坏土地的生态环境为目标，采用合适的采矿和重构技术工艺，应用工程技术手段和生物手段，重新构造一个适宜的土壤剖面与土壤肥力条件，以及稳定的地貌景观，在较短时间内恢复和提高重构土壤的生产力，提高和改善重构土壤的环境。

土壤重构理论的核心是重新建造适合的土壤剖面与土壤肥力条件，即通过改良土壤的理化特性，为植物生长提供适宜的生长环境和必需的养分条件。土壤重构所用的物料既包括土壤和土壤母质，也包括各类岩石、矸石、粉煤灰、矿渣、低品位矿石等矿山废弃物或者是其中两项或多项的混合物，所以在某些情况下，复垦初期的土壤并不是严格意义上的真正具有较高生产力的土壤，而是在人工措施定向培肥条件下，重构所用的物料与区域气候、生物、地形和时间等成土因素相互作用，经过风化、淋溶、淀积、分解、合成、迁移、富集等基本成土过程而逐渐形成的。

土壤重构的实质是人为构造和培育土壤，其理论基础主要来源于土壤学科。在矿区土壤重构过程中，人为因素是一个独特的且最具影响力的成土因素，它对重构土壤的形成产生广泛而深刻的影响，可使土壤肥力特性短时间内产生巨大的变化，减轻或消除土壤污染，改善土壤的环境质量。另外，人为因素能够解决土壤长期发育、演变及耕作过程中产生的某些土壤发育的障碍问题，使土壤肥力迅速提高。但是，自然成土因素对重构土壤的发育产生长期、持久、稳定的影响，并最终决定重构土壤的发育方向。因此，土壤重构必须全面考虑到自然成土因素对重构土壤的潜在影响，采用合理有效的重构方法与措施，最大限度地提高土壤重构的效果，降低土壤重构的成本和重构土壤的维护费用。

目前，土壤重构的方法分为非充填重构和充填重构，非充填重构包括土地平整、修筑梯田、挖深垫浅、深沟台田等方法；充填重构根据充填材料的不同分为粉煤灰、煤矸石、河湖泥和垃圾充填（李新举等，2007b）。土壤重构又可分为工程重构和生物重构，工程重构主要是指根据复垦区的土地复垦条件，按照复垦后的土地利用方向，选择适合的地上复垦方法和技术，对区域内破坏的土地进行剥离、回填、覆土和平整的技术过程；生物重构则为了加速重构土壤坡面的形成、土壤肥力的恢复和土壤生产力的提高，在工程重构过程中或者结束后，对重构土壤进行改良培植的技术过程。一般来说，工程重构在复垦工作初期进行，生物重构则可在复垦工作的各个阶段进行。土壤重构重点对复垦土壤的母质类型、剖面构造、物理性状、化学性状、元素组成、生物性状进行深入研究。

由于在土壤重建过程中对土壤的扰动，原土壤的剖面层次发生了严重的变化。无论是哪种土壤重构方法，土壤剖面层次都会出现颠倒、混杂等现象，最常见的问题是耕层土壤被翻压到下层，而下层的生土翻到地表，致使重构土壤的肥力严重下降。为避免这种现象，胡振琪等（2005）提出"分层剥离，交错回填"的方法，有效地解决了复垦土壤层次颠倒的问题。结合黄土高原区的自然气候特征，总结出在土壤重构过程中存在的几点限制因素。

3.2.1　自然因素

土壤重构限制因素中的自然因素包括水分、光照、大风、温度、大气，依照对生态重建影响的大小排序为水分>温度>大风>光照>大气。其中，水分是主要限制因子，并且具有双重影响作用。黄土高原区春天降水少、干旱，影响植被种植，7～9月为雨季，暴雨易造成水土流失，进而引发地质灾害。因而，影响该区露天煤矿土壤重构主要的自然因素有水资源短缺、适宜物种少和水土流失严重。

1. 水资源短缺

从水资源总量来看，黄土高原是一个水资源匮乏的地区，多年河川径流量为 $4.43 \times 10^{10}\,\mathrm{m}^3$，人均水量为 541 m^3，仅为全国人均水量 2700 m^3 的 20%，相当于世界人均水量的 5%。黄土高原土层深厚，蒸发强烈，地下水埋藏深，植物难以利用，所需水分主要来自土壤水分，因而降水是黄土高原区土壤水分的主要补给源。黄土高原的降水特征总体表现为年平均降水量区域差异大，由东南部的大于 600 mm 逐渐递减到西北部的不足 200 mm；植物生长期间的降水占全年 80% 以上，且季节分配不均，表现为春旱、夏多、秋少（何永涛等，2009）。水资源对植物的生长具有重要作用，尤其是在采矿扰动土壤上种植植物更需要水资源的及时补充，而目前黄土高原区露天煤矿复垦中最大的问题就是水资源短缺，其严重阻碍了植被的生长。

2. 适宜物种少

黄土高原区露天煤矿排土场土地复垦所遇到的另一个主要限制性因素是适宜物种的种类少。人工重建植被是露天煤矿复垦地植被恢复、提高土壤质量的主要途径之一，选择适宜的人工植被对快速恢复土壤质量具有重要意义。植被对土壤水分含量有双重影响：一方面，植被对地表的直接或间接覆盖，能有效地减小裸地蒸发；另一方面，植被的蒸腾作用会加强土壤水分向空气中散失（王国梁等，2003）。由于养分不足、水源匮乏、土壤污染等复杂因素造成了排土场初期人工引入的植被很难成活。不同的植被类型对土壤水分的影响不同，王尚义等（2013）通过研究晋西北矿区与非矿区不同植被下的土壤水分特征后得出，矿区不同植被类型区土壤含水量大小为：柠条>沙棘>小叶杨，非矿区不同植被类型区土壤含水量大小则为：柠条>小叶杨>沙棘。黄土高原区所处区域为生态脆弱区，加上矿区开采对环境的剧烈扰动，造成排土场植物生长环境极为恶劣，因此适宜在矿区土地复垦中生长的植物必须满足严苛的生长环境，主要表现在以下 3 个方面：①要耐干旱、抗风沙及耐贫瘠；②应具备根系发达、水土保持能力强的特点；③应具备繁殖快、生长期长和再生能力强等特性。

3. 水土流失严重

黄土高原森林覆盖率仅为 7%，由于缺乏植被保护，加之降水集中，且多暴雨，因此，在长期流水侵蚀下黄土高原地面被分割得非常破碎，形成沟壑交错其间的塬、梁、峁。该区气候干旱、暴雨集中、植被稀疏、土壤抗蚀性差，加上长期以来乱垦滥伐和污染等人为破坏，导致黄土高原成为我国乃至全世界水土流失最严重、面积最大的地区（张喜荣等，2010）。水土流失使黄土高原失去熟化土层，地土层的蓄水保墒能力降低，丧失耕种能力。黄土高原区地面粗糙率大、抗侵蚀能力差，加之当地气候条件恶劣，使得植被恢复缓慢，导致排土场边坡和平台水土容易大量流失，植被难以生长，生态环境急剧恶化（刘春雷等，2011）。

3.2.2　工程因素

土壤重构工程限制因素主要包括土地非均匀沉降，排土场基底不稳定，地表物质组成复杂，平台表面容重过大，边坡面蚀、沟蚀等。由采掘工艺及超大设备所致，上述影响因子是不可避免的，降低风险的办法是科学合理的工艺设计，并通过一些关键技术减少危害。其中，表土剥离是排土场复垦的关键，一方面可避免大量表土的浪费，另一方面可为土壤重构提供基础，因此必须做到先剥后采、先剥后占。表土剥离可采用挖土机直接剥取，取土厚度为 30 cm，剥离后表土经卡车运至表土存放地直接倾倒，经小型推土机推成分散堆状表土场，该措施主要是为了保持表土的通气透水性，避免表土质量下降。

3.2.3　生物因素

矿区土层经剥离再覆盖于地表后，土壤土层较薄，表层之下的土源多为含石砾较多的砂质土壤与沙化土壤，有机质含量低，缺乏必要的营养元素和有机质，因而必须采取一系列的措施进行土壤的培肥与改良。结合矿区多年的生产和实践经验，着重提出以下两种土壤改良方法。

1）绿肥法。在项目区种植一年或多年生豆科草本植物，这些植物的绿色部分经复田后，在土壤微生物作用下，除释放大量养分外，还可以转化成腐殖质，其根系腐烂后也有胶结和团聚作用，能改善土壤理化性状。

2）施肥法。排土场平台虽然有良好的土层，但是土壤养分含量较低，因此可施用有机肥来增加土壤养分，提高土壤有机质。

另外，黄土高原矿区的草、灌、乔要合理配置。排土场所栽植的植物品种应考虑短期效用和长期效用。草本植物对控制初期的侵蚀是非常有效的，但由于气候干旱等原因，1~3 年后草本植物会发生退化。灌木和乔木对地表的保护能够起长期或永久性的作用，但它们对排土场初期侵蚀的控制效果不如草本植物的控制效果好。因此，排土场的植物配置应是草、灌、乔模式。研究表明，乔木根系生长 1~2 年后即扎入深层土壤中，所以乔木很难在黄土高原区长期存活，但在前期生长中，将乔木种植于边坡的中下部，可以起到稳固边坡，避免水土流失的作用。在乔木筛选中，沙榆因其耐干旱、水土保持效果好，较符合矿区土地复垦的环境要求。由于研究区水资源短缺，灌木应选择耐干旱、抗风沙、耐瘠薄的树种，因此可优先选择干旱草原、荒漠草原地带的先锋物种，如沙棘、大白柠条、小叶锦鸡儿等。

3.3 黄土区露天煤矿土地损毁对土壤质量的影响

采矿造成原地表结构彻底改变，土壤质量变化经过退化和恢复两个阶段，能否掌握矿区土壤质量演变的过程对土地复垦工作至关重要。本节以平朔安太堡露天煤矿为例进行实证研究，通过对安太堡露天煤矿 15 年采矿和复垦过程中土壤质量变化状况的调查，深入分析了其土壤物理、化学性状的变化情况。

3.3.1 样品采集与测定

1. 样品采集方法

土壤质量演变过程需要进行长期定点研究。本节以安太堡矿区的二铺排土场、南排土场、西排土场和未扰动土体土壤为研究对象。它们自然地理条件相同，但其损毁与复垦时间各不相同。具体采样方法是在排土场的不同海拔高度、不同平台、不同边坡的乔木、灌木、混交林区选取 10 m×10 m 样方，草地、裸地选取 5 m ×5 m 样方，进行 15 年的定点、定位观测，每个样方采用 5 点采样法。在安太堡矿土壤质量调查中，为了能详细反映土壤质量变化过程，将其划分为未扰动、扰动和复垦 3 年、复垦 8 年后 4 个阶段进行分析。

2. 样品测定方法

样品的测定拟采用统计分析、现场调查、室内分析和趋势外推相结合的方法（史瑞和，1986）。对采集到的样品进行相关指标的测定，需要测量的指标包括土壤容重、田间持水量、有机质、全氮、碱解氮、速效磷、速效钾、侵蚀模数和径流模数。此外，还需测量土体非均匀沉降的情况。其中，土壤容重和田间持水量均采用环刀法测量；土壤有机质含量的测定采用重铬酸钾滴定法；土壤全氮含量的测定采用半微量开氏法；土壤碱解氮含量的测定采用碱解扩散法；土壤速效磷含量的测定采用比色法；土壤速效钾含量的测定采用火焰光度法；侵蚀模数、径流模数均采用径流小区测验、人工降水模拟及统计分析的方法测得；非均匀沉降情况则通过实地观察和测量获得。

3.3.2 对土壤物理特性的影响

该区原为栗钙土与栗褐土的过渡带，分布在洪积、冲积平原及河流二级阶地或沟台地。其成土母质多为黄土性的冲积物、洪积物、坡积物，也有部分地带性的风积物，多数为花岗岩、片麻岩的风化物，土壤为砂性土。矿区原土地利用类型多为耕地，少数为林地、荒地。由于该区气候干燥、缺乏水源，植被稀少、覆盖度低、土壤砂性大、抗蚀力差，加之降水分配不均，水土流失十分严重。

表 3.1 显示，排土场整体结构松散，但平台土层严重压实，容重比未扰动土体大 0.2 ~ 0.5 g/cm³；稳渗率比未扰动土体小 0.12 ~ 0.84 mm/min；径流系数是未扰动土体的 2.9 ~ 6.1 倍。覆土边坡土体的容重仅为 1.1 ~ 1.15 g/cm³，极易发生侵蚀，侵蚀速率为未扰动土体的 7.4 倍。同时，径流小区试验结果表明，排土场平台的侵蚀模数是未扰动土体的 149%，排土场的水土流失极为严重。

表 3.1　开采前后土壤物理和侵蚀性状分析结果

指标	容重 (0 ~ 20cm) (g/cm³)	容重 (20 ~ 80 cm) (g/cm³)	稳渗率 (mm/min)	径流系数 (%)	水蚀模数 [t/(km²·a)]	侵蚀速度 (m/a)	植被 状况	地表盖度 (%)
未扰动土体	1.4	1.47	0.4 ~ 1.0	11.20 ~ 23.7	10 120	0.77	疏林	30 ~ 50
堆积平台	1.6 ~ 1.9	1.6 ~ 1.9	0.16 ~ 0.28	68.8	15 060	5.7	无	0
堆积边坡	1.1	1.15	—	—	10 120	5.7	无	0

表 3.2 显示，灌木和牧草的地上生物量分别比农作物高 50% 和 88%。复垦初期种植适宜的先锋植物，不但可以提高肥力，而且也是防止水土流失的有力措施。但是，土壤容重并没有变小，仍在 1.7 g/cm³ 以上，说明土壤容重的减小是一个长期的过程。

表 3.2　复垦 3 年后土壤物理和侵蚀性状调查结果

类别	容重* (g/cm³)	生物量 (kg/hm²)	侵蚀模数 [t/(km²·a)]	径流系数 (%)
农作物	1.76	3750	4500	35
牧草地（苜蓿）	1.71	6000 ~ 7500	510	18
灌木林（沙棘）	1.73	5625	375	8

* 表示不同土地利用类型中 10 ~ 40cm 深度范围内的容重值。

复垦 8 年后，表层土壤容重降低到 1.4 g/cm³ 以下，达到耕地对土壤容重的要求。质地为沙壤土，地表植被覆盖度和高度不同。地表盖度为灌木林<乔木林<灌

乔混交林（表3.3）。

表3.3 复垦8年后土壤物理和侵蚀性状调查结果

植被模式	容重*（g/cm³）	水蚀模数［t/(km²·a)］	地表盖度（%）	植被高度（cm）
灌木林	1.2～1.3	<1000	20～40	70～140
乔木林	1.25～1.35	<1000	50～60	200～600
灌乔混交林	1.2～1.35	<1000	50～85	—

* 表示不同土地利用类型中10～40cm深度范围内的容重值。

3.3.3 对土壤化学特性的影响

原地表代表性土壤为栗钙土，有少量的黄绵土，呈微碱性和碱性。0～20 cm 土层的有机质为6.44～9.52 g/kg，全氮为0.5～0.73 g/kg，速效磷为2.5～6.5 mg/kg，有机质较高，其他养分都低（表3.4）。依据全国土壤养分6级分级标准（1985年）及山西的补充规定，该区土壤有机质为4级，全氮为4级，全磷为5级，速效磷为6级水平。

表3.4 未扰动地貌土壤化学性状

采样地点	有机质（g/kg）	pH	全氮（g/kg）	全磷（g/kg）	碱解氮（mg/kg）	速效磷（mg/kg）
下庄头	6.44	8.85	0.50	0.42	23	4.5
	9.45	8.65	0.57	0.52	25	5.6
开发区	7.52	8.49	0.58	0.47	19	4.0
	7.41	8.72	0.51	0.52	16	3.5
二铺	7.43	8.69	0.53	0.47	26	6.5
	9.52	8.51	0.73	0.51	12	2.5

注：深度（0～20cm）。

在复垦地上种植沙打旺后，0～20 cm 土层有机质增加0.7～1.7倍，其他养分也有不同程度的增加。而苜蓿地增加的幅度比沙打旺地还要大，尤其在0～6 cm 土层。速效养分增加迅速（表3.5），说明在复垦地上种植先锋植物后，土壤表层肥力有较大的提高。

表3.5 复垦3年后对土壤肥力的改良效果

采样地点	深度（cm）	有机质（g/kg）	全氮（g/kg）	碱解氮（mg/kg）	有效磷（mg/kg）	有效钾（mg/kg）
未复垦地	0～20	3.2	0.33	150	2.4	153
	21～40	2.5	0.34	—	3.2	87

续表

采样地点	深度(cm)	有机质(g/kg)	全氮(g/kg)	碱解氮(mg/kg)	有效磷(mg/kg)	有效钾(mg/kg)
	0~6	8.8	0.49	200	10.6	170
沙打旺地	7~20	5.5	0.37	—	8.7	85
	21~40	3.5	0.24		5.2	—
	0~6	9.3	0.57	280	16.2	164
苜蓿地	7~20	3.6	0.32	—	7.3	79
	21~40	3.6	0.24		6.2	

　　复垦 8 年后（表 3.6），各平台土壤有机质的变化幅度为 7.3~12.1 g/kg，平均为 9.3 g/kg，有机质为 5 级。全氮变幅不大，均在 5 g/kg 以下，为 6 级。速效磷、钾变化较大，为 3 级。

表 3.6　复垦 8 年后的土壤肥力变化

采样地点	有机质(g/kg)	全氮(g/kg)	碱解氮(mg/kg)	速效磷(mg/kg)	速效钾(mg/kg)
南排 1400	7.3	0.47	21.1	7.073	112.3
南排 1380	9.5	0.44	14	11.7	113.28
南排 1360（林地）	8.2	0.44	24.8	12.68	137.28
南排 1360（灌木林地）	12.1	0.46	20.8	14.02	185.28
变幅	7.3~12.1	0.44~0.47	14~24.8	7.073~14.02	112.3~185.28

3.4　小　结

　　煤矿开采活动导致的土地损毁类型主要有土地挖损、土地压占、土地沉陷、土地污染和土地占用。土地挖损对土地资源的破坏是最直接的，也是毁灭性的。土地压占对土地资源的损毁是毁灭性的，且占地面积大，露天煤矿外部排土场压占土地的面积，一般为露天矿占地面积的 50% 左右。露天矿开采过程中征占和使用了大量的土地用于工业场地及其附属设施的建设，在项目完成后这部分土地难以恢复其原用途。因生产建设过程中排放的污染物，造成土地污染，这些被污染的土地具有隐蔽性和滞后性、累积性、治理难的特点。根据黄土高原区的气候特征，总结出影响该区露天煤矿土壤重构的主要限制因素包括自然因素、工程因素及生物因素。

　　通过对安太堡露天煤矿采矿前后土壤质量演变过程的分析可以发现，其演变过程可分为土壤质量退化和土壤质量恢复两个阶段。其中，第一阶段为突变型质量演变阶段。这一阶段表层土壤理化性状受到毁灭性的破坏，表层土壤及以下的母质层和母岩完全破坏，物理、化学性状退化。该阶段属于土壤质量退化阶段

（Warkentin，1995）。第二阶段为渐变型土壤质量恢复阶段。在这一阶段中，人类为了尽快恢复土地生产力，进行了土地复垦工作。进行人工培肥土壤，提高土地的抗侵蚀能力，进而提高土壤质量，整个过程都有人的参与和调控，但是该过程进行得很缓慢（唐立松等，2002）。复垦8年后的土壤质量还远不能恢复到未扰动土壤的质量水平，尤其是土壤物理质量水平还很差，且演变方向在演变初期很不稳定。如果发生不可抗拒的自然灾害（如火灾、旱灾、虫灾等）或人为调控不合理，则有可能发生逆向演变，所以在整个土地复垦与生态修复过程中都需要进行人为调控。

本章3.3节的实证研究，只是对安太堡露天煤矿采矿与复垦过程土壤质量演变状况的分析，要明确大型露天煤矿土地质量演变过程和演变的机理，为矿区土地复垦与生态修复提供理论依据，只进行定性的土壤质量分析研究还不能下定论，必须要对矿区土壤质量演变过程各阶段的质量变化进行定量的分析评价，这就需要建立矿区土壤质量评价指标体系，并进行质量评价工作和演变机理的研究。

第4章 黄土区露天煤矿损毁土地土壤特性空间变异

采矿活动对矿区地表的破坏，使露天煤矿区土壤的原有特性发生了根本性变化，排土方式、施工技术、表土来源及厚度等因素的不同，都会引起采矿后复垦土壤理化性质空间变异性的巨大变化，而土壤的空间变异性直接影响复垦后的田间管理、培肥改良措施等，因而对植物生长情况也有重大的影响（胡振琪，1992）。目前，复垦土壤的效果普遍较差，复垦后的土壤较难快速达到期望的水平，这极大地限制了排土场植被的生长。因此，了解排土场土壤理化性质含量及分布情况，构造一个适合于植被生长和农业生产的土壤剖面十分关键。

4.1 土壤特性空间变异的研究理论与方法

4.1.1 土壤样品采集与分析

1. 采样方案设计

2013年6月进行采样，采样地点在山西朔州安太堡矿内排土场平台，面积为0.44 km²。2012年排土到位，采样时未进行植被恢复。

采样点的布置以网格法为基础，由于采样地点已经被比较均匀地划分为36个田块，结合田块分布，在每个田块设置两个采样点，面积较大的田块设置3个，面积较小的田块设置一个采样点，采样点之间的距离为60～80 m，共设置采样点78个（图4.1）。每个采样点坐标位置用GPS定位，并记录在土壤采样信息表内。

每个采样点分别用土钻采集深度为0～20 cm、20～40 cm、40～60 cm、60～80 cm的土壤。共采集土壤样品312个。

2. 样品测定方法

土壤理化性质含量的测定项目有土壤颗粒组成、紧实度、含水量、全氮（TN）、有机质（SOM）、速效氮（AN）、速效磷（AP）、速效钾（AK）、pH、含盐量。

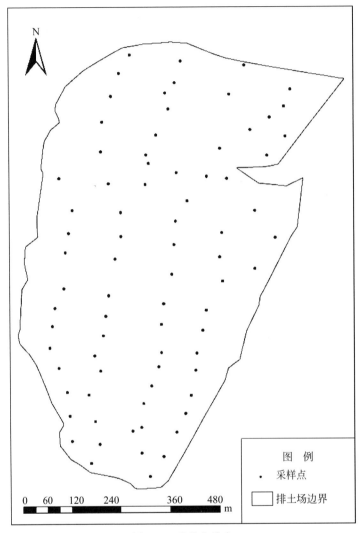

图4.1 采样点分布

　　1）样品预处理：土壤样品在室内风干后过 2 mm 筛，用四分法分为两部分，一部分用于测定 pH、土壤颗粒组成和有效态元素含量；另一部分过 80 目筛，用于有机质和全氮的测定。

　　2）土壤含水量测定：采用烘干法。

　　3）土壤颗粒组成测定：采用英国马尔文公司生产的 Master Sizer 2000 型激光粒度分析仪。

　　4）土壤全氮测定：采用凯氏定氮仪（FOSS 2200）。

5）土壤有机质含量测定：采用重铬酸钾氧化–外加热法。

6）土壤 pH 测定：采用电位法（赛多利斯 pH 计，Sartorius Basic pH meter，PB-10），土水比为 1∶2.5。

7）土壤含盐量测定：采用电极法，土水比为 1∶5。

8）AN、AP、AK 测定：采用 TFC-203PCA 型土肥测试仪。

4.1.2　地统计学基本原理

本章选用地统计学原理分析黄土区露天煤矿排土场复垦土壤理化性质的空间变异性。

当研究空间分布数据的结构性和随机性，或空间相关性和依赖性，或空间格局与变异，并对这些数据进行最优无偏内插估计，或模拟这些数据的离散性、波动性时，均可应用地统计学的理论及相应方法。地统计学研究的内容主要包括区域化变量和变异函数的空间变异结构分析、克里格空间估计，以及随后发展起来的随机模拟。其中，区域化变量和变异函数的空间结构分析是进行克里格插值的基础和前提。地统计分析方法假设区域内所有的值之间都具有相关性，在空间或时间范畴内，这种相关性被称为自相关。根据数据的这种相关性，可利用已知点对未知点进行预测。在对未知点进行预测之前首先要分析数据的相关规律，利用数据的相关规律进而对未知点进行预测。因此，地统计学包含两个部分，一是对解释数据的相关规律；二是对未知点进行预测。

1. 前提假设

（1）随机过程

与经典统计学相同的是，地统计学也是在大量样本的基础上，通过分析样本间的规律，探索其分布规律，并进行预测。地统计学认为，研究区域中的所有样本值都是随机过程的结果，即所有样本值都不是相互独立的，而是遵循一定的内在规律的。地统计学就是要揭示这种内在规律，并进行预测。

（2）正态分布

地统计学分析中，假设大量样本是服从正态分布的。地统计分析之前应对原始数据进行正态性检验，因为偏度会掩盖空间结构，不符合正态分布的要进行数据转换，转为符合正态分布的形式，并尽量选取可逆的变换形式。

（3）平稳性

对于统计学而言，重复的观点是其理论基础。统计学认为，从大量重复的观察中可以进行预测和估计，并可以了解估计的变化性和不确定性。对于大部分的空间数据而言，平稳性的假设是合理的。这其中包括两种平稳性：一是均值平稳，即假设均值是不变的，并且与位置无关；二是与协方差函数有关的二阶平稳和与变异函数有关的内蕴平稳。二阶平稳是假设具有相同的距离和方向的任意两点的协方差是相同的，协方差只与这两点的值相关而与它们的位置无关。内蕴平稳假设是指具有相同距离和方向的任意两点的方差（即变异函数）是相同的。二阶平稳和内蕴平稳都是为了获得基本重复规律而进行的基本假设，通过协方差函数和变异函数可以进行预测和估计预测结果的不确定性。

2. 区域化变量

地质学、水文学、气象学、土壤学、生态学中的许多变量都具有空间分布的特点，如海拔、气温、降水量、土壤含氮量、臭氧浓度、品位等，它们通常随所在空间位置的不同表现出不同的数量特征，这些变量称为区域化变量（regionalized variable），它与普通的随机变量不同，普通随机变量的取值符合某种概率分布，而区域化随机变量则根据其在一个区域内位置的不同而取值，即它是与位置有关的随机函数。区域化变量具有两个最显著且最重要的特征，即随机性和结构性：一方面，区域化变量是随机函数，它具有局部的、随机的、异常的特征；另一方面，区域化变量具有结构性，即在空间位置上相邻的两个点具有某种程度的自相关性。

区域化变量除具有随机性和结构性这两个基本性质外，通常还表现出空间局限性、不同程度的连续性、不同类型的各向异性。区域化变量往往只存在于一定的空间范围内，如矿石品位只存在于矿化空间内，土壤含氮量只存在于具体的某一空间范围的土壤内。不同的区域化变量具有不同程度的连续性，连续性可通过相邻点之间的变异函数来描述。例如，矿体厚度具有较强的连续性，而金的品位即使在两个非常靠近的样品中也可以有很大的差异。区域化变量如果在各个方向上的性质变化相同，则称为各向同性；若在各个方向上的性质变化不同，则称为各向异性。分析它们主要是研究区域化变量在一定范围内样点之间的自相关程度，更重要的是分析各向异性形成的原因。

3. 变异函数

由于区域化变量具有这些不同于随机变量的特殊性质，仅用经典概率统计方法对其进行研究是不够的，因此需要一个能反映以上特征的基本工具——变异函数。

地统计学的主要作用是探索研究对象的空间变异结构（或者称为空间自相关结构）、估测和模拟变量值。总体来说，地统计学的核心用途是依据样本点确立研究对象随空间位置的变化规律，并以此来估测未采样点的属性值。变异函数（semivariograms）是地统计学中用以探索土壤、水文、地质等这些区域化变量空间变异性最关键的函数，也称为半方差函数，可反映区域化变量在不同距离上观察值之间的变化。变异函数是一个连续的函数，描述了区域化变量空间变异的连续性（Burgos et al.，2006）。其计算公式为

$$\gamma(h) = \frac{1}{2N(h)} \sum_{i=1}^{N(h)} \left[Z(x_i) - Z(x_i + h) \right]^2 \tag{4-1}$$

式中，$\gamma(h)$ 为变异函数；h 为分隔两样点的向量，称为步长；$N(h)$ 为向量 h 间隔的实验数据对的数目；$Z(x_i)$ 和 $Z(x_i + h)$ 分别为区域化变量 $Z(x)$ 在位置 x_i 和 $x_i + h$ 处的实测值。

如果 $\gamma(h) = \gamma(r)$，其中 $r = |h|$（h 的数值大小），即变异函数值只取决于两个区域化变量之间的空间距离，而与方向无关，则变异函数和区域化变量 $Z(x_i)$ 具有各向同性，并将变异函数称为全方位的变异函数；否则就认为变异函数具有各向异性，即变异函数值不仅取决于变量之间的空间距离，还与变量的方向有关，用公式表示为 $\gamma(h) = \gamma(r, \theta)$。

当各个方向上 $Z(x_i)$ 的变异性相同或相近时，称为各向同性，当各个方向上 $Z(x_i)$ 的变异性不同时，称为各向异性。各向同性是相对的，而各向异性是绝对的。一般在土壤分析中，许多区域化变量都是各向异性的（Webster，1985）。当变异函数在不同的方向上具有相同的基台值和不同的变程时，称为几何各向异性（geometric anisotropy），几何各向异性可以对其坐标进行一定的变换，从而变换为各向同性。如果变异函数在不同的方向上具有不同的基台值，而变程可以相同或不同，称为带状各向异性（zonal anisotropy），而带状各向异性是不能通过简单的几何变换得到各向同性的。

尽管变异函数有助于分析区域化变量的变异特征及结构性状，但由于样品数量是有限的，通常变异函数值实际是由有限的实测样品值计算所得。因此，当定量描述变量在整个区域的特征时，必须通过实验变异函数值进行推断，这一过程类似于用样品值制作的直方图推断整个区域上变量的理论直方图。为了推断整个区域的理论变异函数曲线，就必须给实验变异函数曲线配以相应的理论模型，这些理论模型将为克里格插值提供参数。目前，地统计学将变异函数的理论模型分为三大类：第一类是有基台值模型，包括球状模型、指数模型、高斯模型、线形有基台值模型；第二类是无基台值模型，常见的有幂函数模型、线性无基台模型、对数模型、抛物线模型；第三类就是孔穴效应模型。其中，在土壤研究中常用的变异函数理论模型有球状模型、指数模型和高斯模型。

4. 克里格插值

分析海拔、气温、降水量、土壤含氮量、臭氧浓度、品位等连续变量的空间分布时，由于不可能对该变量在区域范围内每一个点都进行实测，只能通过一部分实测得到的离散数据来推测出未知位置上的数据，需要进行空间数据的插值。

地统计学的主要目的之一是在结构分析的基础上，采用各种克里格法估计并解决实际问题。克里格法不同于一般的空间插值法，本方法能够从变量自身特点出发，考虑观测点的整体空间分布情况，且对插值误差作出理论估计。它是基于采样数据反映的区域化变量的结构信息，根据待估点或块段优先邻域内的采样点数据，考虑样本点的空间相互位置关系、样本点与待估点的空间位置关系，对待估点进行的一种无偏估计，能给出估计精度，故而它比其他传统方法更精确、更符合实际。

由于研究目的和条件的不同，产生了不同的克里格法，有简单克里格法（simple kriging）、普通克里格法（ordinary kriging）、泛克里格法（universal kriging）、对数正态克里格法（logistic kriging）、指示克里格法（indicator kriging）、概率克里格法（probability kriging）、析取克里格法（disjunctive kriging）等。实际运用中根据不同的目的和条件选取不同的克里格法，这样可以取得更好的效果。例如，在满足二阶平稳和本征假设时，可采用普通克里格法；在非平稳，即有漂移存在时采用泛克里格法；在计算局部估值时要用到非线性估计量，可采用析取克里格法。

克里格法估值过程一般分为数据检查、模型拟合、模型诊断、模型比较4 个步骤。克里格法获取原始采样点或采样块段数据，一般采样点应不少于50 个。数据检查是检查数据质量，分析数据中隐含的特点和规律，如有没有离群值、是否为正态分布、有没有趋势效应，以及探测空间自相关及方向变异、对数据进行转换等。模型拟合首先是基于对数据的认识，在实验变异函数或估计的基础上，进行至少 3 个方向的各向异性分析；其次，选择适当的理论模型拟合变异函数，并建立基础模型的套合结构；最后，选择合适的克里格法或随机模拟模型进行无偏最优估计和不确定性分析。模型诊断是采用估计方差、离散方差等检验模型对位置的预测是否合理，包括预测的准确性、模型的有效性。模型比较是通过设置不同参数或选择多个模型创建表面，确定对未知值预测最优的模型。

4.2　土壤物理特性空间变异

4.2.1　数据预处理

1. 特异值处理

在进行地统计分析之前，为了使分析结果更加可靠、准确，一般需要对数据进行检查和处理，剔除特异值的影响。特异值（outlier）也叫离群值，是样本数据中出现概率很小的值，离群值的存在会影响变量的分布特征，并造成变量连续表面的突变（刘广明等，2012），因此本书在进行地统计分析之前先对特异值进行处理。

判断特异值的方法很多，其中对于大样本（大于100）特异值的判断常用的方法有平均值加标准差法、四倍法等；对于小样本（小于100）一般采用格拉布斯法（Grubbs）、狄克松法（Dixon）和 t 检验法等（史舟和李艳，2006）。通常处理方法有3种：一是去掉异常值；二是去掉异常值并补充一个新值；三是保留异常值。一般用以上方法检验出来的特异值，如果没有充分理由证明这一点数据是异常的，便不能轻易将其剔除。

本书通过运用 ArcGIS 软件分析数据的变异函数云来识别特异值。识别出的特异值经过判断均在录入数据时发生了错误，因此采取第二种处理方法将错误数据剔除，补充正确数据。

2. 正态分布检验

地统计学通常要求原始数据符合正态分布，否则会产生比例效应。比例效应的存在会使实验变异函数值产生畸变，使基台值和块金值增大，降低估计精度，导致某些结构特征不明显。因此，在对研究区土壤理化性质数据进行分析前，先对其正态分布进行检验（刘爱利等，2012）。

本书通过 K-S 检验法对原始数据进行正态分布检验。表 4.1 给出了研究区土壤理化性质含量 K-S 检验结果，结果表明，所有指标含量均通过了 K-S 检验（$p >$ 0.05），符合正态分布，可直接进行地统计分析。

表4.1 研究区土壤理化性质的统计特征值

指标	深度（cm）	均值	中值	标准差	极小值	极大值	偏度	峰度	变异系数（%）	K-S检验 p值
紧实度（kPa）	0~20	5037.94	5298.40	1932.61	706.70	8535.30	−0.38	−0.64	38.36	0.765
	20~40	7765.81	7589.70	1427.88	4417.50	9983.90	−0.29	−0.66	18.39	0.509
黏粒（%）	0~20	13.27	12.61	3.18	7.91	20.51	0.37	−0.91	23.96	0.235
	20~40	14.25	13.83	4.00	3.42	22.04	0.21	−0.56	28.03	0.286
粉粒（%）	0~20	58.41	57.87	7.16	43.41	75.19	0.28	−0.13	12.26	0.822
	20~40	58.28	58.18	9.81	13.89	79.46	−1.14	5.07	16.84	0.338
砂粒（%）	0~20	28.32	27.26	8.11	10.55	46.33	0.21	−0.53	28.64	0.724
	20~40	27.47	25.32	11.08	6.03	82.70	1.76	7.15	40.35	0.522
含水量	0~20	0.13	0.12	0.03	0.07	0.22	0.70	0.57	22.80	0.214
	20~40	0.14	0.13	0.02	0.09	0.18	0.21	−0.93	16.29	0.318
	40~60	0.14	0.14	0.03	0.07	0.21	−0.12	0.42	19.69	0.949
	60~80	0.14	0.14	0.03	0.07	0.23	0.32	0.96	21.68	0.901
TN（g/kg）	0~20	0.21	0.21	0.02	0.15	0.26	−0.15	0.33	10.43	0.680
	20~40	0.22	0.22	0.03	0.14	0.34	0.40	3.43	13.79	0.750
	40~60	0.21	0.21	0.03	0.13	0.36	0.73	4.30	15.77	0.304
	60~80	0.21	0.21	0.03	0.15	0.29	0.33	0.08	13.51	0.679
SOM（g/kg）	0~20	2.96	2.96	0.57	1.73	4.61	0.15	−0.07	19.14	0.995
	20~40	2.89	2.82	0.70	1.50	5.39	0.63	1.08	24.35	0.761
	40~60	2.91	2.86	0.71	1.30	5.73	0.72	2.14	24.53	0.873
	60~80	2.81	2.79	0.63	1.57	4.44	0.46	−0.10	22.55	0.434
AN（ppm）	0~20	82.37	77.60	31.02	19.63	149.10	0.43	−0.29	37.65	0.693
	20~40	88.85	85.75	35.04	18.40	181.75	0.51	−0.15	39.44	0.577
	40~60	90.76	91.30	34.92	19.03	192.95	0.38	0.07	38.48	0.995
	60~80	88.63	87.07	31.50	25.63	173.07	0.30	−0.20	35.54	0.924
AP（ppm）	0~20	6.94	6.49	2.10	2.63	12.33	0.51	−0.20	30.23	0.150
	20~40	6.53	6.35	2.34	1.49	15.53	1.10	2.39	35.31	0.153
	40~60	6.63	6.28	2.60	1.73	17.50	1.33	3.40	39.14	0.150
	60~80	6.05	5.55	1.97	1.70	11.47	0.62	−0.12	32.58	0.206

续表

指标	深度（cm）	均值	中值	标准差	极小值	极大值	偏度	峰度	变异系数（%）	K-S检验 p 值
AK(ppm)	0～20	73.38	71.53	39.21	14.43	210.00	0.88	1.26	53.43	0.690
	20～40	71.69	58.79	39.18	18.27	169.10	0.76	-0.42	54.65	0.049
	40～60	79.46	70.79	42.51	17.23	185.00	0.61	-0.35	53.50	0.572
	60～80	77.05	75.58	38.95	17.13	188.27	0.82	0.36	50.55	0.221
pH	0～20	8.50	8.51	0.15	8.05	8.75	-0.98	1.15	1.72	0.157
	20～40	8.49	8.50	0.18	8.08	8.93	0.10	-0.13	2.13	0.966
	40～60	8.46	8.46	0.18	8.05	8.82	-0.08	-0.58	2.14	0.868
	60～80	8.51	8.53	0.20	8.09	9.02	0.21	-0.21	2.38	0.917
含盐量(%)	0～20	0.0055	0.005	0.0013	0.003	0.010	0.90	1.12	24.06	0.006
	20～40	0.0056	0.005	0.0015	0.003	0.012	1.54	4.36	25.87	0.007
	40～60	0.0053	0.005	0.0015	0.001	0.012	1.36	4.79	28.50	0.006
	60～80	0.0059	0.005	0.0018	0.004	0.012	1.61	2.72	29.54	0.006

注：ppm 即 mg/L，1ppm=$1×10^{-6}$。下同。

4.2.2　土壤物理特性的描述性统计分析

描述性统计是通过数学方法或图表，对数据资料进行分析、整理，并对数据的数字特征、分布状态和随机变量之间的关系进行描述和估计的方法。描述性统计分为集中趋势分析、离中趋势分析和相关分析 3 个部分。集中趋势分析主要是通过平均数、中位数和偏度等指标来表示数据的集中趋势；离中趋势分析主要是通过变异系数、方差、平均差、标准差等指标来分析数据的离散程度；相关分析是分析数据之间在统计学上是否具有关联性，这种关联性既包括两个数据之间的单一相关关系，又包括多个数据之间的多重相关关系。

为了掌握研究区复垦土壤理化性质的变异性，本书利用统计软件 SPSS 19.0 对测定结果进行描述性统计分析，结果见表 4.1。

由表 4.1 可以看出，所有指标在各个土层的均值和中值非常接近，说明它们是符合正态分布的，因为在描述性统计中，中值和平均值是表示样本中心趋向分布的一种测度（肖波等，2011）。

土壤紧实已被广泛认为是对农业、园艺和林业生产越来越具有挑战性的问题

（Soaneb and Vanouwerkerk, 1994；Hakansson and Voorhees, 1998）。紧实化成为农田土壤水土流失加剧的主要因素之一（李汝莘等，2002）。有学者研究发现，由于土壤紧实而使土壤容重增加，大孔隙减少，持水能力和水分渗透率明显降低，从而导致水土流失加剧（Berry, 2000；Carman, 2002；Rao and Kathavate, 1972）。因此，研究复垦土壤的紧实度是十分必要的。从表 4.1 得出，0~20 cm 处，土壤紧实度在 706.7~8535.5 kPa 变化，平均值为 5037.94 kPa；20~40 cm 处，土壤紧实度在 4417.5~9983.9 kPa 变化，平均值为 7765.81 kPa。依据 Mashili（1998）在黏壤土中的研究发现，当紧实度达到 2000 kPa 时会对根系生长产生不良影响。Haknsson（1966）研究得出，潮湿紧实的底土层往往造成缺氧，导致减产等。目前研究区土壤压实非常严重，是不适合作物生长的。

研究表明，不同粒径的土壤颗粒通常具有不同的物理、化学性质，土壤颗粒组成不同，土壤的发生过程和肥力特性也不同，进而对土壤的农业生产和管理产生影响（刘付程等，2003）。从表 4.1 得出，随着土壤深度的增加，黏粒、粉粒、砂粒含量没有明显的规律，从它们的均值可以看到，研究区土壤表层和亚表层都以粉粒为主，其次为砂粒，黏粒含量最少。

土壤含水量作为土壤物理特性的重要参数之一，具有高度的空间异质性（赵红梅等，2010）。从表 4.1 得出，0~20 cm 处，土壤含水量在 0.07~0.22 变化，平均值为 0.13%；20~40 cm 处，土壤含水量在 0.09~0.18 变化，平均值为 0.14%，40~60 cm 处，土壤含水量在 0.07~0.21 变化，平均值为 0.14%，60~80 cm 处，土壤含水量在 0.07~0.23 变化，平均值为 0.14。研究区土壤含水量较高，是因为采样前经历过降水。

4.2.3 土壤物理特性的地统计分析

1. 空间结构特征

结构分析的主要目的是建立一个最优变异函数的理论模型，定量地描述区域化变量的随机性和结构性，并对变量背景和变异函数理论模型进行专业分析和解释（Liu et al., 2006）。如果变异函数分析的结果表明区域化变量不存在空间相关性，则不适合进行克里格插值。

（1）变异函数的拟合

变异函数的拟合就是寻找最佳的变异函数理论模型及合理的结构参数，它是地质统计分析中最重要的一步。在拟合过程中，结构参数（包括变程、块金和基台）需要不断地调整，直到所拟合的模型达到"理论一致"（theoretically consistent）（Gambolatti and Volpi, 1979），即拟合的理论变异函数模型满足最优性检验标准（孙洪泉，1990）。

本书通过 ArcGIS 软件中的地统计模块进行变异函数拟合，拟合出最优的变异函数模型，并通过交叉验证法检验模型参数的合理性，即把各实测点上的观测值与该模型所用的克里格插值计算出的预测值进行比较，当其误差平方的均值趋于零且方差最小时，该结构模型为最优（戚家忠等，2008）。所测土壤理化性质含量的变异函数模型拟合参数见表 4.2。

表 4.2　土壤理化性质的变异特征参数

项目	深度（cm）	最优模型	块金值	基台值	变程（m）	块金值/基台值（%）
紧实度	0～20	高斯	1 674 729.20	4 609 877.50	516.27	36.33
	20～40	球状	748 508.80	2 316 078.70	395.78	32.32
黏粒	0～20	球状	3.347 10	11.056 00	280.16	30.27
	20～40	球状	11.959 55	16.786 62	1 219.19	71.24
粉粒	0～20	球状	27.968 52	53.086 29	803.98	52.69
	20～40	指数	69.106 85	102.245 00	1 080.00	67.59
砂粒	0～20	球状	36.202 22	68.128 94	584.44	53.14
	20～40	指数	89.790 52	117.606 30	780.00	76.35
含水量	0～20	高斯	0.000 37	0.000 90	540.00	40.50
	20～40	高斯	0.000 31	0.000 57	300.00	54.22
	40～60	高斯	0.000 40	0.000 75	600.18	53.56
	60～80	高斯	0.000 70	0.001 07	610.91	65.39
TN	0～20	指数	0.000 12	0.000 52	331.81	24.11
	20～40	高斯	0.000 74	0.000 80	720.00	92.34
	40～60	球状	0.000 88	0.001 026	378.44	86.09
	60～80	高斯	0.000 71	0.000 76	361.09	94.31
SOM	0～20	球状	0.186 78	0.348 50	334.47	53.60
	20～40	指数	0.111 49	0.580 50	176.74	19.21
	40～60	高斯	0.438 35	0.530 21	194.83	82.67
	60～80	指数	0.112 39	0.437 45	170.59	25.69
AN	0～20	高斯	890.369 8	1 048.249	442.10	84.94
	20～40	球状	970.609 1	1 276.278	420.00	76.05
	40～60	高斯	912.667 4	1 423.244	385.40	64.13
	60～80	高斯	658.651 6	1 076.240	282.65	61.20

续表

项目	深度(cm)	最优模型	块金值	基台值	变程(m)	块金值/基台值(%)
AP	0~20	球状	1.656 20	5.818 85	770.21	28.46
	20~40	高斯	1.751 33	4.886 18	220.56	35.84
	40~60	高斯	4.534 89	7.404 35	344.29	61.25
	60~80	高斯	2.709 50	4.784 60	782.89	56.63
AK	0~20	球状	1 583.291	1 596.546	410.50	99.17
	20~40	高斯	1 220.614	1 675.483	362.11	72.85
	40~60	球状	1 466.786	1 881.633	480.94	77.95
	60~80	指数	0	1 628.028	301.76	0.00
pH	0~20	指数	0.013 86	0.024 02	319.08	57.66
	20~40	指数	0.000 36	0.029 81	194.83	1.20
	40~60	高斯	0.026 99	0.035 01	1 230.04	77.09
	60~80	指数	0.002 23	0.044 91	325.69	4.97
含盐量	0~20	球状	7.226 58	8.377 96	362.22	86.26
	20~40	高斯	1.450 79	11.156 67	960.00	13.00
	40~60	指数	1.181 85	10.941 1	292.45	10.80
	60~80	高斯	1.905 94	3.601 12	1 012.22	52.93

（2）结构分析

本书对土壤理化性质含量进行结构分析时考虑各向异性。

由表4.2可以看出，除速效钾在60~80 cm处外，研究区理化性质含量在各个土层上均表现出了明显的块金效应，即随着土层的加深，没有表现出明显的规律。块金值（C_0）表示最小取样距离内由土壤变异和测量误差引起的方差，称为"块金方差"或块金效应（刘欣等，2011），较大的C_0表明在较小尺度上的某种过程不可忽视。速效钾在60~80 cm处的C_0为0，而在理论上，当采样点间的距离为0时，变异函数值应为0，但是由于存在测量误差和空间变异，当两个采样点非常接近时，其变异函数值不会为0，也就是说存在块金值。而速效钾在60~80 cm处的块金值为0，可能是速效钾在60~80 cm土层内具有非常好的空间异质性，也可能是由于测量误差和空间变异的差异相互抵消而出现这种结果，具体原因还需要进一步研究。

土壤理化性质的空间变异性受到结构性因素和随机性因素的影响，结构性因素主要包括土壤母质、地形、气候等；随机因素主要包括土地利用方式、人类活动、动物活动等。在变异函数模型中，块金值 C_0 表示随机部分的空间变异性，通常表示由试验误差和小于取样间距引起的变异，C_1 表示由土壤母质、地形、气候等结构性因素引起的变异；基台值 $C_0 + C_1$ 是随机变异和结构变异之和。$C_0/C_0 + C_1$ 表示空间变异性程度（王政权，1999；Robertson et al.，1997），如果该值较高，说明由随机性因素引起的空间变异程度较大；反之，则由结构性因素引起的空间变异程度较大。比值小于 25%，表明空间相关性很强，为 25% ~ 75%，表明具有中等空间相关性，大于 75% 说明空间相关性很弱。

由表 4.2 可以看出，0 ~ 20 cm 土层的 TN 含量、20 ~ 40 cm 土层的 SOM 含量、20 ~ 40 cm 和 60 ~ 80 cm 土层的 pH、20 ~ 40 cm 和 40 ~ 60 cm 土层含盐量的 $C_0/C_0 + C_1$ 小于 25%，具有强烈的空间自相关性。虽然研究区土壤属重构土壤，经过了排弃和压实过程，但是 TN、SOM、pH、含盐量在这几个土层上仍然具有较强的空间相关性，其变异主要是由结构性因素引起，如土壤母质、气候、地形等因素。0 ~ 20 cm 土层的 AN、AK 含量和含盐量，20 ~ 40 cm 土层的砂粒、TN、AN 含量，40 ~ 60 cm 土层的 TN、SOM、AK 含量和 pH，60 ~ 80 cm 土层的 TN 含量 $C_0/C_0 + C_1$ 大于 75%，具有较弱的空间自相关性，说明其变异主要由随机因素引起，而这一区域的随机因素主要是土壤在排弃过程中受到严重扰动，土壤理化性质原有的空间自相关性遭到破坏。其他土层上的理化性质含量则具有中等空间自相关性，说明变异是由随机因素和结构性因素共同引起的。这与其他相关研究结果相似，复垦后土壤理化性质的空间相关性多为弱变异性和中等变异性，表明研究区复垦措施能够明显影响土壤理化性质的空间分布特征，使土壤理化性质的空间相关性减弱并朝均一化方向发展。

从纵向来看，随着土层深度的增加，各个理化性质指标的 $C_0/C_0 + C_1$ 变化规律不明显，农业土壤和自然土壤的 $C_0/C_0 + C_1$ 一般是表层较高，空间变异性大，随着土层深度的增加，$C_0/C_0 + C_1$ 逐渐减小，空间变异性减小。而研究区并没有表现出这一特征，这主要是由于研究区土壤经过了排土运输、压实平整等严重的人为扰动，原有的空间结构被破坏，而且研究区土壤刚经过平整不久，土壤恢复过程还未开始，才形成了这样不规律的空间结构。

变程又叫空间自相关距离，区域化变量在空间自相关距离内具有空间自相关性。对表 4.2 中土壤理化性质的空间自相关距离进行分析，发现该研究区域内各指标之间的空间自相关距离变化较大，为 170.59 ~ 1230.04 m；60 ~ 80 cm 土层的 SOM 空间自相关距离最小，为 170.59 m，40 ~ 60 cm 土层的 pH 空间自相关距离最大，达到了 1230.04 m。另外，所有变程均大于采样距离，此结果表明在本次研究中所采用的 60 ~ 80 m 取样间隔能较好地满足本区域内土壤理化性质空间变异分析的需要。

此外，较大的 C_0 表明在较小尺度上的某种过程不可忽视，表 4.2 显示，土壤紧实度、土壤颗粒组成、AN、AK 的 C_0 均较大，可见以 60 ~ 80 m 为取样间距，不能很好地反映研究区土壤以上几个指标的空间结构性。也就是说，虽然取样间距能够满足空间变异分析的需要，但是土壤紧实度、土壤颗粒组成、AN、AK 这几个指标在较小尺度上的空间变异仍被忽略。

2. 空间分布特征与成因分析

在变异结构分析及模型拟合的基础上，结合 Kriging 插值方法，考虑各向异性，获得了研究区土壤理化性质含量的空间分布图（图 4.2 ~ 图 4.6），从图 4.2 ~ 图 4.6 中可以直观地看出研究区土壤理化性质含量的空间分布状况。

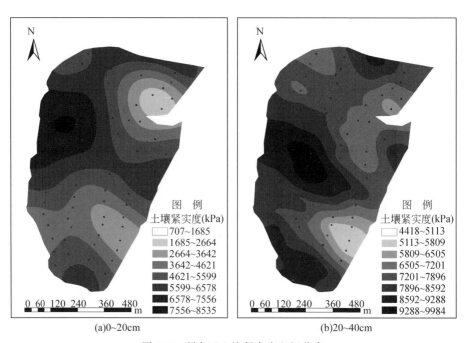

(a)0~20cm　　　　　　　　　　(b)20~40cm

图 4.2　研究区土壤紧实度空间分布

0 ~ 20 cm 土层研究区土壤紧实度呈现西部含量最高，中部、北部、南部略高，其他区域较低的分布格局。随着土层深度的增加，变异性略有增加，在 20 ~ 40 cm 土层，高紧实度区域范围逐渐增大，但北部、中部、南部紧实度较大的分布格局没有改变。研究区土壤紧实度在土壤 0 ~ 20 cm 深度的变异性比 20 ~ 40 cm 小，这一结果与前人研究得出的土壤紧实度在土壤表层的变异性比亚表层变异性大的结论（Veronese et al.，2006）相反，可能是因为在北部和南部的部分区域有草本植物生长，根系作用导致土壤表层紧实度降低。土壤表层高紧实度区域面积较大是

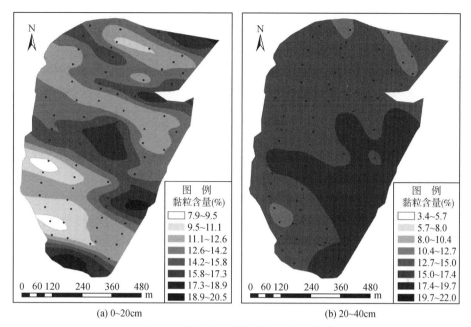

图4.3 研究区土壤黏粒含量空间分布

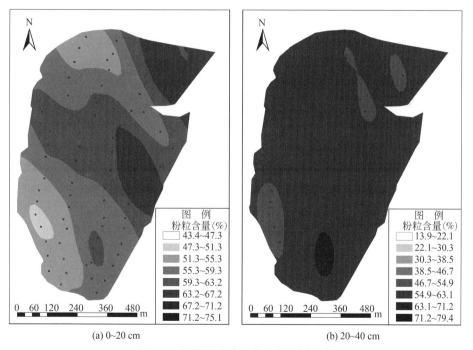

图4.4 研究区土壤粉粒含量空间分布

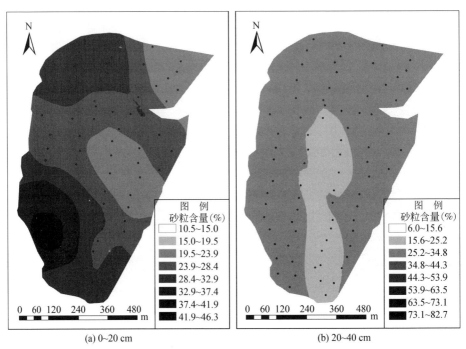

(a) 0~20 cm

(b) 20~40 cm

图 4.5　研究区土壤砂粒含量空间分布

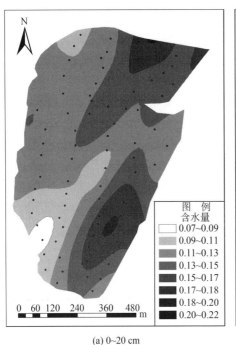

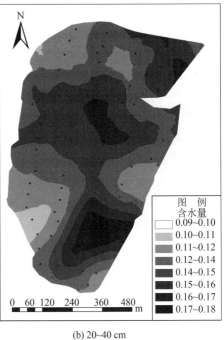

(a) 0~20 cm

(b) 20~40 cm

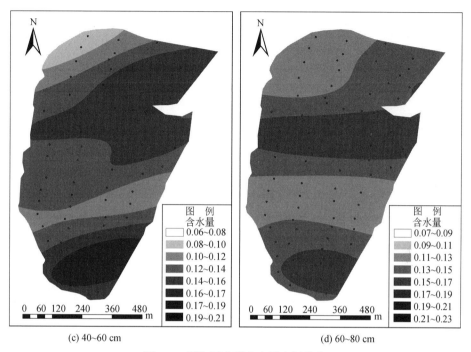

(c) 40~60 cm   (d) 60~80 cm

图 4.6　研究区土壤含水量空间分布

因为研究区是刚经过平整的，经过了推土机压实，导致表层土壤紧实度大。有研究表明，复垦 1 年的土地各个层次土壤压实度都较高，都在 1000 kPa 以上（王煜琴等，2009），本研究结果与此一致。在采样过程中发现，研究区东北部有推土机正在进行平整作业，土壤压实较轻，所以这一区域的土壤紧实度较低。

土壤颗粒组成在土壤表层变异性同样比亚表层大，黏粒含量在表层分布的规律性不大，高含量区域呈条状分布于北部、中部和南部，20~40 cm 处，土壤黏粒含量变异性很小，在研究区范围内含量比较均一。粉粒含量和砂粒含量分布表现出了惊人的互补性，0~20 cm 处，在东北、中部粉粒含量较高，西北、西南部含量低，并且呈西北—东南方向分布；而砂粒含量与此相反，在东北、中部砂粒含量较低，西北、西南部含量高，也呈西北—东南方向分布，在 20~40 cm 处，从西北部到东南部这一区域粉粒含量高，其他区域含量低，砂粒含量在这一区域反而较低，其他区域含量高。

对比有机质的变异情况，在 0~20 cm 土层，有机质含量和土壤颗粒的变异基本是一致的，因为土壤有机碳和初级颗粒（黏粒、粉粒、砂粒）是结合在一起的，这些结合是土壤中有机碳储存和保持的控制因素，这些结合通过化学和物理作用储存有机碳（Anderson et al.，1981；Christensen，1996）。而本研究中有机质含量是根据其与有机碳含量的相关关系推算得出的。

　　土壤含水量在 0 ~ 20 cm 和 20 ~ 40 cm 处的变异性比下层大。表层土壤含水量在东北和东南部含量较高，西北和西南部含量较低，由于本次采样前两天研究区经过一场降水，导致采样时部分地势低的区域仍有积水，这些区域和图 4.6（a）所显示的高含量区域是一致的。随着土层深度的增加，图 4.6（a）中深色区域面积逐渐减小，含水量的异质性减小，这是由于一方面水分的下渗与扩散导致水分在整个区域中分布更为均匀；另一方面，可能是由于研究区土壤原本比较干燥，此次降水还未入渗到深层土壤中。

　　比较图 4.2 土壤紧实度的分布情况发现，含水量与紧实度有着非常密切的关系，在 0 ~ 20 cm 和 20 ~ 40 cm 两个土层，土壤紧实度高的区域含水量低，土壤紧实度低的区域含水量高，这可能是由于土壤紧实度高导致水分较难入渗，多积于地表，而紧实度低的区域水分较快入渗，导致土壤含水量偏高。由于紧实度不同，降水后表层土壤含水量的蒸发速度也不同，这也是导致表层土壤含水量变异性较大的原因。

4.3　土壤化学特性空间变异

4.3.1　土壤化学特性的描述性统计分析

　　土壤 pH 是土壤的基本性质，它决定和影响着土壤元素和养分的存在状态、转化和有效性（樊文华等，2006；王健等，2006）。从表 4.1 得出，0 ~ 20 cm 处，土壤 pH 在 8.05 ~ 8.75 变化，平均值为 8.50；20 ~ 40 cm 处，土壤 pH 在 8.08 ~ 8.93 变化，平均值为 8.49，40 ~ 60 cm 处，土壤 pH 在 8.05 ~ 8.82 变化，平均值为 8.46；60 ~ 80 cm 处，土壤 pH 在 8.09 ~ 9.02 变化，平均值为 8.51。一般适宜作物生长的 pH 为 6.0 ~ 8.0，由此可见，研究区土壤普遍偏碱性，不适宜作物的生长。

　　目前，土壤含盐量是我国表征土壤盐分状况的主要参数之一，也是确定土壤盐渍化程度最主要的指标（刘广明和杨劲松，2001）。研究区土壤在 0 ~ 20 cm 处，含盐量为 0.003% ~ 0.010%，平均值为 0.0055%；20 ~ 40 cm 处，含盐量为 0.003% ~ 0.012%，平均值为 0.0056%；40 ~ 60 cm 处，含盐量为 0.001% ~ 0.012%，平均值为 0.0053%；60 ~ 80 cm 处，含盐量为 0.004% ~ 0.012%，平均值为 0.0059%。当土壤含盐量超过 0.3% 时，会形成盐碱灾害，由此看出研究区土壤含盐量在正常范围内。

4.3.2 土壤化学特性的地统计分析

研究区土壤 pH 空间分布如图 4.7 所示，研究区 pH 总体偏碱性，在 80 cm 的深度上，pH 变化规律不明显，4 个土层上的分布规律和分布方向也均不相同。40~60 cm 土层上 pH 异质性最小，在 8.05~8.82 变化，呈现出由东南向西北含量逐渐降低的趋势。研究区土壤经过扰动之后 pH 略微下降，但基本和原地貌属一个水平（陕永杰等，2005）。

研究区土壤含盐量空间分布如图 4.8 所示，根据国内外大量研究资料，当土壤表层含盐量达到 0.6%（0.5%）~2% 时，即属盐土范畴（祝寿泉和王遵宗，1989）。研究区土壤基本属于非盐化土，只有在 0~20 cm 土层东北部、40~60 cm 土层北部、60~80 cm 土层北部的少部分区域含盐量为 0.01% 左右，属于盐化土。随着土层深度的增加，研究区土壤含盐量没有明显的变化规律，40~60 cm 土层的含量较其他 3 个土层要高。

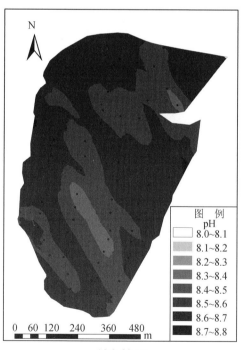

	图 例
	pH
	8.0~8.1
	8.1~8.2
	8.2~8.3
	8.3~8.4
	8.4~8.5
	8.5~8.6
	8.6~8.7
	8.7~8.8

0 60 120   240   360   480 m

	图 例
	pH
	8.1~8.2
	8.2~8.3
	8.3~8.4
	8.4~8.5
	8.5~8.6
	8.6~8.7
	8.7~8.8
	8.8~8.9

0 60 120   240   360   480 m

(a) 0~20 cm   (b) 20~40 cm

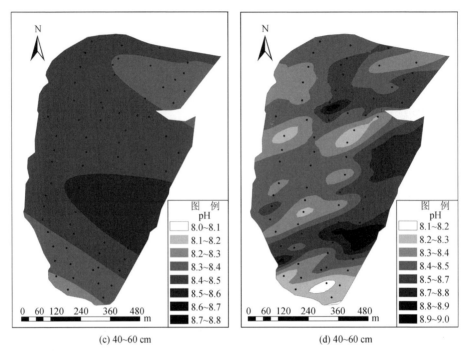

(c) 40~60 cm　　　　　　　　　　　　(d) 40~60 cm

图 4.7　研究区土壤 pH 空间分布

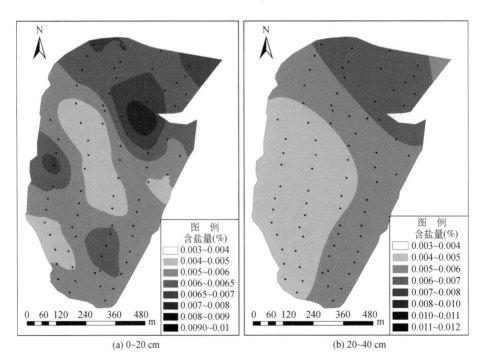

(a) 0~20 cm　　　　　　　　　　　　(b) 20~40 cm

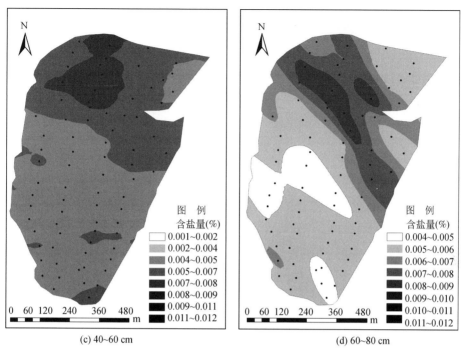

(c) 40~60 cm　　　　　　　　(d) 60~80 cm

图 4.8　研究区土壤含盐量空间分布

4.4　土壤肥力特性空间变异

4.4.1　土壤肥力特性的描述性统计分析

TN 和 SOM 是土壤的重要组成部分，是反映土壤肥力的重要指标，是全球碳循环和氮循环的重要源和汇，目前已成为土壤学和环境学的研究热点之一（黄昌勇，2000）。从各指标的平均值可以看出，TN 和 SOM 在各个土层的含量很低，均小于全国第二次土壤普查的六级标准 50 g/kg 和 600 g/kg。晋北土壤 SOM 和 TN 含量在山西全境内最低，主要是因为该区为大同盆地和忻定盆地，地势较高，气温较低，土壤类型主要是栗钙土、栗褐土，盆地内有大片盐化、碱化土，该区风多干旱，植被多系旱生草本植物，生长量较少，供给土壤的 SOM 数量不多，而且少雨，矿质化大于腐殖化（谢文艳等，2012）。随着土壤深度的增加，土壤肥力并没有规律性变化，TN 和 SOM 含量变化最大的都是在 40 ~ 60 cm 处，为 0.134% ~ 0.362% 和 1.300% ~ 5.732%

随着土壤深度的增加，AN、AP、AK 含量也没有明显的规律趋势，从它们的均值可以看到，其均值都处于全国第二次土壤普查的四级标准60～90 ppm、5～10 ppm 和 50～100 ppm，而且均高于未扰动地貌的含量水平（陕永杰等，2005）。

4.4.2　土壤肥力特性的地统计分析

土壤肥力特性空间分布如图4.9～图4.13所示。TN 在土壤表层变异性最大，呈现中部含量高、四周含量低的趋势。随着土层深度的增加，变异性逐渐降低，在20～40 cm 土层，TN 含量变化减小，呈现出由南向北逐渐降低的趋势。在40～60 cm 土层，TN 含量变化进一步减小，高含量区域面积减小。土层深度在60～80 cm 时 TN 含量总体略有增加，但南部含量高、北部含量低的特点没有改变。

SOM 含量分布规律性不强，0～20 cm 土层上高含量区域呈斑块状分布，分布在北部、中部和南部，20～40 cm 土层变异性减小，SOM 在 0～20 cm 土层的基础上总体含量略有降低。40～60 cm 土层 SOM 含量变异性最小，研究区总体含量比较均一；60～80 cm 土层的 SOM 含量变异性再次增大，高含量区域也随之扩大，1/3 的面积上 SOM 含量达到 3.0 g/kg，呈条状分布于北部、中部和南部。

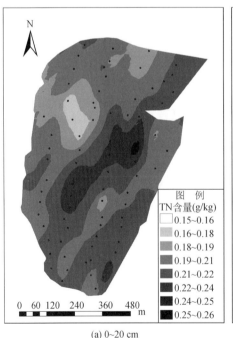

(a) 0~20 cm

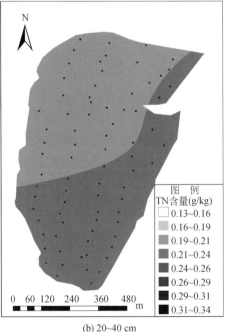

(b) 20~40 cm

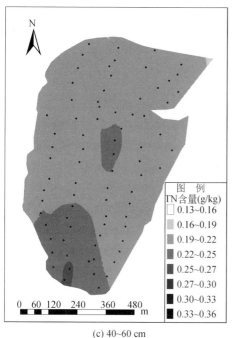

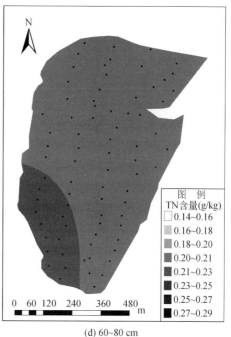

(c) 40~60 cm

(d) 60~80 cm

图 4.9　研究区土壤 TN 含量空间分布

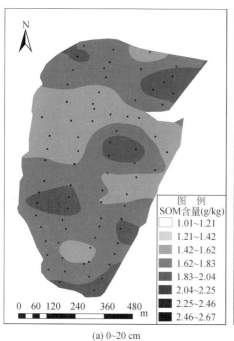

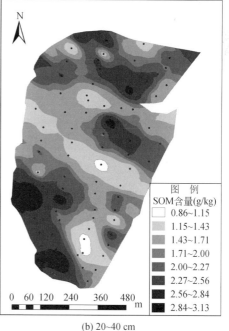

(a) 0~20 cm

(b) 20~40 cm

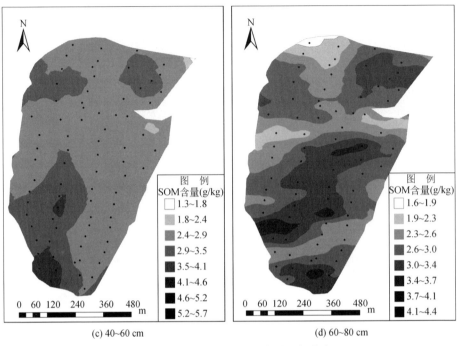

(c) 40~60 cm   (d) 60~80 cm

图 4.10 　研究区土壤 SOM 含量空间分布

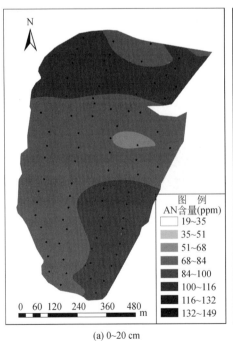

(a) 0~20 cm

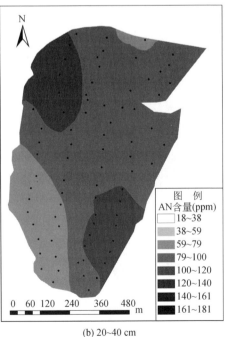

(b) 20~40 cm

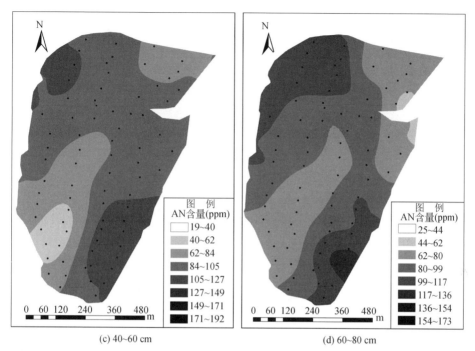

(c) 40~60 cm

(d) 60~80 cm

图 4.11　研究区土壤 AN 含量空间分布

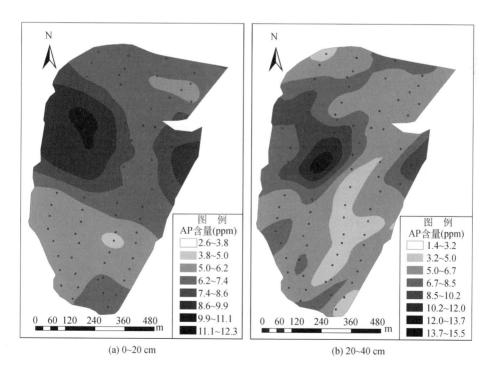

(a) 0~20 cm

(b) 20~40 cm

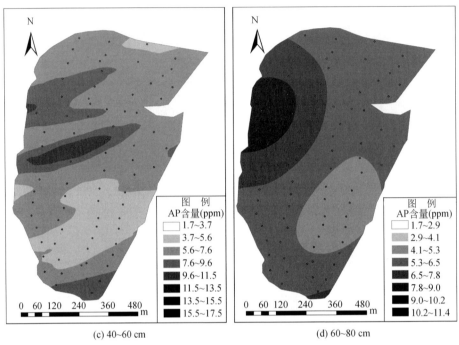

(c) 40~60 cm　　　　　　　　　　(d) 60~80 cm

图 4.12　研究区土壤 AP 含量空间分布

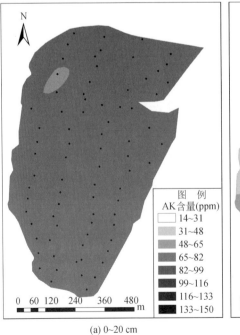
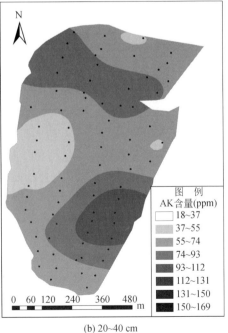

(a) 0~20 cm　　　　　　　　　　(b) 20~40 cm

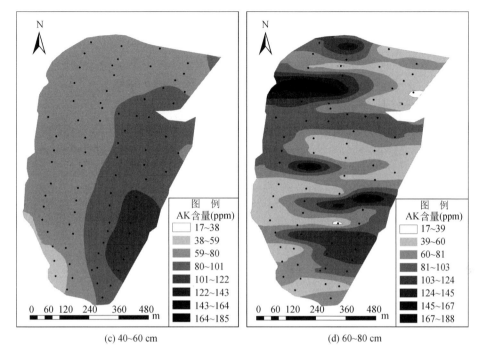

(c) 40~60 cm   (d) 60~80 cm

图 4.13 研究区土壤 AK 含量空间分布

不难发现，在 0 ~ 20 cm、40 ~ 60 cm 这两个土层上，TN 和 SOM 的分布状况比较相似，程先富等（2004）、张建杰等（2010a）的研究结果表明，土壤 TN 和 SOM 含量的分布格局基本一致，它们的空间变异主要是由结构性因素引起的，本书的研究成果与此是一致的。排土场土壤在排弃过程中，0 ~ 20 cm 和 40 ~ 60 cm 这两个土层仍然保持了原有的空间分布格局，而在 20 ~ 40 cm 和 60 ~ 80 cm 两个土层，由于排弃过程中的人为扰动，使它们原本一致的空间分布被打乱而形成各自新的空间布局。

土壤速效养分是指土壤所提供的植物生活必需的、易被作物吸收利用的营养元素，而 N、P、K 是对养分管理影响最大的 3 个营养元素。AN 含量在 0 ~ 20 cm 土层呈现出北部、东南部含量高，中部含量低的特点，在 20 ~ 40 cm、40 ~ 60 cm 土层呈现出由西北、东南部向中部逐渐减少的趋势。60 ~ 80 cm 土层上的变异性最大，AN 含量在整个研究区范围内没有明显的分布规律，相比上层土壤，中部和东北部含量略有增加，其他区域含量降低。

AP 的含量在整个研究区变异比较明显，在 0 ~ 20 cm 土层，中部偏北含量较高，最高处在西北部，南部含量较低。随着土壤深度的增加，中部 AP 含量逐渐降低，南部含量仍然降低，到了 40 ~ 60 cm 处，AP 含量变异程度最小，而在

60 ~ 80 cm土层，AP 含量的变异性增大，西北部含量较高。

AK 的含量在土壤表层变异性非常小，几乎在整个研究区范围内都处于一个水平，随着土层深度的增加，AK 含量变异性逐渐增大，在 20 ~ 40 cm、40 ~ 60 cm 两个土层上呈现出东南部向西南部逐渐降低的趋势。到了 60 ~ 80 cm 的深度，AK 含量总体较高，但在分布上没有规律性。影响土壤 AK 含量的因素有很多，在研究区主要是由土壤自身特性导致的。

4.5　合理采样数目及监测点的确定

土壤采样是进行土壤理化性质研究的前提和基础，土壤理化性质的空间变异研究需要有充足的采样数据，而这些将受到取样强度、分析成本和研究结果精度等因素的限制，进行大规模的密集采样并不现实，也没有必要，因此如何确定合理采样数目始终是土壤研究者关注的一个重点和难点问题（姚荣江，2006）。在满足一定精度要求的基础上，科学合理地进行采样布点，以尽量减少采样数目是十分必要的。利用传统样本容量统计分析不能综合考虑采样点的空间特性，会存在较大误差，为了避免这一缺陷，本书采用传统统计学方法和地统计分析进行合理取样数目的研究，通过对随机抽取的不同数量的已有采样点进行空间插值，然后进行统计比较，以制定优化采样策略。

根据《土地复垦条例》的要求，县级以上地方人民政府国土资源主管部门应当建立土地复垦监测制度，及时掌握本行政区域土地资源损毁和土地复垦效果等情况。土地复垦工作是一个长期的过程，复垦土地质量变化及复垦效果如何，需要通过土地复垦监测来实现。本书基于地统计分析，在优化研究区合理取样数目的基础上提出监测点布设方案。

4.5.1　确定合理采样数目

1. 传统统计学法采样数计算

《土壤环境监测技术规范》（HJ/T 166—2004）提供了在土壤监测中基础样品数量确定的方法，这种方法属于传统统计学方法，计算采样数目时未考虑采样点之间的空间关系，但此方法是行业标准中提供的，因此本书将用此方法计算出的采样数目与地统计方法计算的采样数目进行比较。

《土壤环境监测技术规范》（HJ/T 166—2004）提供的基础样品数量确定方法计算公式为

$$N = t^2 C_V^2 / m^2 \qquad (4-2)$$

式中，N 为样品数；t 为选定置信水平（土壤环境监测一般选定为 95%）一定自由度下的 t 值；C_V 为变异系数（%）；m 为可接受的相对偏差（%），土壤环境监测一般限定为 20%~30%。

根据此公式计算得出各个指标的采样数目，见表 4.3。

表 4.3　土壤理化性质在不同深度土层的合理采样数目

指标	深度（cm）	采样数目（个）	指标	深度（cm）	采样数目（个）
紧实度	0~20	17	AN	0~20	16
	20~40	6		20~40	17
黏粒	0~20	8		40~60	16
	20~40	10		60~80	15
粉粒	0~20	4	AP	0~20	11
	20~40	5		20~40	14
砂粒	0~20	10		40~60	17
	20~40	18		60~80	13
含水量	0~20	7	AK	0~20	29
	20~40	5		20~40	30
	40~60	6		40~60	30
	60~80	7		60~80	27
TN	0~20	3	pH	0~20	1
	20~40	4		20~40	2
	40~60	5		40~60	2
	60~80	4		60~80	2
SOM	0~20	6	含盐量	0~20	8
	20~40	8		20~40	8
	40~60	8		40~60	10
	60~80	7		60~80	11

2. 地统计学方法采样数计算

地统计学研究中常将建立的变异函数模型与克里格预测方法相结合进行检验，这种模型检验方法被称为交叉验证法。它的基本思路是依次假设每一个实测点未被测定，由所选定的变异数模型，根据（$N-1$）个其他测定点数据，用特定的克里格方法估算这个点的值（王波，2006；宁茂岐，2007）。分别从 78 个样点中随机选择 10 个、20 个、30 个、40 个、50 个、60 个和 70 个样点进行克里格插值，分析不同采样点数目下的研究区复垦土壤理化性质指标预测精度，并根据精度大小确定合理的采样数目。本书采用交叉验证的方法来检测不同采样点数目下插值的精度，均方根误差（RMSE）这一指标将用来衡量插值精度，其计算公式为

$$RMSE = \sqrt{\frac{1}{n}\sum_{i=1}^{n}\left[Y(x_1) - Y^*(x_i)\right]^2} \tag{4-3}$$

式中，$Y(x_1)$ 为实测值；$Y^*(x_i)$ 为预测值；n 为采样数目。

RMSE 值越小，预测值越接近实测值，预测误差就越小，精度就越高。当RMSE 达到平稳时，预测精度不随采样数目的增多而提高，这时的采样数目是最合理的。

本书分别进行 3 次采样点的选择，分别将它们设置为处理 1、处理 2 和处理3，并计算 3 个处理的 RMSE，计算结果如图 4.14 ~ 图 4.17。

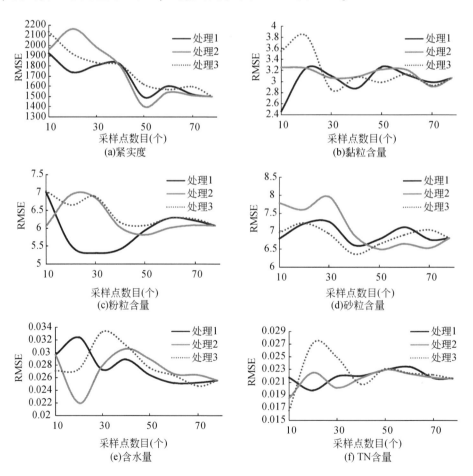

(a)紧实度　　(b)黏粒含量

(c)粉粒含量　　(d)砂粒含量

(e)含水量　　(f) TN含量

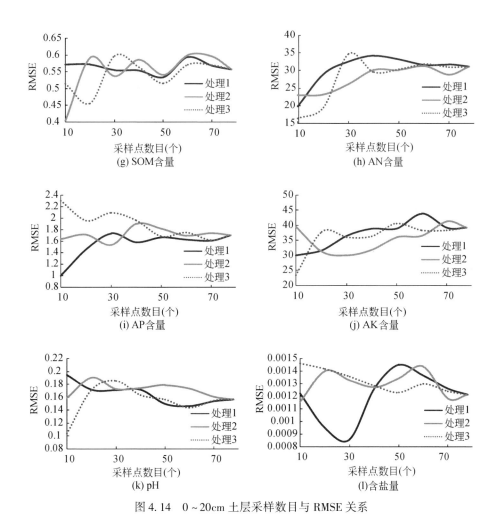

图 4.14　0~20cm 土层采样数目与 RMSE 关系

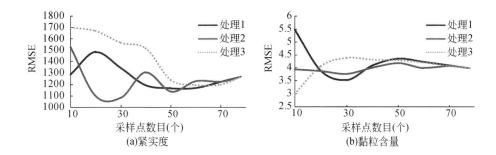

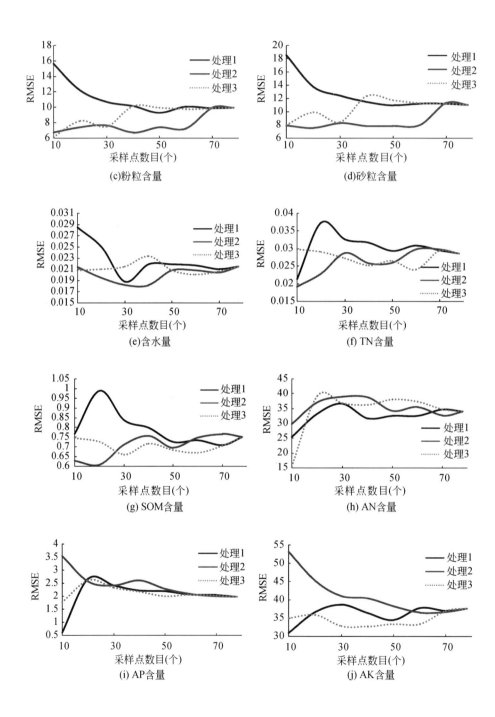

(c)粉粒含量

(d)砂粒含量

(e)含水量

(f) TN含量

(g) SOM含量

(h) AN含量

(i) AP含量

(j) AK含量

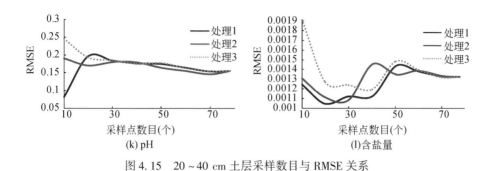

(k) pH

(l) 含盐量

图 4.15 20～40 cm 土层采样数目与 RMSE 关系

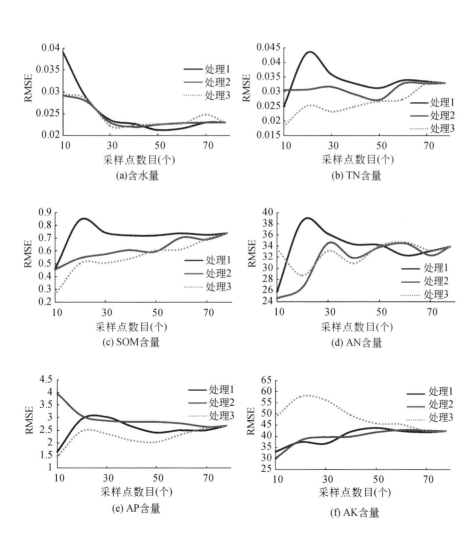

(a) 含水量

(b) TN 含量

(c) SOM 含量

(d) AN 含量

(e) AP 含量

(f) AK 含量

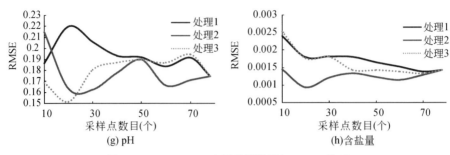

(g) pH

(h)含盐量

图 4.16　40 ~ 60 cm 土层采样数目与 RMSE 关系

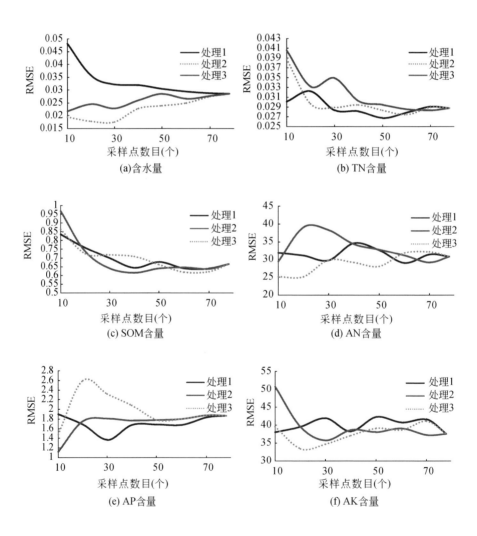

(a)含水量

(b) TN含量

(c) SOM含量

(d) AN含量

(e) AP含量

(f) AK含量

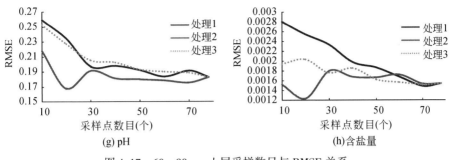

图 4.17　60~80 cm 土层采样数目与 RMSE 关系

由图 4.14 可以看出，在 0~20 cm 土层，随着采样点的增加，土壤紧实度、黏粒含量、粉粒含量、砂粒含量、含水量、TN 含量、SOM 含量、pH 的 RMSE 逐渐减小，它们分别在采样数目达到 50 个、40 个、50 个、40 个、50 个、30 个、50 个、50 个的时候 RMSE 基本达到最小并且平稳。AN 含量、AP 含量、AK 含量、含盐量的 RMSE 波动较大，不是随采样数目的增加而逐渐减小，但也分别在采样数目为 40 个、40 个、50 个、50 个的时候 RMSE 基本达到平稳状态。

由图 4.15 可以看出，在 20~40 cm 土层，随着采样点的增加，土壤紧实度、黏粒含量、粉粒含量、砂粒含量、含水量、TN 含量、SOM 含量、AP 含量、AK 含量、pH 的 RMSE 逐渐减小，它们分别在采样数目为 50 个、40 个、40 个、40 个、50 个、40 个、50 个、50 个、50 个、50 个的时候 RMSE 基本达到最小并且平稳。AN 含量、含盐量波动较大，不是随采样数目的增加而逐渐减小，但也分别在采样数目为 40 个、50 个的时候它们的 RMSE 基本达到平稳。

由图 4.16 可以看出，在 40~60 cm 土层，随着采样点的增加，含水量、TN 含量、SOM 含量、AN 含量、AP 含量、AK 含量、pH、含盐量的 RMSE 逐渐减小，分别在采样数目为 30 个、40 个、40 个、40 个、40 个、50 个、50 个的时候它们的 RMSE 基本达到最小并且平稳。

由图 4.17 可以看出，在 60~80 cm 土层，随着采样点的增加，含水量、TN 含量、SOM 含量、AP 含量、pH、含盐量的 RMSE 逐渐减小，它们分别在采样数目为 50 个、40 个、40 个、40 个、50 个、70 个的时候 RMSE 基本达到最小并且平稳。AN 含量、AK 含量的 RMSE 波动较大，分别在采样数目为 50 个、50 个的时候基本达到平稳。

3. 合理采样数目确定

由经典统计学方法计算出来的合理采样数都在 30 个以内，由地统计学方法计算出来的在 30~50 个，为了使采样数目既满足行业规范规定的精度要求，又能在采样的同时考虑采样点之间的空间关系, 本书确定研究区的合理采样数为 40 个。由于在实际采样中不会出现下层土壤采样数多于上层土壤采样数的情况, 因此研究区在 4 个土层上的合理采样数目均为 40 个。这一结果说明通过合理取样分析, 可比较准确地计算出取样数目, 从而既节省取样和分析成本, 又能满足监测精度要求, 这对在研究区土壤理化性质研究中确定合理采样数目有一定借鉴作用。

4.5.2　基于地统计学的监测点布设

按照平朔安太堡煤矿复垦规划设计, 研究区复垦后将用作耕地, 并作为复垦示范区长期监测土壤质量变化情况, 监测点布设作为监测过程中的关键环节, 需要深入研究与讨论。由于一般情况下土壤特性是极不均匀的, 采样点如何布设也可能会导致监测结果的差异, 通常监测点布设密度越大, 监测结果越具有代表性和可靠性, 但土壤监测除了需要考虑布设密度外, 还要考虑人力、经费和监测周期等因素。本书基于对研究区土壤理化性质空间变异性的分析, 通过对研究区质量动态监测, 采取差别化土壤质量提升措施。在计算研究区合理采样数的基础上, 讨论相应的监测点布设方案, 为今后研究区监测点布设提供依据。

1. 布点方法

本研究布点方法采用的是分区布点法与网格布点法相结合的方法, 分区布点法是将场地划分为各个相对均匀的小区, 在每个小区内再进行布点。网格布点法是在区域内设置固定边长的网格, 在每个网格中布设采样点。

研究区在进行场地平整时已被均匀地划分为 36 个田块, 前期采样便依据这 36 个田块均匀布点, 进行合理采样数目确定实验也是从已经采样的 78 个样点中均匀选择, 选出的样点当然也符合分区布点法和网格法的布点原则。

2. 布点方案

由图 4.14~图 4.17 可以看出, 比较处理 1、处理 2、处理 3 三条曲线, 处理 1 表现出来的 RMSE 随采样数目增加而减小的规律性较好, 总体呈现出 RMSE 由高降低, 并最终趋于平稳的规律。因此, 本研究选择处理 1 在采样数目为 40 时采样点的分布情况为最优的研究区监测点布设方案 (图 4.18)。根据前人的研究, 耕地质量监测的精度应能反映耕地的质量变化, 监测点间距不宜大于变异函数的变程, 最好是在变程的 1/4~1/2 (王倩等, 2012)。通过 ArcGIS 软件进行计算, 此监测点布设方案中监测点之间的最近距离平均为 103.23 m, 比表 4.2 中的平均变程 506 m 的 1/2 要小, 符合耕地质量监测的精度。

图 4.14~图 4.17 显示, 有些指标会出现随着采样点数目的增加, RMSE 波动

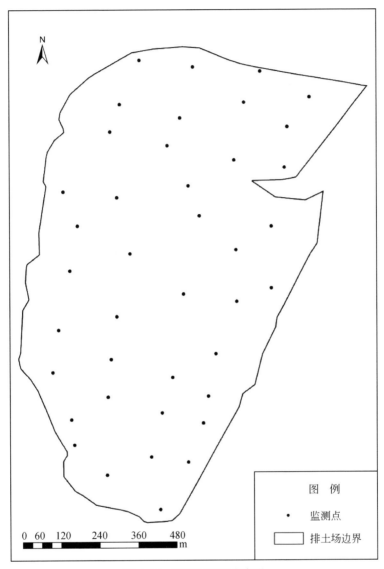

图 4.18　研究区监测点布设

较大的情况，这是因为土壤特性在较小尺度上变异性较大，以图 4.17（f）为例，采样点在 40 个的时候，RMSE 较小，当采样点增加到 50 个时，RMSE 反而增大，这可能是因为排土次序的不规律导致研究区各个区域变异情况较为凌乱，增加的 10 个采样点选在变异性较大的区域时，预测精度反而会降低；当采样点增加到 60 个时,增加的 10 个采样点所在区域的变异性不大或是符合整个研究区范围内的变异性,这样预测精度又会升高。野外采样时发现,相邻距离很近的点,它们的土壤性质差异很大,野外采样时所观察到的现象与分析结果是一致的。因此,在监测布点时,为了能够更好地观察到小尺度范围内土壤性质的变化情况,需在较小范围内密集布设监测点(图 4.19)。

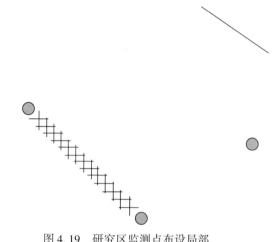

图 4.19 研究区监测点布设局部

4.6 小 结

4.6.1 总结

1)研究区内土壤理化性质各指标变异系数均处于 10% ~ 90%,属于中等变异。土壤 TN、SOM、AN、AP、AK 含量均值都比标准值低,土壤紧实度、pH 比标准值高,土壤含水量、颗粒组成、含盐量符合相关标准。所有指标均符合正态分布。

2)通过半方差函数模型分析,研究区内 TN 在 0 ~ 20 cm、SOM 在 20 ~ 40 cm、pH 在 20 ~ 40 cm 和 60 ~ 80 cm、含盐量在 40 ~ 60 cm 土层的空间自相关性很强,均小于 25%,其中 pH 在 20 ~ 40cm 土层最大,为 1.20%。TN、SOM 和 pH 在 40 ~ 60 cm、AN 在 0 ~ 20 cm 和 20 ~ 40 cm、AK 在 0 ~ 20 cm 和 40 ~ 60 cm、含盐量在 0 ~ 20 cm 土层时的空间自相关性很弱,均大于 75%,其中 AK 含量在深度为 40 ~ 60 cm 时最弱,为 96.99%。此外,研究区域内各指标之间的空间自相关距离变化较大,为 170.59 ~ 1230.04 m。

3)研究区内各项土壤理化性质指标均显示出了明显的空间分布格局。总体来说,研究区土壤理化性质相比自然土壤变异性较大,这是由于研究区土壤经过了排弃、压实等过程, 受到了严重的人为扰动, 原有土壤空间格局遭到破坏, 形成了新的空间格局。

4) 根据地统计学方法计算得到研究区内土壤各项指标在4个深度层次上的合理采样数为30~50个。由《土壤环境监测技术规范》(HJ/T166—2004) 中提供的基础样品数量确定方法计算得到研究区各指标的合理采样数均小于30个。为了使采样数目既满足行业规范规定的精度要求, 又能在采样的同时考虑采样点之间的空间关系, 确定研究区的合理采样数为40个。研究区土壤在小尺度范围内有较强变异, 因此在监测布点时, 为了能够更好地观察到小尺度范围内土壤性质的变化情况, 需在较小范围内密集布设监测点。

4.6.2 展望

1) 土壤理化性质含量存在着空间和时间两方面的变异, 本研究仅对复垦一年的安太堡内排土场土壤理化性质空间变异性进行研究, 未能对时间上的变化进行研究, 在以后的工作中, 应对安太堡矿区其他复垦多年的排土场进行研究, 从空间和时间上反映复垦土壤理化性质的变异情况。

2) 由本章研究结果可以看出, 研究区土壤变异性较大, 尤其是在小尺度范围内变异性较大, 但本次采样方法会忽略小尺度范围内的变异性, 因此在今后的研究中, 应该优化采样点布设方案, 以期更好地反映研究区内土壤变异状况。

3) 前人研究表明, 复垦土壤的空间变异性与复垦机械作业方向有着密切的关系, 但本章未对这方面进行深入讨论, 因此在今后的研究中需要对研究区复垦土壤理化性质空间变异原因与机械作业方向的关系进行更深入的研究。

第5章　黄土区露天煤矿受损土地土壤重构过程与方法

黄土高原地区的煤炭资源极为丰富，是全国大型、特大型煤田的集中地，为煤炭资源的供应做出了巨大贡献。然而，大规模的煤炭开采，特别是露天开采，诱发了本就处于生态脆弱区的黄土高原的土地再度退化，其生态环境岌岌可危。因此，迫切需要科学有效的土壤重构手段来挽救黄土区露天煤矿的受损土地，建造一个满足植物生长基本需求的土壤剖面。

5.1　土壤重构原理

5.1.1　土壤重构的概念及内涵

露天采矿活动对矿区地表生态系统的剧烈扰动是对原地表形态、土层顺序、生物种群的直接摧毁，使得原生态系统不复存在。黄土区露天煤矿土壤重构是针对在露天采矿中被破坏土地的土壤进行重构，以修复地力和土地生产力为目的，通过各种农艺措施，应用物理、化学、生物、生态及工程措施，重新构造一个适宜的土壤剖面，消除土壤中的污染，改善重构土壤的环境质量，并对土壤进行培肥改良，使之更适合植物生长，在较短时间内恢复和提高重构土壤的生产力，为随后的植被重建打好基础（胡振琪等，2005；景明，2014）。

换言之，就是在土地重塑的基础上，再造一层人工土体，使土壤的理化性质不断改善、肥力不断提高，最终达到基本生产的能力。由于平朔矿区扰动后的地表覆盖的大多是黄土母质，在很大程度上承袭了母质的特性，通气透水性、蓄水保水性、保肥供肥性经常发生矛盾。因此，必须通过土壤重构，才能为植物提供良好的立地条件，也才能为恢复植被、提高土地生产力打下良好的基础（李晋川等，2009）。在整个过程中必然涉及物料的选择，以及人为因素的干扰。

1. 土壤剖面重构

土壤剖面重构不仅是土壤重构的第一步，也是土壤重构的关键环节。土壤剖面是指一个具体土壤的纵切面。一个完整的土壤剖面包括土壤形成过程中所产生的发生学层次及母质层次，不同层次的组合形成土体构型。土壤剖面重构，概括地说，就是土壤物理介质及其剖面层次的重新构造，是指采用合理的采矿工艺和剥离、堆垫、贮存、回填等重构工艺，构造一个适宜土壤剖面发育和植被生长的土壤剖面层次、土壤介质和土壤物理环境（胡振琪等，2005）。合理的剖面是植物生存的前提。

该原理涉及表土的剥离、贮存和回填，重点和难点是保持土层顺序不变。胡振琪（1997）在国内外土地复垦实践的基础上提出了"分层剥离、交错回填"土壤剖面重构原理，实现了复垦前后土层顺序的一致。

2. 土壤培肥改良

土壤培肥改良是在剖面重构的基础上，以优化土壤状况、加速土壤熟化为目的，通过实施耕作措施或种植先锋作物，对初步重构后的土壤状况进一步调节，逐步实现土壤环境的改善。

5.1.2　土壤重构的特点

1. 短期效应和长期目标并重

土壤重构的直接目的是在短期内重构并快速培肥土壤、消除土壤污染，避免矿区大量水土流失和环境恶化。但是土壤重构还具有长期性目标，即恢复和提高重构土壤的生产力，重建土壤生态系统。这就要求土壤重构实施过程中既要在短期内消除矿区的环境隐患，还要考虑到长期的土壤恢复、植被生长，以及生态系统的构建。

2. 人是土壤重构中最活跃的因素

土壤重构是以土壤学为理论基础，其实质是在人工干预下构造和培育土壤。与气候、地形、生物、时间等自然成土因素相比，人为因素更具长期性和灵活性，它能控制成土过程所需的外部条件，及时消除阻碍土壤良性发展的不利因子，是预防和治理土壤污染的践行者，人为因素在一定程度上掌握着土壤重构的发展方向。人为因素的干扰是重构过程中极具影响力、不可或缺的关键性因素，充分发挥人的作用既是土壤重构实质的体现，又是其长期性特点的必然要求。

3. 技术环节复杂、涉及面广

土壤重构是一项包含众多技术环节、涉及面广泛的综合土地复垦治理措施。从矿区开采、表土剥覆、土壤改良、植物生长等各个环节都涉及了土壤重构，这些技术环节虽然有一定的时序规律，但其本质上却又相互交叉、相互作用。此外，土壤重构运用了地质学、生态学、农学、土壤学等多种基础理论，在技术的运用上包括了工程措施，以及物理、化学、生物、生态等多项措施。

5.2　土壤重构过程

土壤重构涵盖了土壤剖面工程重构，以及进一步的土壤培肥改良，是一个分阶段的长期过程。它一般包括地貌景观重塑、剖面层次重构及土壤培肥改良（胡振琪等，2005）。

5.2.1　地貌景观重塑

地貌景观重塑是土壤重构的前提和保障，是指内力或外力对已经稳定成型的自然地貌进行破坏并塑造形成新形态的过程。黄土区露天煤矿地貌重塑是一个完全由人工外力重塑地貌的过程，是指在露天采矿中经过采剥、排弃、复垦一系列流程后，地貌发生彻底改变，即由沟壑纵横的原始地貌变为人工重塑的挖损和堆垫地貌的过程。具体来说，就是针对我国黄土高原梁卯沟壑发育强烈等地貌特点，利用采矿大型设备的便利条件，依托采矿设计、岩土比例、剥采比等重要指标进行表层岩土剥离和采矿，选择合适的排弃场所将岩性不同的剥离物有序排弃，并对排弃到位的排土场进行整形和植被重建，以使其恢复到可利用状态这一过程的总称（景明，2014）。

1. "剥、采、运、排、造、复"一体化机制

（1）"剥、采、运、排、造、复"一体化流程

"剥、采、运、排、造、复"一体化流程，就是将覆盖在矿体上部及其周围的浮土和岩石自上而下层层剥去，从敞露的矿体上直接采煤，同时把剥离的土石源源不断地运到外排土场或内排土场，最后针对排弃到位的排土场进行地形改造和植被重建，使其恢复到可供利用状态的过程。

（2）剥离开采纵向工艺

先是剥离开采过程。剥离开采大致可分为黄土剥离、岩石剥离和煤层开采3个过程。剥离就是将地面或地层在垂直方向上连续挖去具有一定水平投影面积和一定深度的部分岩土体。上部黄土层外包，岩石剥离采用单斗-卡车开采工艺，采煤工艺为单斗-卡车—地表半固定破碎站—带式输送机半连续工艺。

（3）运输排弃横向过程

外排土场应尽可能安排在靠近露天矿采掘场的位置，距离采掘场一般不超过250 m。到一定阶段转为内排，即将原来的矿坑用作排土场。从横向上来说，运输

排弃整个过程就是将从剥离工作面剥离下来的岩土运输到对应高度排弃工作面。排土工作面由卡车卸载区、推土机推土区、清箱斗区组成。依据排弃物料的特性及施工条件，自卸卡车–推土机在排弃物料时，通常采用边缘模式排土，即自卸卡车载物退至排弃边缘，沿排土台阶坡顶边缘排弃，坡顶残留剥离物再由推土机推至坡下。排土台阶采用水平划分，平行推进。最终形成平台与边坡相间，呈金字塔状层层堆叠的排土场。排土场每一个台阶是一个排土工作面，一个排土工作面又称为一个工作平盘，各水平工作平盘自上至下的组合形成排土场的工作帮。

2. 黄土区露天煤矿地貌重塑的关键技术

地貌重塑的关键在于解决排土场基底不稳、非均匀沉降、水土流失严重、水分利用效率低、岩土污染、重塑地形坡度等问题（白中科等，1998a）。其关键技术包括排土场基底构筑工艺、排土场主体构筑工艺、排土场平台构筑工艺、排土场边坡构筑工艺、排土场水土保持与排洪渠构筑工艺等。

（1）排土场基底构筑工艺

在岩土排放的初期是进行基底的构筑，好的基底构筑有利于排土场的整体稳定。黄土区露天煤矿基底构筑工艺主要采取了以下几种技术。

1）松软基地清除技术，通过清除排土场重要区段的松软土层，增强基底岩土承载力。

2）光滑基底爆破处理技术，通过爆破技术，增加光滑基地的粗糙度，提高排土场抗滑能力。

3）基底设桩抗滑技术，通过设置基柱、临时挡墙及抗滑桩，控制倾斜基底岩土滑动。

（2）排土场主体构筑工艺

排土场主体是指在排土场基底构筑完毕后至排土场表层覆土前的空间范围。黄土区露天煤矿主体构筑工艺主要采取了以下几种技术。

1）多点同步排弃，扇形推进，延长排土场排弃物在各个区域的沉降压缩过程及时间。

2）控制岩土排弃顺序。科学控制排弃次序，将可能含不良成分的岩土废弃物排弃在底部，而品质适宜、易风化性的土层和岩层尽可能安排在上部，原表土或富含养分的土层则安排在排土场表层。为防止自燃，须将煤矸石填埋于排土场的 20 m 以下。

3）在满足地表厚层覆土（>80 cm）的前提下，尽量采取岩土混排工艺，逐层堆垫、逐层压实，减轻后期的非均匀沉降。注意由于不均匀沉降所引起的陷穴、裂缝、盲沟等。

（3）排土场平台构筑工艺

排土场平台构筑，实际上就是人工进行土体再造，形成复垦种植层的过程。

黄土区露天煤矿平台构筑工艺主要采取了以下几种技术。

1）采用"采—运—排"一体化复垦模式，合理安排岩土排弃次序，可采用"堆状地面"等排土工艺。

2）排土（岩）场平台覆盖土层前应整平并适当压实。依具体情况，平整的方式分为大面积成片平整和阶梯平整。当用机械整平后，应对覆土层进行翻耕。

3）根据排土场坡度、岩土类型、表层风化程度等，确定土壤重构方案。土源丰富地区，应进行表土或客土覆盖；土源不足地区，可选用采矿排弃的较细的碎屑物或选用当地易风化的第四纪坡积物进行覆盖。复垦为耕地的，可通过施有机肥、化肥及生物培肥等措施来提高土壤肥力。

（4）排土场边坡构筑工艺

排土场边坡构筑是指为了保证边坡的稳定性而采取的一系列措施。黄土区露天煤矿边坡构筑工艺主要采取了以下几种技术。

1）边坡应采取工程措施防止水土流失和滑坡，为满足稳定性要求，可采用修筑挡水墙、锚固、堆放大石块等措施对排土（岩）场边坡进行加固。

2）应根据复垦方向、岩土类型、表层风化程度等，确定排土（岩）场边坡的土壤重构方案和复垦方向。

3）边坡重要地段应进行砌护。

5.2.2　剖面层次重构及土壤培肥改良

1. 黄土区露天煤矿排土场剖面重构的特殊性

排土场土壤重构是露天煤矿土壤重构的主要内容，对黄土区地质背景的分析表明，地层结构中除黄土以外的任何母质和岩石排在地表都不利于植物生长，高岭土和红黏土对植物生长尤为不利，这就要求我们必须进行差别对待的土壤重构。

（1）黄土母质直接铺覆工艺

一般露天矿排土场建造的惯例是先把开挖区原地貌的表土单独剥离，并且存放在一处加以保养，当排土场达到最终标高后，先铺底土，再把原地貌的表土回填，这样做的目的是保证覆于表层的土壤具有较高的肥力，利于植物正常生长。另外，由于非黄土区覆盖土源不足，所以采排工艺严格要求在排土场建造期间进行表土堆放场种草等管护措施。而黄土区排土场的建造可实行黄土母质直接铺覆工艺，因为下层黄土母质没有有毒物质，可直接利用。同时，表土长期受水蚀、风蚀的影响，肥力低下，与下层黄土母质营养元素的含量及抗侵蚀能力已无显著差别，而且，黄土资源丰富，在剥离废弃岩土中所占的比例较大，只要条件适宜，便可实现风化成土的过程。相关研究表明，通过合理培肥改良和生土熟化措施，短期内就能达到原地貌的土壤肥力。这样做既符合黄土区生态环境的特殊性，又能节省表土剥离、保存管护及二次倒土的费用（白中科，1998b）。

（2）污染岩层包埋压埋工艺

该区采煤排弃的主要固体废物是煤矸石、岩土和黄土类物质，这些废弃岩土总重金属元素含量尚未超过国内自然土壤的含量，其淋浸液中有害物质浓度也在地面水三级标准范围内，但局部岩土有害元素含量偏高，且 pH 低，重金属元素活性较大，具有造成污染的潜在可能。但矿区地处干旱、半干旱的黄土高原，降水少，淋溶弱，黄土面积广、厚度大、黄土类物质中性偏碱，对重金属吸附力强，$CaCO_3$ 含量也高，对酸的缓冲也较强，所以可结合混排工艺，利用丰富的黄土物质，对局部重金属相对富集的岩层采取"包埋"、"压埋"、"稀释"，避开堆放在最底层、最表层和边坡面上，从而可使这一污染趋势减少到不至危害的程度，这是非黄土露天矿在进行废弃岩土污染控制时所不具有的优势。

2. 剖面重构与土壤改良的主要技术措施

针对黄土区土壤理化性质、生物状况等，提出土壤重构的技术措施：改善排弃工艺，避免有害物质排在地表，有害物质的压埋、包埋应纳入排弃工艺；要求排弃作业终止前应保证地表有 0.5 ~ 1 m 的黄土覆盖，减少地表过度碾压，降低地表容重；采用堆状地面排土工艺、生物措施及各种水保措施，拦蓄天然降水、减少水土流失；采用固氮植物作为先锋植物或与其他植物合理配置，改善土壤养分状况（李晋川和白中科，2000）。

5.3　小　结

本章主要总结了黄土区露天煤矿土壤重构的过程和工艺。阐述了土壤重构的基本原理和内涵，并从地貌景观重塑、剖面层次重构及土壤培肥改良 3 方面入手，说明了土壤重构的过程。

结果表明，土壤重构的基本原理具有普遍适用性，无论是井工煤矿塌陷地、露天开采受损地，还是固体污染废弃物堆弃地，都能很好地应用。本章着重探讨了土壤重构在黄土区露天煤矿受损土地上的应用。黄土区地质、土壤环境的特殊性，要求科学性、针对性地重构，主要反映在两方面，首先是黄土母质直接覆土工艺，这是黄土区特有的复垦模式；其次是排土场的构筑工艺，重点解决排土场基底不稳、非均匀沉降、岩土污染、重塑地形坡度等问题。

第6章 黄土区露天煤矿复垦土壤质量演替规律

中国的大型露天煤矿大多处于干旱、半干旱的生态脆弱区，长期的资源开发带来严重的环境和灾害问题。排土场因废弃物对土地的大量占用，导致生态环境和自然条件发生变化，这成为露天矿区复垦的一个重要对象。研究排土场复垦土壤的演替规律，是为了更好地揭示排土场重构土壤是如何变化的，以及土壤理化性状、养分情况的动态变化，有助于露天煤矿排土场生态重建与恢复工作，其对矿区的治理有着十分重要的意义。本章通过对黄土矿区排土场复垦土壤动态演变规律的研究，可以为揭示复垦土壤演替规律和生态脆弱矿区排土场土地复垦与生态恢复提供理论依据。

6.1 样品采集与模型构建

6.1.1 土壤样品采集方法

为了研究不同复垦模式及复垦年限对矿区复垦地土壤肥力的影响，2005年6月，在安太堡煤矿，复垦模式为油松、榆树、刺槐等乔木树种混交林，分别选择复垦3年、5年、10年和12年的表层土壤进行研究，并在复垦土地的附近选择有代表性的原地貌土壤进行对照。本研究主要采用空间序列代替时间序列的方法。在这4个区域和原地貌各选取一个10 m×10 m的样地。在每个样地中取3个大小为1 m×1 m的样点，用土钻垂直取每个样点表面20 cm的土壤为一个土样，每个样点取3个土样，将这9个样点土壤充分混合，用"四分法"弃去多余土壤。

6.1.2 土壤样品检测方法

测试指标为干容重、有机质、全氮、全磷、全钾、速效磷、速效钾、碱解氮、pH。

容重采用环刀法测量；有机质采用油浴加热 K_2CrO_7 滴定法；全氮采用半微量凯氏定氮法测定；全磷采用钼锑抗比色法；全钾采用 NaOH 熔融火焰光度法；速效磷采用 0.5 mol/L $NaHCO$ 浸提，钼锑抗比色法；速效钾采用 1.0 mol/L NHOAc

浸提，火焰光度法；碱解氮采用碱解扩散法；土壤活性酸（pH）采用电位法；含水量采用烘干法。

6.1.3　排土场复垦土壤质量演替模型

本研究通过相对土壤质量指数法来反映土壤质量的演替规律，将不同复垦年限土壤质量综合值经过回归拟合后，最终求出能够计算任意复垦年限复垦土壤质量的公式，即排土场复垦土壤质量演替模型。土壤质量的综合评价一般分为 4 个步骤：土壤质量指标的选取、指标权重的确定、隶属度的确定和土壤质量综合值的确定（周玮和周运超，2009）。

1. 土壤质量指标的选取

土壤质量分析选用所检测的容重、有机质、全氮、全磷、全钾、速效磷、速效钾、碱解氮、pH 9 个指标。容重是土壤重要的物理性质。土壤有机质占土壤总量的很少一部分，但是在土壤肥力、环境保护、农业可持续利用等方面都发挥着重要作用。而氮、磷、钾是植物生长发育的三要素，氮可以促进蛋白质和叶绿素的形成；磷既是植物体内许多重要有机化合物的组成，同时又以多种方式参与植物体内各种代谢过程；钾是植物体内含量最高的金属元素，且作物所需的钾主要来源于土壤。土壤酸碱性对土壤微生物的活性、矿物质和有机质的分解起到重要作用，从而影响土壤养分元素的释放、固定和迁移（刘雪冉等，2008；陈秋计，2007；李树志和高荣久，2006）。

2. 指标权重的确定

本研究利用相关系数法确定权重，其计算方法是先计算各个单项指标之间的相关系数，见表 6.1。

表 6.1　各评价指标相关系数

评价指标	有机质	全氮	全磷	全钾	碱解氮	速效磷	速效钾	容重	pH
有机质	1.0								
全氮	0.996	1.0							
全磷	0.937	0.964	1.0						
全钾	0.980	0.985	0.947	1.0					
碱解氮	0.892	0.852	0.686	0.854	1.0				
速效磷	0.971	0.988	0.991	0.979	0.774	1.0			
速效钾	0.961	0.981	0.993	0.954	0.746	1.0	1.0		

续表

评价指标	有机质	全氮	全磷	全钾	碱解氮	速效磷	速效钾	容重	pH
容重	0.901	0.935	0.985	0.937	0.655	0.978	0.973	1.0	
pH	0.939	0.947	0.926	0.982	0.786	0.951	0.913	0.914	1.0

从表6.1可以看出，速效磷和全氮、全磷、速效钾的相关系数较高（相关系数>0.9），这样评价结果偏差较大，不客观。因此，将速效磷指标剔除，只保留容重、有机质、全氮、全磷、全钾、碱解氮、速效钾、pH 8个指标进行演替模型的构建。然后，求出各个指标相关系数的平均值，用此平均值除以评价指标相关系数的平均值之和，这样就得到各个单项评价指标的权重（表6.2）。

表6.2　各评价指权重

评价指标	相关系数平均值	权重
有机质	0.951	0.1288
全氮	0.958	0.1297
全磷	0.930	0.1260
全钾	0.955	0.1294
碱基氮	0.809	0.1096
速效钾	0.940	0.1274
容重	0.913	0.1236
pH	0.926	0.1255

3. 隶属度的确定

隶属函数实际上是评价指标与作物生长效应曲线之间的数学关系表达式，对土壤质量的评价首先要对各评价指标的优劣状况进行评价，由于各评价指标的优劣具有模糊性和连续性（李新举等，2007a），因此本研究通过建立隶属度函数来评定各评价指标的优劣状况。

本研究假设各个指标对土壤质量的影响呈S型和抛物线型，所以采用S型隶属函数和抛物线型隶属函数来确定隶属度。按照土壤质量的影响不同，S型隶属函数分为戒上型和戒下型2种。根据经验法，其中适宜于戒上型函数的是有机质、全氮、全磷、全钾、碱解氮、速效钾的样点（李新举等，2007a）。函数公式为戒上型函数：

$$f(X) = \begin{cases} 0.1 & X \leqslant X_1 \\ 0.9 \times \dfrac{X - X_1}{X_2 - X_1} + 0.1 & X_1 < X < X_2 \\ 1.0 & X \geqslant X_2 \end{cases} \qquad (6\text{-}1)$$

戒下型函数:

$$f(X) = \begin{cases} 0.1 & X \geqslant X_1 \\ 0.9 \times \dfrac{X_2 - X_1}{X_2 - X_1} + 0.1 & X_1 < X < X_2 \\ 1.0 & X \leqslant X_2 \end{cases} \qquad (6\text{-}2)$$

式中, X_1 和 X_2 分别为最小值和最大值。

对于 pH 比较特殊, 不能直接采用戒上型或戒下型函数时, 根据经验对其进行打分, 确定隶属度 (刘美英, 2009), 具体打分标准如下:

$$\begin{cases} 6.5 \leqslant X < 7.0 & 1 \\ 6.0 \leqslant X < 6.5 \text{ 或 } 7.0 \leqslant X < 7.5 & 0.9 \\ 7.5 \leqslant X < 8.0 & 0.7 \\ 8.0 \leqslant X < 8.25 & 0.5 \\ 8.25 \leqslant X < 8.5 & 0.2 \\ 8.5 \leqslant X & 0.1 \end{cases} \qquad (6\text{-}3)$$

容重采用抛物线型隶属函数, 函数公式为

$$f(X) = \begin{cases} 1 & b_1 \leqslant X \leqslant b_2 \\ \dfrac{X - a_1}{b_1 - a_1} & a_1 \leqslant X \leqslant b_1 \\ \dfrac{a_2 - X}{a_2 - b_2} & b_2 \leqslant X \leqslant a_2 \\ 0 & X \leqslant a_1 \text{ 或 } X \geqslant a_2 \end{cases} \qquad (6\text{-}4)$$

式中, a_1、a_2、b_1、b_2 分别为评价指标的临界值, 根据研究区实际土壤性质状况, 确定体积质量的临界值, $a_1 = 0.8$, $a_2 = 1.6$, $b_1 = 1.1$, $b_2 = 1.2$。

依据此方法, 计算出不同复垦年限各指标隶属度, 见表 6.3。

表 6.3　不同复垦年限各评价指标隶属度

复垦年限(年)	有机质	全氮	全磷	全钾	碱解氮	速效钾	容重	pH
3	0.1	0.1	0.1	0.1	0.1000	0.1	0.0	0.5
5	0.1718	0.2233	0.3092	0.3492	0.1022	0.2676	0.0575	0.2

复垦年限(年)	有机质	全氮	全磷	全钾	碱解氮	速效钾	容重	pH
10	0.4718	0.4897	0.4771	0.5983	0.3571	0.4213	0.0825	0.2
13	0.8141	0.8977	1.0	0.8570	0.3851	1.0	0.5875	0.2
原地貌	1.0	1.0	0.8354	1.0	1.0000	0.9157	0.4450	0.2

4. 土壤质量综合值的确定

土壤质量是多个评价指标的综合作用，本研究根据各评价指标权重和隶属度，采用指数和法计算复垦土壤质量综合值。其模型为

$$SQI = \sum_{i=1}^{n} K_i C_i \tag{6-5}$$

式中，SQI（soil quality index）为土壤质量指数；K_i 为第 i 个评价指标的权重，反映各评价指标的重要性；C_i 为第 i 个评价指标的隶属度，反映各评价指标的优劣性；n 为评价指标的个数。

6.2　土壤物理特性演替规律

土壤容重是土壤最重要的物理性质，安太堡矿区排土场复垦土壤物理特性演替规律如图 6.1 所示。

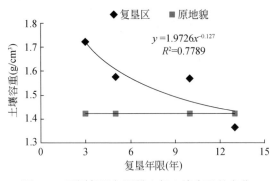

图 6.1　不同复垦年限排土场土壤容重的变化

容重是土壤重要的物理性质，其大小是衡量土壤紧实度和土壤肥力高低的重要指标之一（刘美英，2009）。从图 6.1 可以看出，随着复垦年限的增加，研究区复垦土壤体积质量总体呈下降趋势，在复垦后期，土壤体积质量已经接近于原地貌，复垦 13 年的排土场土壤容重已经低于原地貌。最大值出现在复垦 3 年的排土场平台，最小值出现在复垦 13 年的排土场，变化范围为 1.365 ~ 1.72 g/cm³。

6.3　土壤化学特性演替规律

pH 是反映土壤质量好坏重要的间接指标。安太堡矿区排土场复垦土壤化学特性演替规律如图 6.2 所示。

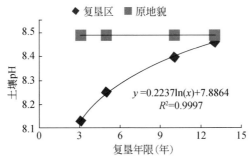

图 6.2　不同复垦年限排土场土壤 pH 的变化

土壤 pH 是土壤的基本性质，它决定和影响着土壤元素和养分的存在状态、转化和有效性（樊文华等，2006；王健等，2006）。由图 6.2 可知，随着排土场复垦年限的增加，排土场土壤的 pH 呈缓慢增长的趋势，最大值出现在原地貌中，最小值出现在复垦 3 年的土壤中，复垦区始终比原地貌的 pH 低。

6.4　土壤肥力特性演替规律

土壤中的氮、磷、钾是作物生长的必要元素，安太堡矿区排土场复垦土壤肥力特性演替规律如图 6.3 所示。

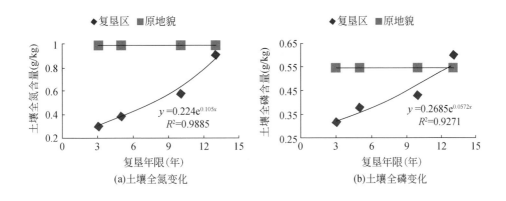

(a)土壤全氮变化　　　　　　　　　　(b)土壤全磷变化

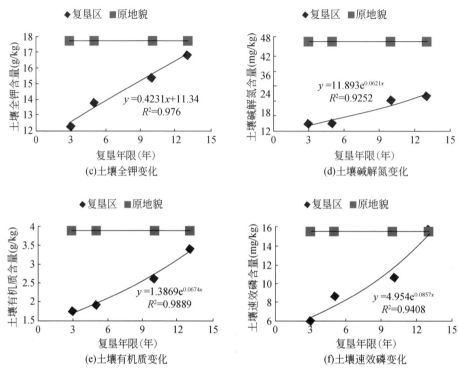

图 6.3 不同复垦年限排土场 6 个土壤肥力指标的变化

从图 6.3（a）可以看出，土壤中全氮的含量在复垦初期远低于原地貌，在复垦后期土壤中全氮含量逐年递增，复垦 13 年的排土场土壤全氮含量基本达到原地貌的全氮含量，其变化范围为 0.302～0.988 g/kg。从图 6.3（b）中可以看出，复垦土壤中全磷的含量随着复垦年限的增加逐年递增，变化明显，其变化幅度为 0.313～0.597 g/kg，最大值出现在复垦 13 年的排土场，超过了原地貌土壤中全磷的含量。钾素水平上，全钾含量变化范围为 12.355～16.912 g/kg，总体呈向原地貌值逐渐接近的趋势，最大值出现在原地貌。碱解氮含量呈波动上升的趋势，增长速率较为均匀，其变化范围为 14.87～25.37 mg/kg，最大值出现在原地貌，且就复垦 13 年的排土场来看，土壤碱解氮的含量仍远低于原地貌。土壤有机质是植物矿物营养和有机营养的源泉，是形成土壤结构的重要因素，直接影响土壤的耐肥、保墒、缓冲性和土壤结构等（樊文华等，2006；王健等，2006）。从图 6.3（e）可以看出，土壤中有机质含量随复垦年限的增加呈现出逐年增长的趋势，表明土壤的复垦有利于有机质的累积。从图 6.3（f）可以看出，随着复垦年限的增长，排土场土壤中速效磷的含量变化很大，其变化范围为 6.01~15.78 mg/kg,最大值出现在复垦了 13 年的排土场,超过了原地貌。从总体情况看,复垦初期复垦土壤的养分状况较差,全氮、全磷、全钾、速效磷都在复垦初期变化速度快,复垦后期变化速度慢,含量均逐渐接近原地貌水平。这说明随着复垦年限的增加,土壤养分状况逐渐得到改善,复垦工作取得了效果。

6.5　土壤综合质量演替规律

根据隶属度计算方法和土壤综合指标值计算方法得出不同复垦年限土壤质量综合值,如图 6.4 所示。

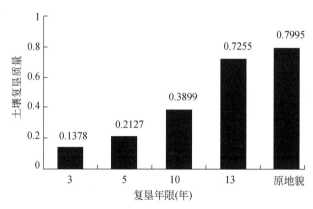

图 6.4　不同复垦年限复垦土壤质量综合值

根据图 6.4 显示,不同复垦年限排土场土壤质量的综合值随着复垦年限的增加呈波动上升,逐渐接近原地貌土壤。复垦初期的土壤质量最差,土壤质量综合值只有 0.1378,随着复垦年限的增加,土壤质量也在提高,在复垦第 13 年,土壤质量综合值达到了 0.7255,很接近原地貌的土壤质量。从这一情况可以看出,随着时间的发展,复垦土壤的质量逐步得到改善,逐渐接近原地貌土壤质量。

6.6　小　　结

本章从安太堡矿区排土场复垦土壤物理、化学和肥力特性指标入手,对不同复垦年限这些指标含量的变化和与原地貌土壤中含量的差异进行了对比和研究,并且在总结这些含量变化规律的基础上,确定了土壤综合质量的变化趋势,并得出了以下结论。

1) 研究区排土场复垦土壤容重随着复垦年限的增长逐年降低,复垦 13 年后的土壤容重小于原地貌，说明土壤恢复状况良好；土壤中全氮、全钾、全磷、碱解氮、有机质、速效磷的含量都是随着复垦年限的增加总体呈波动增加的趋势；碱解氮的增长趋势相对缓慢，复垦 13 年的土壤中全磷和速效磷的含量均超过了原地貌水平。土壤 pH 随复垦时间的增长呈缓慢增长趋势，其值基本达到原地貌。

2）研究区复垦土壤质量随复垦年限的增加不断提高，逐渐接近原地貌。

第7章 黄土区露天煤矿复垦土壤 质量与植被交互影响

恢复受损的土壤和植被是矿区生态恢复的关键，植被恢复过程的实质是植被-土壤复合生态系统相互作用的过程。本章通过典型小区调查的方法，选择山西平朔安太堡露天煤矿复垦排土场为研究区，分析了不同复垦年限（3年、5年、10年、12年和17年）土壤环境因子和乔木林地植被生物量的动态演变规律，建立了黄土区露天煤矿排土场复垦土壤环境因子和乔木林地植被生物量Logistic演替模型，并构建了土壤-植被交互影响的偏微分方程组。相关系数及显著性检验表明，所建立的土壤各环境因子演变模型和乔木林复垦地的植被生物量演变模型有效，能够很好地反映排土场的土壤因子和植被生物量的动态演变过程；随着复垦年限的增加，研究区土壤环境因子质量不断提升并逐渐接近原地貌，土壤因子和植被生物量都呈S型变化，符合Logistic生长演替模型；土壤环境因子与植被生物量二者交互作用明显，符合Kolmogorov捕食模型。同时，运用CANOCO 4.5软件采用降趋势对应分析和冗余分析研究土壤与地形因子对植被恢复的影响。该研究可为黄土区露天煤矿排土场土地复垦与生态恢复提供理论依据。

7.1 土壤与植被样品采集与参数测定

样地的复垦时间为1993年，刺槐、油松隔行间种，行距为2 m，刺槐株距为1 m，油松株距为5 m。根据安太堡矿区南排土场油松、刺槐混交林复垦土地土壤长期监测数据，分别选择复垦3年、5年、10年、12年和17年的表层土壤进行研究，并在复垦土地的附近选择有代表性的原地貌土壤进行对照。各复垦年限表层土壤的采样方案如下：选择1 hm²样地，按照W型样点布设方案在样地布设5个10 m×10 m样地，在这5个样地和原地貌内随机选择3块面积1 m×1 m的小样地，在每块小样地分别用土钻取表层30 cm的土壤，每块样地随机取土样3个，将这9个样点土壤充分混合均匀后装入取土袋中供测试土壤特性参数使用。

测定的土壤因子有有机质、全氮、速效磷、速效钾和干容重。土壤有机质测定采用重铬酸钾滴定法−稀释热法测定；全氮采用FOSS 2300全自动凯氏定氮仪测定；速效磷采用碳酸氢钠法；速效钾测定采用乙酸铵浸提，火焰光度法；土壤干容重采用环刀法测定。

2010 年 8 月，对 1 hm² 样地内所有 3 种林木（刺槐、油松和榆树，榆树为入侵物种）的胸径（diameter at breast height, DBH）、高度进行测量，并统计各树种的株数。用游标卡尺测量 DBH<5 cm 的树木的胸径，用胸径尺测量 DBH≥5 cm 的树木的胸径，用米尺测量林木的高度。计算林木的平均高度，由平均胸径与平均高度粗略测算林木的材积，最后计算林木的蓄积量。

由于复垦年限较短，树木的直径与高度都不是很大，树木的上下直径相差不大，采用式（7-1）计算各树种材积：

$$V = \pi \left(\frac{D}{2} \right)^2 H \tag{7-1}$$

植被单位面积的蓄积量采取 $M = V \times N$

式中，V 为材积；N 为单位面积的株数。

由于前期未对不同复垦阶段各树种的存活数、胸径和株高等参数进行测定，采用空间代替时间的方法，即将林木依胸径大小分级，从而把树木径级从小到大的顺序视为时间顺序关系，第 1 径级对应第 1 龄期，第 2 径级对应第 2 龄期，如此一一对应，统计各龄期株数，分析各林木存活的动态变化。鉴于不同树种生长状况不同，其龄期划分也不同：刺槐、榆树每一龄期径级间隔 3 cm，油松每一龄期径级间隔 1 cm。静态生命计算公式如下：

$$
\begin{aligned}
l_n &= (a_n/a_0) \times 1000 \\
d_n &= l_n - l_{n+1} \\
q_n &= (d_n/l_n) \times 100\% \\
L_n &= (l_n - l_{n+1})/2 \\
T_n &= \sum_{n}^{\infty} L_n \\
e_n &= T_n/l_n \\
K_n &= \ln l_n - \ln l_{n-1}
\end{aligned}
\tag{7-2}
$$

式中，n 为龄期数（年）；a_n 为在 n 龄期内现有个体数（株）；a_0 为 a_n 的初始值（株）；l_n 为在 n 龄期开始时标准化存活个体数（一般转化值为 1000 株）；d_n 为从 n 到 $n+1$ 龄期间隔期内标准化死亡数（株）；q_n 为从 n 到 $n+1$ 龄期间隔期间死亡率（%）；L_n 为从 n 到 $n+1$ 龄期间隔期间还存活的个体数（株）；T_n 为从 n 龄期到超过 n 龄期的个体总数（株）；e_n 为进入 n 龄期个体的生命期望寿命（年）；K_n 为消失率（%）。

同时，在安太堡露天煤矿西排土场相同复垦模式（覆土 100 cm，刺槐与油松混交）不同复垦阶段的复垦林地（4 年、6 年、12 年和 17 年）随机各选择 3 个

10 m×10 m 的样方，用游标卡尺测量 DBH<5 cm 的树木的胸径，用胸径尺测量 DBH≥5 cm 的树木的胸径，并用米尺测量林木的高度，统计各树种的株数。

7.2 土壤演替规律与模型

7.2.1 土壤的 Logistic 生长演化模型

复垦土壤中的有机质对土壤肥力、植被生长发育等方面都起着至关重要的作用。土壤容重是反映复垦土壤熟化程度的重要指标之一。氮、磷、钾是植物生长中主要的营养元素，氮是蛋白质的主要成分，在多方面影响植物的生长和代谢。磷能以多种形式参与植物体内各种代谢，具有提高植物的抗逆性和适应外界环境的能力；钾不仅可以促进光合作用，还可以促进植物对氮的吸收和利用。植物生长所需的、含量最高的金属元素钾主要来源于土壤。选择有机质、土壤容重、氮、磷、钾因子进行复垦土壤演变规律分析，并建立各土壤环境因子以时间为自变量的非线性回归方程。模型的建立采用乔木林地区的土壤演化数据，复垦年限分别为 3 年、5 年、10 年、12 年和 17 年。本节研究的土壤因子演替采用 Logistic 模型：

$$\frac{dx}{dt} = rx\left(1 - \frac{x}{S}\right) \tag{7-3}$$

式中，x 为土壤环境因子值；t 为复垦年限（年）；r 为土壤环境因子增长率（%）；S 为初始土壤环境因子值。

由各土壤环境因子值通过 SPSS 13.0 软件，拟合土壤各环境因子演化 Logistic 模型。

7.2.2 复垦土壤环境因子动态演替规律

油松和刺槐混交复垦土地表层土壤有机质、全氮、速效磷、速效钾和土壤容重随复垦年限的变化如图 7.1 所示。由图 7.1 可知，表层土壤环境因子质量不断提升，并逐渐接近原地貌。土壤环境因子中土壤有机质的含量初期低于原地貌，随着时间的增加，土壤有机质含量逐渐增加并接近原地貌；土壤全氮表示土壤氮素的总储量，是衡量土壤氮素供应情况的重要指标，复垦初期全氮的变化速率比较快，后期速率逐渐变慢，并接近原地貌的含量；土壤速效磷常用来衡量土壤磷素的供应状况，复垦土壤的速效磷呈 S 型增长并逐渐接近原地貌；土壤速效钾初期低于原地貌，随着复垦时间的增加呈 S 型增长趋势并逐渐接近原地貌；土壤容重是土壤紧实度的反映，与土壤孔隙的大小和数量密切相关，随着复垦时间的增加，复垦后的土壤容重逐渐减小并接近原地貌。究其原因，复垦土壤环境因子质量的提升与植被对其的影响有很大的关系。

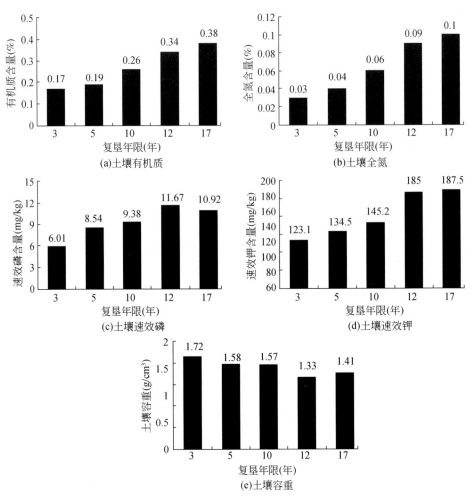

图 7.1　不同复垦年限排土场土壤 5 个指标的变化

原地貌表层土壤有机质、全氮、速效磷、速效钾和容重的值为 0.39%、0.10%、

15.49 mg/kg、179.2 mg/kg 和 1.42 g/cm³

7.2.3　复垦土壤环境因子演替模型

本研究采用 Logistic 生长模型来表达各土壤环境因子值的演替，依据土壤各环境因子值用 SPSS 13.0 软件拟合各因素的 Logistic 模型（表 7.1）。从表 7.1 中可以看出，各模型的相关系数都比较高，且显著性检验值都小于 0.05，说明所建立的模型方程能够较好地反映研究区复垦乔木林地土壤因素的演变规律，所建立的方

程有效，研究区复垦乔木林地土壤环境因子的动态演替符合 Logistic 模型。土壤各环境因子总体上随着复垦年限的增加呈 S 型增长或降低，在不受外界自然环境条件（如自然灾害等）的影响下后期逐渐达到稳定状态。

表 7.1　各土壤环境因子演变的 Logistic 模型

土壤环境因子	Logistic 模型	相关系数 r^2	显著性检验 α
有机质	$\dfrac{\mathrm{d}x_1}{\mathrm{d}t} = 0.137x_1\left(1 - \dfrac{x_1}{0.496}\right)$	0.957	0.004
全氮	$\dfrac{\mathrm{d}x_2}{\mathrm{d}t} = 0.115x_2\left(1 - \dfrac{x_2}{0.236}\right)$	0.918	0.010
速效磷	$\dfrac{\mathrm{d}x_3}{\mathrm{d}t} = 0.09x_3\left(1 - \dfrac{x_3}{15.973}\right)$	0.741	0.043
速效钾	$\dfrac{\mathrm{d}x_4}{\mathrm{d}t} = 0.046x_4\left(1 - \dfrac{x_4}{506.32}\right)$	0.867	0.021
土壤容重	$\dfrac{\mathrm{d}x_5}{\mathrm{d}t} = (-0.042)x_5\left(1 - \dfrac{x_5}{2.230}\right)$	0.851	0.025

注：表中 x_1 为土壤有机质（%）；x_2 为土壤全氮含量（%）；x_3 为土壤速效磷含量（mg/kg）；x_4 为土壤速效钾含量（mg/kg）；x_5 为土壤干容重（g/cm³）。

　　土壤是植物生长与生存的载体和物质基础，土壤养分的丧失、结构的破坏势必会导致整个生态系统的崩溃。白中科等（2001）认为，黄土区经过采煤扰动后土地极度退化，无法在自然条件下恢复，必须借助人工支持和诱导。土壤养分含量多少是生态系统植被恢复的关键，对于矿区破坏生态系统恢复的主要任务是改善土壤的养分状况，矿区复垦中人工恢复的方式能增加土壤养分，改善土壤状况，加速植被的恢复进程，但是人工恢复对土壤的改良作用也是有限的。由图 7.1 可以看出，复垦初期土壤中各因子质量都很差，但是复垦后各因子质量的增长速度较大，这是由于重建的植被与其相互作用的结果，其相比于土壤自然恢复的速率有很大提高。

7.3　植被演替规律与模型

7.3.1　植被的 Logistic 生长模型

　　植被很多因素的生长都遵循 Logistic 生长模型。林木蓄积量是反映林木资源总规模和水平的基本指标之一，也是反映林木资源的丰富程度、衡量林木生态环境优劣的重要依据，同时林木蓄积量也可反映植被群落在自然环境条件下的生产能力。因此，林木蓄积量是衡量复垦区植被恢复状况的基本指标。本节主要研究排土场复垦地林木蓄积量随复垦时间变化的生长演化规律。选择与土壤取样相同的样地测算林木蓄积量，通过前期测得的株高、胸径等数据对样地内的主要树种（榆树、刺槐和油松）进行植被总蓄积量计算。同样采用 Logistic 生长模型［式（7-3）］，通过 SPSS 13.0 软件获取林木蓄积量的演变规律。

7.3.2　植被生物量演替规律

安太堡露天煤矿西排土场不同复垦阶段各树种的平均高度和平均胸径见表7.2。由于植被的生长遵循 Logistic 生长模型，利用 SPSS 13.0 软件对各树种的平均胸径和平均高度进行 Logistic 生长模型的拟合，结果见表7.3。根据拟合的不同树种胸径和株高 Logistic 生长模型，计算研究区不同复垦阶段的胸径和株高（表7.4），并根据式（7-2）计算不同复垦阶段各树种的存活数（表7.5）。根据胸径、株高和各树种的存活数计算研究区不同复垦年限（3 年、5 年、10 年、12 年和17 年）样地植被蓄积量，计算结果见表7.5。从表7.5 中可以看出，随着复垦年限的增加，各树种植被总蓄积量都呈增加趋势。

表7.2　各树种的平均胸径和平均高度

复垦年限（年）	刺槐		榆树		油松	
	高度（cm）	胸径（cm）	高度（cm）	胸径（cm）	高度（cm）	胸径（cm）
4	157	—	79	—	213	—
6	325	2.40	165	1.24	245	3.12
12	—	5.70	—	3.07	—	5.20
17	555	7.69	374	4.62	447	7.53

表7.3　各树种胸径和株高的 Logistic 模型

树种	胸径			株高		
	模型	相关系数 r^2	显著性 α	模型	相关系数 r^2	显著性 α
刺槐	$d_1 = \dfrac{8.804}{1 + e^{2.571 - 0.265t}}$	0.975	0.002	$h_1 = \dfrac{5.554}{1 + e^{3.482 - 0.638t}}$	0.798	0.044
榆树	$d_2 = \dfrac{6.001}{1 + e^{2.738 - 0.232t}}$	0.988	0.001	$h_2 = \dfrac{3.753}{1 + e^{3.481 - 0.54t}}$	0.817	0.035
油松	$d_3 = \dfrac{21.218}{1 + e^{2.391 - 0.106t}}$	0.996	<0.001	$h_3 = \dfrac{7.567}{1 + e^{1.338 - 0.1t}}$	0.998	<0.001

注：d_1、d_2、d_3分别为刺槐、榆树和油松的胸径（cm）；h_1、h_2、h_3分别为刺槐、榆树和油松的株高（m）。

表7.4　不同复垦年限的植被生长参数

复垦年限 (年)	刺槐			榆树			油松		
	高度 (m)	胸径 (cm)	材积 ($10^{-3} m^3$)	高度 (m)	胸径 (cm)	材积 ($10^{-3} m^3$)	高度 (m)	胸径 (cm)	材积 ($10^{-3} m^3$)
3	0.958	1.274	0.122	0.505	0.689	0.019	1.979	2.371	0.874
5	2.375	1.965	0.720	1.179	1.027	0.098	2.285	2.856	1.464
10	5.264	4.576	8.657	3.272	2.382	1.458	3.150	4.434	4.864
12	5.504	5.706	14.074	3.575	3.069	2.645	3.523	5.224	7.551
17	5.551	7.690	25.781	3.741	4.620	6.271	4.462	7.570	20.082

表7.5　不同复垦年限的植被蓄积量

复垦年限 (年)	刺槐			榆树			油松			总蓄积量 (m^3)
	材积 ($10^{-3} m^3$)	株数 (株)	蓄积量 (m^3)	材积 ($10^{-3} m^3$)	株数 (株)	蓄积量 (m^3)	材积 ($10^{-3} m^3$)	株数 (株)	蓄积量 (m^3)	
3	0.122	60	0.007	0.019	8	<0.001	0.874	72	0.063	0.070
5	0.720	400	0.288	0.098	10	0.001	1.464	130	0.190	0.479
10	8.657	900	7.790	1.458	65	0.095	4.864	306	1.490	9.375
12	14.074	1000	14.074	2.645	92	0.243	7.551	345	2.605	16.920
17	25.781	1100	28.360	6.271	100	0.630	20.082	400	8.030	37.020

7.3.3　乔木林蓄积量动态演替模型

蓄积量随复垦时间变化的 Logistic 模型为

$$\frac{dy}{dt} = 0.468y\left(1 - \frac{y}{42.178}\right) \tag{7-4}$$

式中，y 为乔木林总蓄积量（m^3）。

植被蓄积量模型的相关系数 r^2 为0.983，显著性检验 $\alpha = 0.001 < 0.05$。植被蓄积量的 Logistic 模型拟合得很好，方程能够很好地反映出排土场复垦乔木林蓄积量的动态演变过程。

7.4　土壤与植被的交互影响模型

7.4.1　土壤与植被的交互影响模型

土壤状况与植物群落的发展存在着密切联系。在植被演替的前期阶段，一般以土壤性质的内因动态演替为主，土壤影响着植被的变化，同时土壤也会因植被群落的变化而发生改变，土壤的性质与植物群落结构和植物多样性有密切的关系。本书在土壤环境因子对植被蓄积量影响的基础上进行线性回归，得出土壤与植被的线性方程，综合植被与土壤演替模型最终得到二者交互模型，交互影响模型采用 Kolmogorov 捕食模型，其形式为

$$\begin{cases} \dfrac{\mathrm{d}x}{\mathrm{d}t} = xf(x,\ y) \\[2mm] \dfrac{\mathrm{d}x}{\mathrm{d}t} = yf(x,\ y) \end{cases} \tag{7-5}$$

式中，x 为土壤环境因子值；y 为林木蓄积量（m^3）。

7.4.2　土壤与植被的交互影响与模型

将土壤各环境因子（有机质、全氮、速效磷、速效钾、土壤容重）与乔木林地蓄积量进行线性回归拟合，得到有机质、全氮、速效钾与植被生物量变化的拟合模型，其相关系数 r^2 分别为 0.877、0.808、0.791，且显著性检验值分别为 0.019、0.038、0.044（均小于 0.05），说明上述 3 个模型所建立的回归方程有效。其拟合方程如下。

有机质与植被生物量回归拟合：

$$y = 157.758x_1 - 29.790 \quad r^2 = 0.877 \tag{7-6}$$

全氮与植被生物量回归拟合：

$$y = 466.996x_2 - 16.713 \quad r^2 = 0.808 \tag{7-7}$$

速效钾与植被生物量回归拟合：

$$y = 0.460x_4 - 58.476 \quad r^2 = 0.791 \tag{7-8}$$

利用 SPSS 13.0 软件将有机质、全氮、速效钾与植被生物量进行多元线性回归拟合，结果显示，三者所拟合方程的显著性检验值为 0.119>0.05，误差较大。而有机质和全氮两个土壤环境因子与植被生物量多元线性回归拟合的方程满足条件，其方程的显著性检验值为 0.026<0.05，拟合方程为

$$y = 656.776x_1 - 1547.538x_2 - 66.714$$
$$r^2 = 0.974 \tag{7-9}$$

式 (7-9) 说明，有机质和全氮对植物蓄积量的影响较大。速效磷、速效钾、土壤容重被剔除，说明本研究这些因子对蓄积量的影响相对较小。在研究区复垦乔木林地的土壤环境因子中，用有机质和全氮来解释土壤因子对蓄积量的影响程度较好。

依据植被生物量和土壤环境因子中有机质和全氮演替模型，再依据 Kolmogorov 捕食模型，综合得出植被与土壤环境因子交互影响的偏微分方程组：

$$
\begin{cases}
\dfrac{\mathrm{d}x_1}{\mathrm{d}t} = 0.140x_1\left(1 - \dfrac{y + 1547.538x_2 + 66.714}{325.761}\right) \\[3mm]
\dfrac{\mathrm{d}x_2}{\mathrm{d}t} = 0.228x_2\left(1 - \dfrac{656.776x_1 - 66.714 - y}{170.229}\right) \\[3mm]
\dfrac{\mathrm{d}y}{\mathrm{d}t} = 0.468y\left(1 - \dfrac{656.776x_1 - 1547.538x_2 - 66.714}{42.178}\right)
\end{cases}
\tag{7-10}
$$

本研究中复垦地区乔木林植被的生物量与土壤环境因子有关，其中对其影响最大的是有机质和全氮含量。究其原因，土壤有机质不但影响土壤潜在肥力，而且对植被的生长发育影响最大，氮素也是影响植被发育的关键因子。随着复垦年限的延长，土壤环境各因子逐渐改善并趋于稳定，使植被群落向丰富、稳定的结构发展，植被蓄积量逐年增长，使复垦区生态系统逐渐趋于稳定。

植被生物量的增加也有利于土壤环境因子质量的改善。对于一般退化生态系统来说，自然恢复虽然可以增加土壤养分及植被盖度等，但是要恢复一个完整的生态系统，则需要通过栽植人工林来加速这一过程。土壤与植被的自然恢复难以在短期内改善生态系统的结构和功能，尤其对于土壤性质的改善需要一个相当长的恢复过程。所以，对于矿区排土场这种经过多重破坏后重建的生态系统，在其自我恢复能力比较弱的情况下，依赖其自然恢复能力，是远远不够的。李裕元等（2004）的研究结果表明，矿区植被的自然恢复只有在种源或繁殖体充足的条件下才可能实现，且比人工恢复的时间要长得多。如果只依靠土壤与植被的自然恢复，植被自然演替到灌草群落一般需要15～30年，而恢复到森林群落则需100年以上或更长的时间。因此，对于复垦的排土场人工引入乔灌树种等，丰富群落层次结构，优化群落生态功能，不仅能够促进土壤性质的改善，还能使复垦的生态系统在更短时间内恢复到顶级状态。

因此，在矿区复垦生态恢复中，应该构建一个有机整体，使生态系统的土壤和植被相互促进，只有这样才能恢复和保持生态系统正常的自我调节和自我维持能力。

7.5　植被恢复对立地环境因子的响应

植被重建是矿区土地复垦与生态恢复的重要工作之一，且植被恢复与土壤、地形等环境因子关系密切。因此，越来越多的学者开始关注植被变化与环境因子之间的相互关系，其可以为矿区的植被恢复及生态重建提供重要的理论和实践价值。较多学者的研究集中于土壤理化性质对植被变化影响方面，并分别采用主成分分析、单因素方差分析、相关性分析等方法研究了植被恢复与土壤特性之间的关系，发现植被恢复与土壤理化性质之间有较好的交互影响作用；在植被恢复与地形因子相互影响关系方面也有研究（马旭东等，2010；许明祥和刘国彬，2004），发现海拔、坡位、坡向、坡度等微地形条件对群落结构及物种分布影响显著（刘世梁等，2003；张振国等，2010；Liu et al.，2012）。另外，部分学者采用不同的多变量分析方法研究了植被与土壤、地形之间的影响规律。已有植被恢复与土壤、地形之间相互影响规律的研究多采用 SPSS 软件进行传统的多变量分析，但当环境变量数目较多并且地形起伏较大时，其分析结果往往带有主观性，而采用 CANOCO 4.5 软件进行数据转换和多变量分析时则可以减少主观性。CANCOCO 4.5 软件是一种生态应用软件，能够洞察生物群落结构、植物、动物与它们的环境之间的关系，是目前用于约束与非约束排序的较为流行的工具。它将排序、回归和排列方法学进行了整合，能够得到健全的生态数据统计模型，可有效解决生态应用研究方面的问题。

为此，本节以复垦年限为 23 年的山西平朔安太堡露天煤矿南排土场为研究对象，基于 CANOCO 4.5 软件，采用降趋势对应分析和冗余分析，研究土壤与地形因子对植被恢复的影响，以期为黄土区植被恢复与重建及生态环境系统恢复提供科学的参考价值。

7.5.1　材料与方法

1. 样地调查与采样

2014 年 7 月上旬，对复垦年限为 23 年的山西平朔安太堡露天煤矿南排土场复垦区进行了样地调查。选取南排土场 2 条样带 27 个样地进行取样，研究区样带与样地布设如图 7.2 所示，样带 1 包含 1~16 号样地，样地 2 包含 17~27 号样地。为了使各样地包含不同的地形因子，两条样带分别按西北—东南和东北—西南方向布设。由于地形条件的限制，同时考虑到所选样地应具有相同和相似的植被类型，所以在实际采样时部分样地稍微偏离。该样地布设方案能够全方位地分析南排土场植被与土壤、地形因子之间的关系。在每个样地采用样线法于代表性地段内分别设置 1 个乔木样方、3 个草本样方，乔木样方为 10 m× 10 m，草本样方为 1 m×1 m。在乔木样方内，测定乔木种类、株数、郁闭度、草本盖度，并选取 10 株乔木进行检尺，记录树高和胸径；在草本样方内，剪取所有草本根部以上部分，去掉枯枝残叶，装入保鲜袋内带回实验室烘干称重。同时，用 GPS 测定样地经纬度和海拔，用罗盘测定坡度、坡位和坡向。样地调查植被情况见表 7.6。

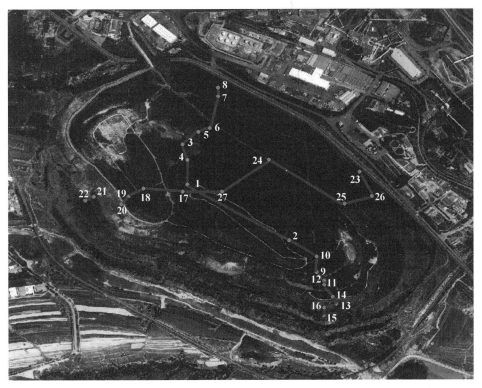

图 7.2　研究区位置及样点布设

表 7.6　样地调查植被的基本情况

样地	物种	海拔 （m）	乔木数量 （株）	平均胸径 （cm）	平均树高 （m）	郁闭度	草本覆盖 度（%）
1	刺槐/榆树	1441.66	15	27	4.42	0.4	25
2	刺槐/榆树	1450.26	30	28.1	5.83	0.55	8
3	刺槐/榆树	1430.54	56	21.7	3.95	0.3	35
4	刺槐	1444.1	27	36.2	8.17	0.6	5
5	刺槐	1402.74	11	26.8	4.6	0.2	25
6	刺槐/榆树	1386.74	19	28.8	5.99	0.55	15
7	刺槐/榆树	1349.45	20	21.6	5.3	0.25	20
8	刺槐/榆树	1329.16	32	25	4.82	0.52	35
9	刺槐	1431.64	75	17.1	6.88	0.4	10
10	刺槐	1438.52	64	23.5	5.5	0.5	30

续表

样地	物种	海拔（m）	乔木数量（株）	平均胸径（cm）	平均树高（m）	郁闭度	草本覆盖度（%）
11	刺槐	1423.4	61	22	4.34	0.4	2
12	刺槐/榆树	1428.8	51	20.8	5	0.78	9
13	刺槐/榆树	1372.61	90	21.8	6.42	0.3	2
14	杏树/油松	1391.25	160	16.9	3.82	0.85	5
15	刺槐/榆树	1343.21	19	25.9	4.06	0.5	9
16	刺槐	1362.8	13	39.9	7.67	0.25	70
17	刺槐/榆树	1450.05	35	35.3	6.01	0.18	10
18	刺槐/榆树	1426.78	35	29.4	6.13	0.45	30
19	刺槐	1434.74	8	19.5	2.53	0.4	35
20	榆树/油松/杨树	1408.68	32	7.8	1.82	0.05	60
21	刺槐/榆树	1391.72	28	13.7	3.4	0.2	15
22	刺槐/榆树	1375.01	19	17.9	3.9	0.15	35
23	刺槐/油松/榆树	1351.54	28	37.6	7.53	0.65	20
24	刺槐/榆树/臭椿	1375.55	28	27.1	7	0.6	20
25	刺槐/榆树/杨树	1359.03	11	19	3.67	0.1	40
26	刺槐/榆树	1344.35	9	24.89	8.49	0.2	40
27	刺槐/榆树/油松	1454.21	35	27.5	5.1	0.6	5

　　每个乔木样方中用环刀法随机取表层土（0~25 cm）测定土壤含水量、容重和孔隙度等指标，设置3次重复，并在每个样方内取表层（0~25 cm）混合土样，土样混合均匀并去除植物根系和石块后，放入土袋带回实验室供测试使用。

2. 参数测定

　　土壤因子的测定指标包括土壤容重（BD）、土壤含水量（SWC）、土壤总孔隙度（BP）、砾石含量（RC）、全氮（TN）、速效磷（AP）、速效钾（AK）、土壤有机质（OM）8个指标。土壤含水量测定采用烘干法，土壤容重和土壤总孔隙度采用环刀法测定，土壤砾石含量采用称重法测定，土壤有机质采用高锰酸钾氧化法测定，土壤全氮采用半微量开氏法测定，土壤速效磷用0.5 mol/L碳酸氢钠浸提-钼锑抗比色法测定，土壤速效钾采用醋酸铵浸提-原子吸收光谱法测定。

　　地形数据中的坡向、坡位指标按经验公式建立隶属函数换算成编码，坡向中平台为0、阳坡为0.3、半阳坡为0.5、半阴坡为0.8，坡位中平台为0、中坡为1。

研究区各样地地形数据见表7.7。

表7.7　研究区各样地地形数据

样地	海拔（m）	坡度（°）	坡向	坡位	样地	海拔（m）	坡度（°）	坡向	坡位
1	1441.66	0	0	0	15	1343.21	45	0.5	1
2	1450.26	0	0	0	16	1362.80	0	0.5	0
3	1430.54	0	1	0	17	1450.05	40	1.5	1
4	1444.10	41	1	1	18	1426.78	0	1	0
5	1402.74	36	1	1	19	1434.74	34	1	1
6	1386.74	0	1	0	20	1408.68	0	1	0
7	1349.45	33	0.5	1	21	1391.72	41	1	1
8	1329.16	0	0.5	0	22	1375.01	0	1	0
9	1431.64	31	0.5	1	23	1351.54	12	1.5	1
10	1438.52	0	0.5	0	24	1375.55	0	1.5	0
11	1423.40	33	0.5	1	25	1359.03	42	1.5	1
12	1428.80	0	0.5	0	26	1344.35	5	1.5	0
13	1372.61	23	0.5	1	27	1454.21	19	1.5	1
14	1391.25	0	0.5	0					

将采集的草本样品放入80℃烘箱，烘干至恒重，重复4次，计算地上生物量。

3. 统计分析方法

采用SPSS 20.0对土壤数据进行描述性统计分析，并对土壤和地形因子对植被变化的影响进行单因素方差分析及显著性检验，其显著水平设定为 $\alpha = 0.05$。然后，基于CANOCO 4.5软件进行降趋势对应分析（DCA）。DCA是对物种数据进行分析，观察物种数据的整体情况，根据DCA排序结果中第一排序轴的长度来选择合适的排序分析方法。同时，采用CANOCO软件选用的多变量分析方法进行排序和蒙特卡洛检验（Monte Carlo），通过得到的排序图，分析植被数据与土壤、地形数据之间的相关性。将降趋势对应分析与冗余分析相结合，可以保证既不会丢失植被组成变化量的大部分信息，又不会丢掉与所测土壤、地形因子相关的大部分变量信息。

7.5.2　土壤数据的描述性统计分析

对土壤数据进行描述性统计分析，见表7.8。极大值、极小值可以作为土壤特性变异性的估计值。结果显示，除土壤有机质含量的极大值、极小值相差很大外，其他各土壤因子的极大值与极小值相差不大，较符合正态分布。均值和中值是集中趋势的主要估计值，表 7.8 显示均值和中值大多是相似的，大多数土壤特性的中值小于其均值，表明土壤特性中的异常值对集中趋势的发展没有影响。变异系数也是土壤特性变异性的一个估计值，土壤容重和土壤总孔隙度的变异系数较低（<0.15），土壤含水量、速效磷和速效钾的变异系数适中（0.15～0.35），有机质、全氮和砾石含量具有较高的变异系数（>0.35）。总体来说，描述性统计显示研究区土壤特性的变化较大。

表 7.8　土壤数据的描述性统计分析

土壤因子	N	极小值	极大值	均值	中值	变异系数
土壤容重(g/cm^3)	27	1.01	1.72	1.38	1.37	0.12
土壤总孔隙度(%)	27	34.42	61.76	47.37	47.38	0.14
土壤含水量（g/g）	27	3.44	8.33	6.37	6.57	0.22
砾石含量(%)	27	0	0.75	0.31	0.32	0.78
全氮(%)	27	0.03	0.3	0.12	0.10	0.57
有机质(%)	27	0.46	18.4	4.56	3.35	0.85
速效磷(mg/kg)	27	2	7	4.13	3.87	0.33
速效钾(mg/kg)	27	56	274	159.7	152	0.35

7.5.3　土壤与地形因子对植被变化影响的单因素方差分析

采用 SPSS 20.0 进行单因素方差分析及显著性检验，分析土壤与地形因子对植被变化的影响程度。不同的土壤、地形因子对植被变化的影响具有较大的差异（表 7.9），土壤因子中的速效钾对植被变化的影响最为显著（$p = 0.01 < 0.05$），其次是全氮和土壤容重（$p < 0.05$），而地形因子对植被变化的贡献率并不显著。说明在黄土区露天煤矿排土场植被恢复过程中，土壤养分是影响植被恢复与重建的主要因子。

表 7.9　土壤与地形因子对植被影响的单因素方差分析与显著性检验

影响因子	单变量	F	p
地形因子	海拔	0.913	0.474
	坡度	0.854	0.506
	坡向	1.301	0.3
	坡位	1.185	0.345

影响因子	单变量	F	p
土壤因子	土壤容重	2.743	0.049*
	土壤总孔隙度	1.3	0.301
	土壤含水量	0.287	0.883
	砾石含量	1.457	0.249
	全氮	3.501	0.023*
	有机质	2.108	0.114
	速效磷	1.366	0.278
	速效钾	4.288	0.010**

* 表示显著相关 $p < 0.05$，** 表示极显著相关 $p < 0.01$。

7.5.4　DCA 与 RDA 排序分析

DCA 排序分析得出排序轴长度从第一轴到第四轴分别是 0.490、0.440、0.251、0.323。如果第一排序轴的值小于 3.0，则冗余分析（RDA）的分析结果较好；若第一排序轴的值介于 3.0 与 4.0 之间，则 RDA 与典范对应分析（CCA）都可以选用；若第一排序轴的值大于 4.0，则 CCA 的分析效果好于 RDA。本研究中 DCA 分析第一排序轴的值小于 3.0，说明该区选择线性模型 RDA 进行分析的效果较好。

RDA 能够独立保持各个土壤与地形变量对植被变化的贡献率，并从统计学的角度评价一个变量与多变量数据之间的相关关系，通过探寻新的变量，并将其作为最好的预测器来预测植被变量的分布。图 7.3 为土壤与地形因子影响植被变量的 RDA 排序图。土壤因子、地形因子与植被变量之间的余弦值代表了它们之间的相关性，余弦值为正，表示呈正相关，相反则呈负相关；土壤、地形因子箭头的方向表示了该环境因子的变化趋势，箭头的长短代表该因子对植被数据解释量的大小。由图 7.3 可以得出，在植被恢复过程中，对植被变化的影响，土壤因子大于地形因子。地形因子中坡向表现出对植被变化较高的解释量，土壤因子中速效钾得分最高，成为最好的解释变量，而砾石含量、土壤容重和全氮扮演着次要角色，其余因子的解释量相对较小。

RDA 分析结果显示，植被数据变化累积比例前四轴的值为 59.9%，植被与环境相关关系第一轴和第二轴的累计比例分别为 75.3% 和 20.1%，即第一轴和第二轴共解释了 95.4% 的植被与土壤及地形之间的关系（表 7.10）。植被与土壤及地形因子相关系数第一轴和第二轴的值分别为 0.811 和 0.702。由此可知，植被与土壤、地形之间具有高度的相关性。蒙特卡洛显著性检验表明，植被恢复并不与所有的土壤、地形因子具有相关性（$p = 0.086 > 0.05$）。

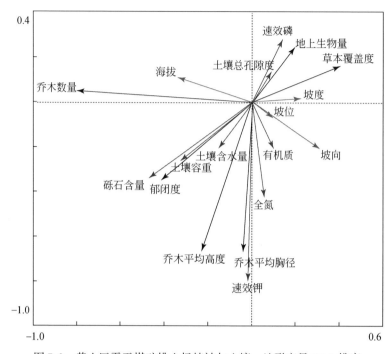

图 7.3　黄土区露天煤矿排土场植被与土壤、地形变量 RDA 排序

表 7.10　黄土区露天煤矿排土场 RDA 排序结果

RDA 排序轴	1	2	3	4	总方差
特征值	0.455	0.122	0.014	0.008	1.000
物种–环境相关系数	0.811	0.702	0.7	0.73	
物种数据变化累积比例（%）	45.5	57.6	59.1	59.9	
物种–环境关系变化累积比例（%）	75.3	95.4	97.7	99.1	
特征值总和					1.000
典范特征值总和					0.604
	轨迹值	F 检验	P 值		
显著性检验的标准轴	0.604	1.782	0.086		

7.5.5　解释变量之间的相关性分析

RDA 排序图显示了植被与土壤、地形因子的概率关系，排序图的第一排序轴

代表了地形因子对植被的影响。由图 7.3 可知，海拔和坡度分别与乔木数量和草本覆盖度呈正相关，坡向与乔木数量呈负相关；地形因子中坡向线段长度最长，所以坡向表现了对植被数据较高的解释量。海拔和坡向与乔木数量之间相关性较大。第二排序轴则代表土壤因子对植被数据的影响，在所有的土壤因子中，速效钾的线段长度最长，所以速效钾对植被数据的解释量最高，对植被变化的影响最为显著。速效钾、全氮与乔木平均高度、乔木平均胸径呈正相关，且相关性较大。土壤容重和砾石含量与乔木数量呈正相关；速效磷与乔木平均胸径和平均高度呈负相关，与地上生物量呈正相关。说明地形因子对黄土区露天煤矿排土场的植被恢复影响不显著，而土壤因子与植被数据之间关系明显。

　　表 7.11 是 RDA 分析得到的土壤因子与地形因子的相关关系结果。速效磷与海拔（-0.309）呈负相关，与坡向（0.347）呈正相关；全氮与坡位（0.379）、坡向（0.349）、坡度（0.339）呈正相关；土壤含水量、土壤总孔隙度与坡向呈正相关，土壤容重与坡向呈负相关；其他因子之间相关性不明显。说明地形因子对土壤因子有一定的影响。

表 7.11　黄土高原露天煤矿排土场环境因子相关分析

影响因子	海拔	坡度	坡向	坡位	土壤容重	土壤含水量	土壤总孔隙度	砾石含量	全氮	有机质	速效磷	速效钾
海拔	1											
坡度	0.007	1										
坡向	-0.169	0.202	1									
坡位	0.018	0.927**	0.254	1								
土壤容重	0.023	-0.154	-0.342	-0.097	1							
土壤含水量	0.199	-0.227	0.350	-0.169	-0.036	1						
土壤总孔隙度	-0.114	0.047	0.302	-0.01	-0.871**	0.195	1					
砾石含量	0.041	0.234	-0.167	0.249	0.451*	-0.201	-0.319	1				
全氮	-0.185	0.339	0.349	0.379	-0.215	-0.034	0.296	0.537**	1			
有机质	-0.002	0.281	0.045	0.272	-0.306	-0.007	0.367	0.423*	0.860**	1		
速效磷	-0.309	0.170	0.347	0.202	0.022	0.131	0.043	0.073	0.208	0.026	1	
速效钾	-0.169	-0.307	0.097	-0.162	0.281	0.214	-0.147	0.303	0.318	0.128	0.087	1

　　* 表示在 $p < 0.05$ 水平上显著；** 表示在 $p < 0.01$ 水平上显著。

土壤因子之间的相关分析显示：土壤容重与土壤总孔隙度（-0.871）呈显著负相关，这符合以往的研究结果；土壤容重与砾石含量（0.451）呈正相关；砾石含量与全氮（0.537）呈显著正相关，与有机质（0.432）、速效钾（0.303）呈正相关；有机质与全氮（0.860）呈显著正相关；速效磷与全氮、有机质呈正相关。说明在植被恢复过程中，土壤物理性质中的土壤容重与砾石含量对土壤养分含量具有明显的指示作用，各土壤养分指标之间存在明显的相关关系。

植被恢复的模式不同，对土壤因子的改善状况是有差别的，植被恢复对土壤养分含量具有指示作用，速效磷、全氮等土壤变量又对植被的生长和发展有着显著的影响。本研究表明，土壤养分中速效钾是影响物种数据最好的解释变量，其次是全氮、速效磷。研究区主要植被类型是刺槐和榆树，每年补给土壤较多的枯枝落叶，另外本研究区最主要的物种刺槐具有较强的固氮作用，所以使得土壤中速效钾和全氮的含量增加。许多研究表明，土壤有机质具有明显的表聚作用，对植被的生长与植被发展有着重大影响，同时齐雁冰等（2013）的研究表明，不同植被恢复模式也可使土壤有机质有不同程度的增加，这是因为植被恢复后每年都有大量枯枝落叶进入土壤，经微生物腐解后，形成较多腐殖质，使土壤有机质增加。而本研究显示，土壤有机质对植被发展的影响并不明显，有机质含量的极大值、极小值相差很大，可能的原因是该研究区除了植被影响土壤有机质含量外，植被重构过程中，煤矸石在不同样地中的含量也不相同，煤矸石本身含有有机质，随着煤矸石的风化，土壤中有机质含量有所增加。

马旭东等（2010）研究表明，群落结构及物种分布受海拔、坡位、坡向、坡度等山地微地形条件影响显著。本研究排序结果显示，地形因子中坡向成为影响植被恢复的主要因子，其次是海拔，坡向主要对草本覆盖度和乔木有一定的影响，但这些影响并不显著，地形因子对植被恢复并没有很强的贡献率，这可能是因为在土壤性质缺少的区域，地形因子主要对植被恢复做出解释，而当地形因子与土壤因子同时存在时，土壤因子成为影响植被恢复的主要环境因子。王应刚等（2006）研究龙角山森林区域地形因子对植被生长的影响，发现影响物种多样性空间布局的主要因素是坡向和海拔，但当海拔变化幅度≤300 m时，海拔对植被发展的影响很小。本节研究的是露天煤矿排土场，其海拔高度为 1329.16 ~ 1454.21 m,相差 125.05 m≤300 m，这将不足以引起水/热条件的重大变化，也就不足以对植被恢复造成影响。地形因子对植被恢复有一定的影响，同时地形因子对土壤因子也有一定的影响。柳云龙和胡宏涛（2004）得出，地形变化对土壤的理化性质和水分特性有明显的影响。本研究结果显示，速效磷与海拔呈负相关，与坡向呈正相关；全氮与坡位、坡向、坡度呈正相关；土壤含水量、土壤总孔隙度与坡向呈正相关，土壤容重与坡向呈负相关。

土壤因子与植被恢复之间的相互联系又相互制约的关系，表明了土壤因素在植被恢复过程中的作用，同时也揭示了植被恢复对土壤性质的恢复和改善作用。所以，为了改善和恢复黄土区露天煤矿排土场脆弱的生态系统，应该考虑植被和土壤的联合演替。当前黄土区露天煤矿排土场生态恢复的关键是在当地生态环境状况下，改善土壤状况和增加人工植被，同时加强对排土场植被的保护。

7.6　小　　结

7.6.1　复垦土壤与植被交互影响机制

本研究发现，黄土矿区复垦土壤环境各因子呈 S 型变化，由于复垦初期土壤各因子不稳定，植被生长也处于适应阶段，随着复垦时间的增加，以及土壤环境因子质量的改善，其成为植被恢复演替的动力。当这种作用达到一定程度时，土壤和植物都受气候等因素的限制，达到顶级群落阶段，而顶级群落则为生态平衡的标志。可见，复垦土地植被恢复的早期阶段，很大程度上受土壤环境因素的制约，土壤状况不仅影响着植物群落的发生、发育和演替的速度，而且决定着植物群落演替的方向，不同的土壤养分状况影响植物的生物量，进而影响植物物种的组成和多样性，土壤中的氮素是决定植被生产量、多样性和其他物种入侵的重要因子，而磷素则决定着植被群落的生物量与物种组成，钾素也影响着植物的生物产量。土壤环境因子与植被群落相互联系、相互制约的关系，不但表明了土壤因素在植被群落演替过程中的作用，也揭示了植被群落对复垦土壤性质的恢复和改造作用。

7.6.2　土壤植被交互影响模型的适用性

植被演替与土壤环境因子之间的关系已经被广泛研究，许多研究表明，土壤化学因子是影响植被分布的主要因素。在土壤–植被体系中，大多数植物群落的演替同时受到多种环境因子的综合影响，而本研究采用的回归分析只选用了有机质、全氮、速效磷、速效钾和土壤容重 5 个土壤环境因子，且将影响度小的因子（速效磷、速效钾、土壤容重）筛除，只选择了有机质和全氮 2 个土壤环境因子与乔木林植被的蓄积量来构建土壤与植被交互影响的偏微分方程组，因此模型还存在一定的局限性。在复垦乔木林地达到稳定状态后，生物量的影响因素可能会发生变化，还需对后期土壤与植被的交互影响关系进行深入研究，从而为复垦土地植被的快速恢复提供科学的对策。

本章通过对黄土高原生态脆弱矿区排土场复垦土壤环境因子及植被生物量的

动态演替规律进行研究，得出以下结论。

1）研究区复垦土壤中有机质、速效钾、速效磷和全氮的含量随着复垦年限的增加呈 S 型增长趋势，符合 Logistic 模型，而土壤容重逐渐减小。复垦土壤的各环境因子随着复垦时间的增加都逐渐接近原地貌，并逐渐趋于稳定状态。

2）在复垦乔木林区植被的恢复过程中，土壤环境因子对其起到关键性作用，土壤环境因子趋于稳定的过程，也是植被生长趋于稳定的过程。在土壤因素的影响下，植被的蓄积量随着复垦年限的增加逐年递增，也呈现出 Logistic 增长趋势，其中对植被生物量影响较大的因子是有机质、全氮。

3）复垦乔木林区的土壤和植被生物量二者演替的交互作用明显，可通过偏微分方程组模型进行表达。

7.6.3 植被恢复对立地环境因子的响应

本章利用 CANCOC 4.5 软件，分析了黄土区安太堡露天煤矿排土场地形、土壤因子对植被恢复的影响，通过研究得到以下结论。

1）在黄土区露天煤矿排土场植被恢复过程中，土壤因子是影响植被恢复的主要环境因子。其中，速效钾为影响植被恢复的最主要的解释变量，其次是砾石含量、全氮、土壤容重；地形因子中坡向对植被恢复影响较大。

2）土壤物理性质中的土壤容重与砾石含量对土壤养分含量具有明显的指示作用，各土壤养分指标之间存在明显的相关关系。

3）在影响植被恢复因子较多的情况下，利用降趋势对应分析和冗余分析可以避免出现较大的误差，能够减少分析过程中的主观性；将 SPSS 20.0 与 CANOCO 4.5 相结合，能够更科学地分析黄土区露天煤矿排土场土壤、地形因子对植被恢复的影响。

4）为了改善和恢复黄土区露天煤矿排土场脆弱的生态系统，应该考虑植被和土壤的联合演替。在当地的生态环境状况下，排土场土地复垦的关键是改善土壤状况和增加人工植被，同时加强对排土场植被的保护。

第8章 黄土区露天煤矿复垦土壤粒径分布的多重分形特征及其空间变异

露天采煤产生的废弃地绝大部分为排土场，排土场土壤重构是重度损毁土壤结构的重新构筑，重度损毁导致土壤团粒结构发生变化，使得土壤颗粒分布和土壤孔隙分布的非均质性质更加凸显。为了有效遏制矿区地表损毁及水土流失，恢复和重建矿区生态环境，必须对排土场重构土壤结构进行定量表征，而采用单分形又不能较好地表征土壤重构过程中土壤的非均质性，因此本章创新性地引入多重分形理论，对山西平朔矿区安太堡露天煤矿排土场 4 种重构土壤方案的土壤粒径分布进行了多重分形参数计算，计算的参数包括广义维数谱 $D(q)$、多重分形奇异性指数 $\alpha(q)$，以及多重分形谱函数 $f[\alpha(q)]$ 等，并对不同分形参数之间的关系、不同分形参数与土壤理化性质之间的关系进行了相关性计算和分析。

8.1 土壤粒径分布的多重分形方法

8.1.1 土壤采集及样品处理方法

根据安太堡煤矿南排土场的土地复垦实践，选择安太堡矿区复垦年限为 19 年的排土场平台开展研究，土层（0 ~ 100 cm）采用的主要土壤重构方法包括含砾石黄土母质覆盖（LS）、含煤矸石黄土覆盖（MGS）、全黄土母质覆盖（HT）、含料姜土黄土覆盖（LJT）4 种方案。每种方案分别开挖深度为 100 cm 的土壤剖面，然后分层采集土样。

将采集到的土样摊开于清洁的白纸上，于室内阴凉处风干，而后过筛，筛网规格为 2 mm。将过筛后的土样利用不锈钢通锤进行研磨，用"四分法"弃去多余土壤。利用激光粒度分析仪（Master Sizer 2000）进行土壤颗粒分析，测量范围为 0.02 ~ 2000 μm，利用激光粒度分析仪测试得到的结果是各自区间相对应的土壤颗粒的体积百分含量。

8.1.2 样品测定的方法

测试采集土样的土壤颗粒分布，并测定砾石含量、饱和含水量、田间持水量、干容重、有机质、全氮、速效氮、速效磷、速效钾、pH 和电导率（EC）等指标。

将过筛后所剩的砾石与土壤分别称重，计算得到土壤砾石含量；饱和含水量、田间持水量和土壤干容重均采用环刀法测量；土壤有机质含量的测定采用重铬酸钾滴定法；土壤全氮含量的测定采用土壤肥力仪；土壤速效氮含量的测定采用碱解扩散法；土壤速效磷含量的测定采用比色法；土壤速效钾含量的测定采用火焰光度法；土壤 pH 的测定采用电位法；土壤电导率的测定采用土壤电导率仪；利用激光粒度分析仪对土壤样品进行土壤颗粒分析，结果见表 8.1。

表 8.1   土样的土壤粒径分布   （单位：μm）

样本名称	一定体积含量的土壤粒径					
	10%	16%	50%	84%	90%	99%
$LS_{0 \sim 45}$	13.98	26.44	93.34	347.59	418.67	598.82
$LS_{45 \sim 70}$	9.07	18.24	80.52	306.81	369.6	502.43
$LS_{70 \sim 85}$	12.97	25.89	111.24	388.96	446.13	591.01
$LS_{85 \sim 100}$	15.19	25.7	81.55	259.15	321.29	463.42
$MGS_{0 \sim 40}$	12.55	22.86	73.11	273.33	354.83	531.33
$MGS_{40 \sim 70}$	9.86	26.4	220.68	458.15	513.27	642.9
$MGS_{70 \sim 90}$	8.45	19.23	152	392.97	444.82	569.17
$MGS_{90 \sim 100}$	10.39	22.81	147.17	388.28	434.73	563.89
$HT_{0 \sim 45}$	8.63	15.42	54.98	93.5	107.96	244.81
$HT_{45 \sim 70}$	9.83	17.69	56.76	95.14	110.02	241.42
$HT_{70 \sim 90}$	9.96	18.33	58.6	99.66	117.66	284.8
$HT_{90 \sim 100}$	11.81	22.13	73.05	275.74	349.99	496.54
$LJT_{0 \sim 40}$	10.19	18.23	56.45	100.31	121.01	246.02
$LJT_{40 \sim 55}$	9.55	16.72	53.95	98.65	122.33	290.13
$LJT_{55 \sim 70}$	8.24	15.32	58.55	119.94	168.06	394.86
$LJT_{70 \sim 100}$	8.77	16.74	65.78	246.23	345.26	571.39

注：表中样本名称角标表示土层深度（cm）。

8.1.3   多重分形分析法

1. 分形原理

部分与整体以某种形式相似的形，称为分形。

1973 年，Mandelbrot 在法兰西学院讲学期间首次提出分形学的思想。1975 年，他在写专著的过程中，碰到法文动词 frangere（破坏、破碎）的形容词 fractus，联想到英文中的同根词 fracture（断裂）和名词 fractaion（分数），在此基础上创造了 fractal 一词。fractal 本意是不规则的、破碎的、分数的。

Mandelbrot 是想用此词来描述自然界中传统欧几里得几何学所不能描述的一大类复杂无规的几何对象。例如，弯弯曲曲的海岸线、起伏不平的山脉、粗糙不堪的断面、变幻无常的浮云、九曲回肠的河流、纵横交错的血管、令人眼花缭乱的满天繁星等。它们的特点是极不规则或极不光滑。直观而粗略地说，这些对象都是分形。

2. 多重分形算法

Evertsz 和 Mandelbrot 于 1992 年指出，当我们所研究的度量（measure）在不同的尺度上均相同，或者至少在统计意义上是一样的，就可以说我们所研究的度量是自相似的，这一度量就是多重分形。多重分形是许多个单一分形在空间上的相互缠结（intertwined）、镶嵌，是单一分形的推广，单一分形可以看作是多重分形的一种特例。

多重分形与单一分形一样，也是自相似的，与尺度无关。多重分形通常所描述的是定义在某一面积（二维）或体积（三维）中的一种度量（u）。通过这种度量值或数值的奇异性可将所定义的区域分解成一系列空间上镶嵌的子区域，每一个子区域均构成单个分形。这样形成的分形除具有分形维数外，还具有各自度量的奇异性（singularity）。一系列的分形维数和奇异性将构成所谓的维数谱函数 $f(\alpha)$（multifractal spectrum）。

（1）多重分形谱维数

利用函数计算公式，计算取得区间 $[0.02, 2000]$ 相对应的土壤颗粒的体积百分含量，根据激光粒度仪划分区间的远离，对测定区间 $I = [0.02, 2000]$ 作对数变换，使之成为一个有 100 个等距离子区间的无量纲区间 $J = [0, 5]$。在区间 J 中，有 $N(\varepsilon) = 2^k$ 个相同尺寸 $\varepsilon = 5 \times 2^{-k}$ 的小区间，每个小区间里至少包含一个测量值，文中 k 取值为 1~6。$p_i(\varepsilon)$ 为每个子区间土壤粒径分布的概率密度（百分含量），即为落在子区间 J_i 内所有测量值 V_i 的加和，其中 $V_i = \dfrac{v_i}{\sum\limits_{i=1}^{100} v_i}$，$i = 1$，$2$，$\cdots$，$100$，$\sum\limits_{i=1}^{100} V_i = 1$。引入广义分形维 $D(q)$ 刻画测度的不均匀性，则粒径分布多重分形的广义维数谱（管孝艳等，2009）为

$$D(q) = \lim_{\varepsilon \to 0} \frac{1}{q-1} \frac{\lg\left[\sum\limits_{i=1}^{N(\varepsilon)} p_i(\varepsilon)^q\right]}{\lg\varepsilon} \tag{8-1}$$

$$D(1) = \lim_{\varepsilon \to 0} \sum_{i=1}^{N(\varepsilon)} \frac{p_i(\varepsilon)\lg p_i(\varepsilon)}{\lg\varepsilon} \tag{8-2}$$

式中，$D(q)$ 为广义分形维数；$\sum\limits_{i=1}^{N(\varepsilon)} p_i(\varepsilon)^q$ 为对所有子区间 q 阶概率求和；ε 为尺

度；$N(\varepsilon)$ 为尺度取 ε 时的样本数；$p_i(\varepsilon)$ 为第 i 处样本值；q 为 $p_i(\varepsilon)$ 的统计矩的阶，q 为实数。q 在不同程度下扫描概率的稠密和稀疏区域，当 $q>>1$ 时，高概率区被放大，而 $q<<1$ 时，低概率区被放大；当 $q=0$ 时，$D(0)$ 称为容量维；$q=1$ 时，$D(1)$ 称为信息熵维；$q=2$ 时，$D(2)$ 称为相关维。

利用 $p_i(\varepsilon)$ 构造一簇正态化测度的单参数族，称为配分函数族：

$$u_i(q,\varepsilon) = \frac{p_i(\varepsilon)^q}{\sum\limits_{i=1}^{N} p_i(\varepsilon)^q} \tag{8-3}$$

式中，$\mu_i(q,\varepsilon)$ 为第 i 个子区间 q 阶概率。

（2）奇异性指数和奇异函数

粒径分布的多重分形奇异性指数为

$$\alpha(q) = \lim_{\varepsilon \to 0} \frac{\sum\limits_{i=1}^{N(\varepsilon)} u_i(q,\varepsilon)\lg p_i(\varepsilon)}{\lg \varepsilon} \tag{8-4}$$

相对于 $\alpha(q)$ 粒径分布的多重分形谱函数为

$$f[\alpha(q)] = \lim_{\varepsilon \to 0} \frac{\sum\limits_{i=1}^{N(\varepsilon)} u_i(q,\varepsilon)\lg u_i(q,\varepsilon)}{\lg \varepsilon} \tag{8-5}$$

式中，$\alpha(q)$ 为奇异性指数；$f(\alpha)$ 为 $\alpha(q)$ 的维数分布函数。根据 $f[\alpha(q)] \sim \alpha(q)$ 可描述土壤属性的多重分形测度。谱宽（$\Delta\alpha = \alpha_{max} - \alpha_{min}$）越大，属性的局部异质程度越高。

由式（8-1）～式（8-5），通过最小二乘拟合，以及 $-10 \leqslant q \leqslant 10$，以 1 为步长，计算可得土壤粒径分布的多重分形广义维数谱 $D(q)$、多重分形奇异性指数 $\alpha(q)$，以及多重分形谱函数 $f[\alpha(q)]$。对于多重分形来说，奇异性指数 α 和多重分形谱函数 $f(\alpha)$ 能够表述多重分形的局部特征。多重分形谱的谱宽（$\Delta\alpha = \alpha_{max} - \alpha_{min}$）反映了整个分形结构上物理量概率测度分布的不均匀程度。

8.2　复垦土壤粒径分布的多重分形特征

8.2.1　多重分形谱维数

1. 土壤颗粒多重分形谱维数

根据多重分形广义维数谱算法对 4 种重构土壤进行了多重分形分析，在

$-10 \leqslant q \leqslant 10$ 的变化范围内得到土壤颗粒粒径分布的广义维数谱 $D(q)$，同一重构剖面不同土层深度和不同重构剖面同一土层深度土样的广义维数谱曲线 q-$D(q)$ 分别如图 8.1 和图 8.2 所示。

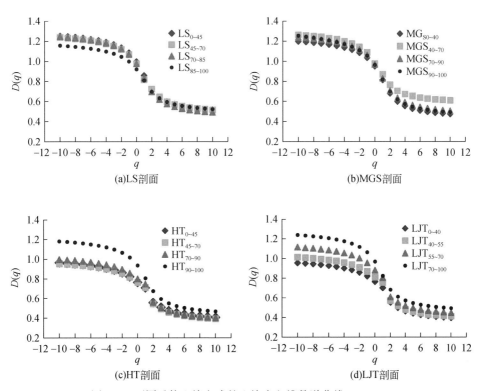

图 8.1　不同重构土壤方式的土壤广义维数谱曲线 q-$D(q)$

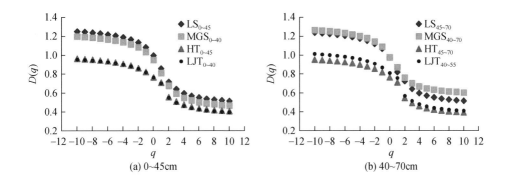

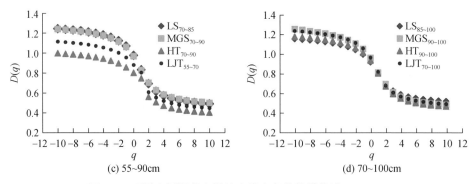

图 8.2　不同土层深度土样的土壤广义维数谱曲线 q-D (q)

在 $-10 \leqslant q \leqslant 10$ 的范围内，q 为正值时 D (q) 的值均小于 q 为负值时 D (q) 的值，这说明复垦土壤颗粒分布密集区域的标度性比稀疏区域好。对于非均匀分形，q-D (q) 具有一定宽度，且曲线弯曲度越大，说明土样均一性越差（王丽等，2007）。4 种重构剖面土壤粒径分布都具有一定的弯曲度，都表现出一定的不均匀性，且 LS 和 MGS 的重构方案表现得更为明显。

容量维 D (0) 越大，代表土壤粒径分布的范围越宽（周炜星等，2000）。在 4 种重构剖面中，LS 和 MGS 剖面的 D (0) 较大，说明其土壤粒径分布范围较宽，且不同土层深度差异较小。而 HT 和 LJT 剖面的 D (0) 较小，且随着剖面深度的增加，D (0) 逐渐增大，表明随着深度的增加，土壤粒径分布范围变宽。由此可见，表层土壤的颗粒分布相较于深层被压实的土壤，其颗粒分布范围较窄。造成这一现象的原因可能是表层重构土壤受到复垦的影响较大，逐渐将过大和过小的土壤颗粒转化，使其土壤颗粒分布范围逐渐变窄，相对集中。而位于下部的土壤，则仍然保持原来的状态。HT 和 LJT 重构方案对改变土壤颗粒分布的作用比 LS 和 MGS 重构方案的作用明显。

信息熵维数 D (1) 反映了颗粒分布测度的集中度，它可以表征土壤颗粒分布的不均匀程度，D (1) 越大，表示土壤的不均匀程度越高（周炜星等，2000）。4 个剖面中，HT 重构方案的 D (1) 最小，其次是 LJT 重构方案，而 MGS 和 LS 的 D (1) 最大。LS 剖面随着深度的增加，其土壤颗粒分布不均匀程度较大，且变化不明显；MGS 剖面表层土壤颗粒的不均匀程度最低，而后随着深度的增加，土壤颗粒分布不均匀程度也增加，但增加幅度不明显；HT、LJT 两个剖面则都是随着深度增加土壤不均匀程度也增加，且在 HT 剖面 0~90 cm 土壤粒径分布不均匀性相差较小，而 LJT 剖面随土层深度土壤颗粒分布不均匀性增幅较大。究其原因，可能是由于深层土壤被压实，且甚少或基本没有受到生物活动等风化的影响，土壤颗粒组成很难被改变。同时，由于 HT 和 HLJ 剖面能够促进植被恢复，植被恢复对土壤结构的改善又有一定的促进作用，使土壤结构向更好的团粒结构发展，土壤的均匀性相对较好（苏永中和赵哈林，2004）。而 MGS 和 LS 剖面对土壤结构的改善作用相对较小，且其风化的小颗粒又增加了土壤的不均匀性。

$D(1)/D(0)$ 可以表征土壤颗粒分布的离散程度，$D(1)/D(0)$ 接近于 1 时表明颗粒分布主要集中于密集区，接近于 0 时说明颗粒分布集中于稀疏区域。4 个剖面中，HT 剖面土壤粒径分布离散度最小，其次是 HLJ 剖面，MGS 和 LS 剖面土壤粒径分布的离散度较大。LS 和 MGS 剖面随着深度的增加，土壤粒径分布的离散度较大，且变化不明显；HT、LJT 两个剖面则均是随着深度增加土壤粒径分布离散度增加，且在 HT 剖面 0~90 cm 土壤粒径分布离散度相差较小，而 LJT 剖面随土层深度增加土壤颗粒分布离散度增幅较大。

2. 结果分析

综上分析，表层土壤的颗粒分布范围窄，测度集中，离散程度较小，更加符合对复垦土壤性状的期望。根据对不同重构土壤剖面多重分形谱曲线和上述的 3 个函数 [$D(0)$、$D(1)$ 和 $D(1)/D(0)$] 数值的分析发现，黄土剖面要比煤矸石和含砾石剖面的土壤颗粒分布范围、测度集中度、离散程度小。因此，在土壤重构过程中，覆表土是非常重要且必要的工艺，同时应将煤矸石与砾石尽量排弃在底层，再覆表土，以达到最佳的重构土壤结构。

8.2.2　奇异性指数

不同重构土壤剖面、不同土层土壤粒径分布的多重分形奇异谱如图 8.3、图 8.4 所示。所有土壤粒径分布的 $\alpha - f(\alpha)$ 函数图像均为连续的凸函数，不同重构土壤不同土层土壤均表现出了非均质特性。这说明土壤本身就是一个复杂的分形体，不仅在原地貌土壤形成过程中会出现局部叠加构成分形特征，而且在进行扰动重构之后，土壤仍然有叠加产生，并呈现出分形特征。

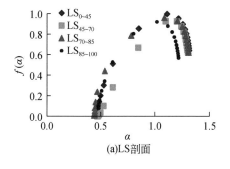
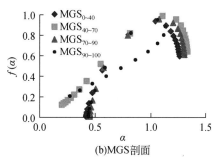

(a)LS 剖面　　　　　　　　　　　　　　(b)MGS 剖面

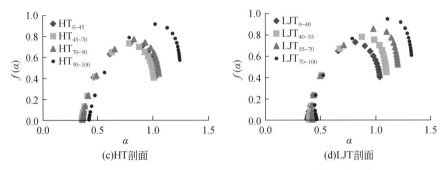

(c)HT剖面　　　　　　　　　　　　(d)LJT剖面

图8.3　不同重构剖面土壤粒径分布的多重分形奇异谱函数

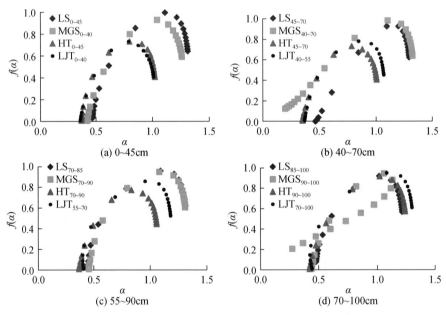

(a) 0~45cm　　　　　　　　　　　　(b) 40~70cm

(c) 55~90cm　　　　　　　　　　　　(d) 70~100cm

图8.4　不同土层深度土壤粒径分布的多重分形奇异谱函数

多重分形谱谱宽度 $\Delta\alpha$ ($\Delta\alpha = \alpha_{\max} - \alpha_{\min}$) 反映整个分形结构物理量概率测度分布的非均匀程度。$\Delta\alpha$ 越大则土壤颗粒分布越不均匀，且 $\Delta\alpha$ 受到大颗粒土壤的影响（管孝艳等，2011a；Filgueira，1999；San，2010；Bird et al.，2006）。4 种重构剖面中，LS 和 MGS 剖面 $\Delta\alpha$ 随土层深度变化不明显，表明 LS、MGS 两个剖面整体非均匀性较大，大颗粒土壤含量较多，受砾石和煤矸石影响，植被恢复对土壤性状的改善作用较小。HT、LJT 剖面随着土层深度的增加，土壤粒径组成的不均匀程度也增加，土壤大颗粒含量逐渐升高，说明由于受植被恢复等作用，表层土壤粒径组成和性状得到了改善，底部土壤则受植被恢复等的影响较小。$\Delta f [\Delta f = f(\alpha_{\min}) - f(\alpha_{\max})]$

反映了多重分形谱的形状特征, 当小概率子集占主要地位, 即 $\Delta f < 0$ 时, $f(\alpha)$ 呈右钩状, 反之, 当大概率子集占主要地位, 即 $\Delta f > 0$ 时, $f(\alpha)$ 呈左钩状 (管孝艳等, 2011b; Filgueira, 1999; San, 2010; Bird et al., 2006)。

不同土壤重构方式、不同土层深度均为 $\Delta f < 0$, 即所有土样都呈右钩状, 说明土样的小概率子集占主要地位。LS 和 MGS 剖面的 Δf 在各土层变化不大, 且整体上明显大于 HT 和 LJT 剖面。HT 和 LJT 剖面的 Δf 随深度的增加而增加, 说明 HT 和 LJT 剖面的土壤颗粒粒径虽然也是小概率子集占主导地位, 但是其适宜植被恢复的粒径范围要比其底层, 以及 LS 和 MGS 剖面的要大。通过对于 $\Delta \alpha$ 和 Δf 的分析, 土壤颗粒组成非均匀性较小, 且在小概率子集占主要地位的情况下, 更加偏向大概率子集的剖面为全黄土母质剖面。

8.2.3 土壤粒径分布多重分形参数间的关系

从以上分析可以得知, $D(1)$、$D(1)/D(0)$、$\Delta \alpha$ 和 Δf 从不同角度反映了土壤颗粒分布的非均匀质特征, 而且能够较好地、定量地表征重构土壤颗粒的非均匀性。

重构土壤多重分形参数汇总见表 8.2。为了探讨 $D(1)$、$D(1)/D(0)$、$\Delta \alpha$ 和 Δf 4 个参数之间的关系, 对 4 个参数分别进行线性相关性分析, 如图 8.5 所示。从图 8.5 中可以看出, $D(1)$ 和 $\Delta \alpha$、$D(1)$ 和 Δf、$D(1)/D(0)$ 和 $\Delta \alpha$、$D(1)/D(0)$ 和 Δf 之间都具有一定的线性相关性。其中, $D(1)$ 和 $\Delta \alpha$、$D(1)/D(0)$ 和 Δf 之间的相关性更好, 其线性拟合的决定性系数 R^2 分别是 0.8411 和 0.8696。

表 8.2 多重分形参数汇总

样本名称	$D(0)$	$D(1)$	$D(1)/D(0)$	$\Delta \alpha$	Δf
$\text{LS}_{0\sim45}$	0.996	0.858	0.862	0.845	-0.611
$\text{LS}_{45\sim70}$	0.976	0.818	0.838	0.832	-0.623
$\text{LS}_{70\sim85}$	0.976	0.833	0.853	0.865	-0.611
$\text{LS}_{85\sim100}$	0.921	0.808	0.878	0.737	-0.49
$\text{MGS}_{0\sim40}$	0.95	0.812	0.854	0.838	-0.585
$\text{MGS}_{40\sim70}$	0.975	0.87	0.892	1.129	-0.514
$\text{MGS}_{70\sim90}$	0.968	0.828	0.855	0.853	-0.598
$\text{MGS}_{90\sim100}$	0.964	0.817	0.848	0.858	-0.676
$\text{HT}_{0\sim45}$	0.764	0.709	0.928	0.653	-0.4
$\text{HT}_{45\sim70}$	0.764	0.711	0.93	0.653	-0.4
$\text{HT}_{70\sim90}$	0.801	0.748	0.933	0.69	-0.437
$\text{HT}_{90\sim100}$	0.936	0.806	0.862	0.82	-0.566
$\text{LJT}_{0\sim40}$	0.764	0.702	0.919	0.652	-0.4

续表

样本名称	D (0)	D (1)	D (1) /D (0)	Δα	Δf
$LJT_{40\sim55}$	0.81	0.757	0.935	0.698	-0.445
$LJT_{55\sim70}$	0.881	0.804	0.913	0.776	-0.381
$LJT_{70\sim100}$	0.968	0.824	0.851	0.878	-0.466

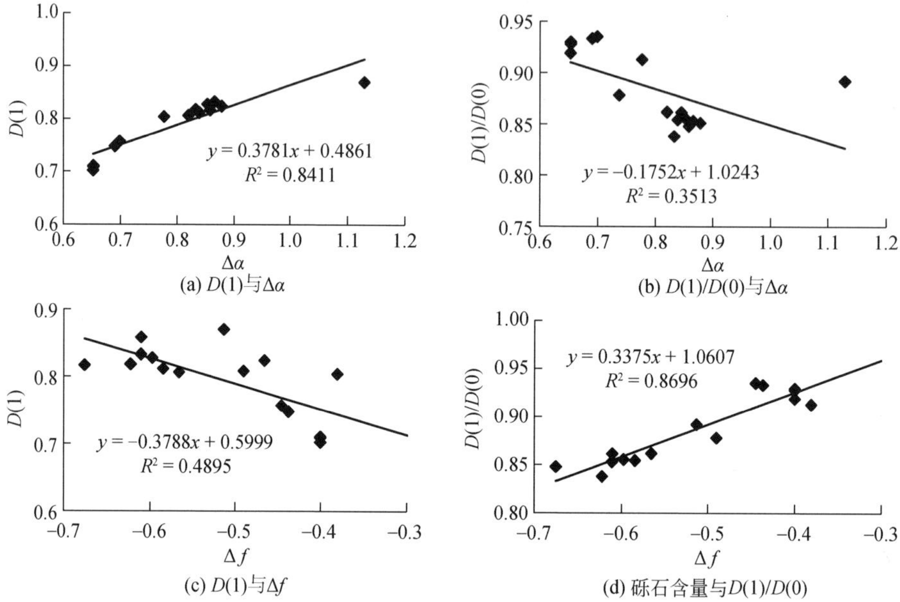

图 8.5　所有土样多重分形参数之间的关系

综上分析，可以对黄土区大型露天煤矿排土场重构土壤进行多重分形定量表征的5个参数［*D*（1）、*D*（0）、*D*（1）/*D*（0）、Δα 和 Δ*f*］进行简化，由于 *D*（1)和 Δα 、*D*（1）/*D*（0）和 Δ*f* 之间的相关性较好，在反映黄土区重构土壤粒径组成多重分形规律方面具有一致性，因此可以简化选择 *D*（0）、*D*（1）和 Δ*f*，或者选择 *D*（0）、*D*（1）/*D*（0）和 Δα 3 个参数，实现对黄土区露天煤矿重构土壤颗粒组成分布的定量表征，以反映不同土壤重构方式对土壤颗粒组成的影响，从而为黄土区大型露天煤矿土壤重构方案的选择提供理论决策和技术支持。

8.3　多重分形参数与土壤理化性质之间的关系

8.3.1　多重分形参数与土壤物理性质的关系

1. 多重分形参数与砾石含量

通常将直径>2 mm、相对独立、不易破碎的矿物质颗粒称为砾石。土壤中的砾石会影响土壤的物理特性，同时其产生的大孔隙对土壤的水分特性也会产生一定影响。黄土剖面的砾石含量较少，含砾石和煤矸石剖面的砾石含量较大，但表土中砾石含量相近。含砾石剖面中，表土以下土层砾石含量随深度的增加而降低，表土之下的土层中砾石含量最高。煤矸石剖面随着深度增加土壤砾石含量降低，表土之下的土层砾石含量最低。图 8.6 给出了 4 个分形参数 $\Delta\alpha$、Δf、D（1）、D（1）/D（0）与土壤砾石含量的关系，砾石含量与 $\Delta\alpha$、D（1）呈正相关，与 Δf、D（1）/D（0）呈负相关。$\Delta\alpha$ 描述土壤颗粒概率测度分布的不均匀程度，D（1）反映了颗粒分布测度的集中度，随着砾石含量的增加，土壤颗粒概率测度分布的不均匀程度也增加，土壤粒径分布范围扩大。

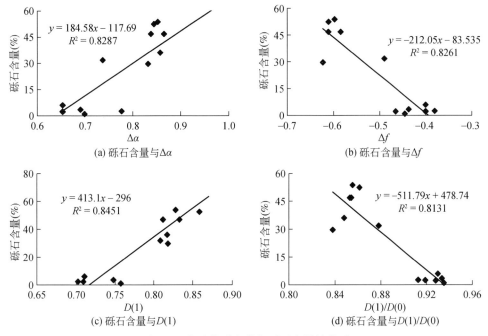

图 8.6　多重分形参数与砾石含量的关系

Δf 描述了分形谱的形状特征，随着土壤砾石含量的增加，土壤颗粒分布小概率的土壤粒径占主导地位。D（1）/D（0）描述了土壤颗粒分布的离散程度，随着土壤砾石含量的增加，土壤颗粒更趋向分布于稀疏区域。可见，砾石影响土壤大颗粒的细化，使土壤粒径分布范围大，土壤颗粒分布于小概率子集的稀疏区域，影响风化作用对于土壤结构的优化，同时由砾石所产生的土壤大孔隙会增加土壤的透水率，降低土壤的保水能力。

因此，在复垦土壤的土体重构过程中，尽量避免砾石对重构土壤带来的影响，以利于对重构土壤进行物理、化学、生物重构。从图 8.6 可以看出，D（1）与土壤砾石含量的相关性最大，因此 D（1）可作为反映土壤砾石含量的指标。

2. 多重分形参数与田间持水量

田间持水量是在地下水较深和排水良好的土地上充分灌水或降水后，允许水分充分下渗，并防止水分蒸发，经过一定时间土壤剖面所能维持的较稳定的土壤水含量。田间持水量是土壤所能稳定保持的最高土壤含水量，也是土壤中所能保持悬着水的最大量。两个黄土剖面的田间持水量随着深度的增加有不同程度的降低，砾石和煤矸石剖面的田间持水量则是随着深度的增加而增加。砾石和煤矸石剖面的表土田间持水量相对较高，全黄土母质剖面表土田间持水量明显高于其他深度。

图8.7 中给出了4 个分形参数 $\Delta\alpha$、Δf、D（1）、D（1）/D（0）与土壤田间持水量的关系，田间持水量与 Δf、D（1）/D（0）呈正相关，与 $\Delta\alpha$、D（1）呈负相关。这与4 个参数和土壤饱和含水量的关系相似，田间持水量的大小主要取决于土壤中小孔隙的数量，当土壤大颗粒含量较多时，不仅单位体积土壤的孔隙含量较少，而且其有效保水的小孔隙更少。黄土剖面的田间持水量比砾石或煤矸石剖面的整体水平高，联系土壤砾石含量来看，砾石含量较大的，田间持水量较低。因此，为保证复垦土壤的保水能力，应尽快开始土壤重构，优化土壤结构，增强复垦土壤的保水能力。从图8.7 可以看出，D（1）/D（0）与土壤田间持水量的相关性最大，因此 D（1）/D（0）可作为反映土壤田间持水量的指标。

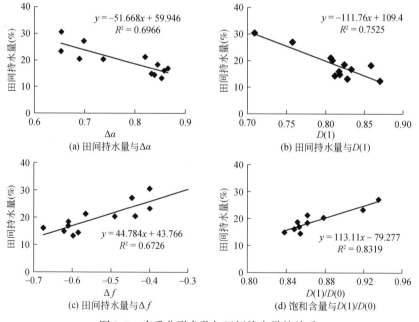

图8.7　多重分形参数与田间持水量的关系

3. 多重分形参数与饱和含水量

饱和含水量为土壤中孔隙都充满水时的含水量。砾石剖面和全黄土母质剖面土壤饱和含水量随着深度的增加而增加，煤矸石剖面随土壤深度的变化略有降低但不明显，料姜土剖面饱和含水量随土壤深度的增加而降低。4 个剖面中，料姜土剖面的变化趋势最为明显。图 8.8 中给出 4 个分形参数 $\Delta\alpha$、Δf、$D(1)$、$D(1)/D(0)$ 与土壤饱和含水量的关系，饱和含水量与 Δf、$D(1)/D(0)$ 呈正相关，与 $\Delta\alpha$、$D(1)$ 呈负相关。随着土壤颗粒概率测度分布不均匀程度的增加和土壤粒径分布范围的增大，土壤饱和含水量降低，土壤颗粒分布集中于大概率子集的密集区域，则土壤饱和含水量升高。由此可见，大颗粒含量较多、结构差的土壤饱和含水量较低。这是由于较多的大颗粒会导致单位体积土壤中的孔隙减少。因此，在复垦过程中，土体重构结束后应尽快开始土壤重构，利用物理、化学及生物作用，降低土壤大颗粒的含量，增加单位体积内土壤孔隙。从图 8.8可以看出，$D(1)/D(0)$ 与土壤饱和含水量的相关性最大，因此$D(1)/D(0)$可作为反映土壤饱和含水量的指标。

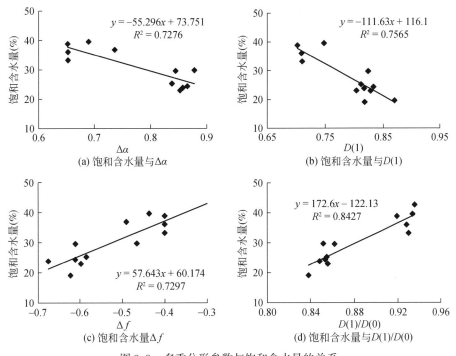

图 8.8 多重分形参数与饱和含水量的关系

4. 多重分形参数与土壤干容重

　　土壤干容重又称为土壤密度，是干的土壤基质物质的量与总容积之比。土壤容重与土壤质地、压实状况、土壤颗粒密度、土壤有机质含量有关。土壤越疏松多孔，容重越小；土壤越紧实，容重越大；有机质含量高、结构性好的土壤容重小。黄土剖面土壤干容重随着深度的增加变化较大，且表土容重相对较小，可见表土的土壤结构相对较好。黄土剖面表层土壤干容重低于砾石和煤矸石剖面表土。砾石剖面和料姜土剖面随着深度的增加容重变大，黄土母质剖面和煤矸石剖面随着深度的增加容重减小。料姜土剖面表土和靠近表土的土层容重较小，其下两层容重较大。图 8.9 中给出了 4 个分形参数 $\Delta\alpha$、Δf、$D(1)$、$D(1)/D(0)$ 与土壤干容重的关系，干容重与 $\Delta\alpha$、$D(1)$ 呈正相关，与 Δf、$D(1)/D(0)$ 呈负相关。土壤粒径分布越不均匀，分布范围越大，土壤干容重越大，土壤颗粒分布于大概率子集的密集区域，则土壤干容重较小。在排土场建成初期，为保证排土场的稳定性，复垦土壤受到大型机械碾压必不可少，但随着复垦年限的增加，土壤容重将逐渐接近原地貌土壤，土壤也会由紧实变得疏松。由此可见，土壤重构将会改变复垦土壤的结构、压实状况等，使复垦土壤恢复生产力。从图 8.9 可以看出，$\Delta\alpha$ 与土壤干容重的相关性最大，因此 $\Delta\alpha$ 可作为反映土壤干容重的指标。

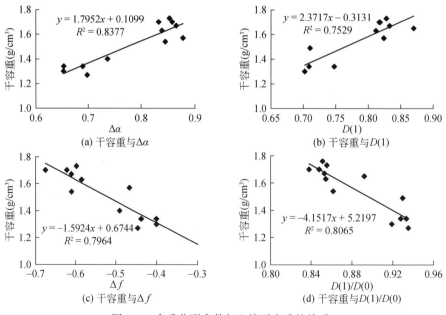

图 8.9　多重分形参数与土壤干容重的关系

8.3.2 多重分形参数与土壤化学性质的关系

1. 多重分形参数与土壤电导率

土壤电导率是测定土壤水溶性盐的指标。土壤水溶性盐是土壤的一个重要属性，是判定土壤中盐类离子是否限制作物生长的因素。4 个剖面的电导率随着土壤深度的增加而降低且趋势一致。煤矸石剖面高于砾石剖面，料姜土剖面次之，全黄土剖面电导率最低，4 个剖面的土壤电导率变化情况均随深度的增加同步降低。砾石剖面最底层土壤电导率最高。图 8.10 中给出了 4 个分形参数 $\Delta\alpha$、Δf、$D(1)$、$D(1)/D(0)$ 与土壤电导率的关系，电导率与 $\Delta\alpha$、$D(1)$ 呈正相关，与 Δf、$D(1)/D(0)$ 呈负相关。随着土壤测度分布不均匀程度的增加，土壤颗粒分布范围扩大，土壤电导率增大，土壤颗粒分布于小概率子集的稀疏区域，则土壤电导率较大。可见，土壤电导率将会受到土壤颗粒分布的影响，当土壤结构较好，土壤颗粒分布较均匀时，土壤电导率较小，发生土壤盐渍化的几率将会降低。从图 8.10 可以看出，$\Delta\alpha$ 与土壤电导率的相关性最大，因此 $\Delta\alpha$ 可作为反映土壤电导率的指标。复垦土壤颗粒分布不均匀程度大，土壤结构差，土壤电导率较大，在一定程度上将会限制植物的生长。4 个土壤剖面的电导率均是随深度的增加而降低，但最深一层电导率却最大，经过长期土壤重构，表土的电导率在不影响植物生长的范围内有一定提升。可见，复垦植被有助于改善土壤化学性质。

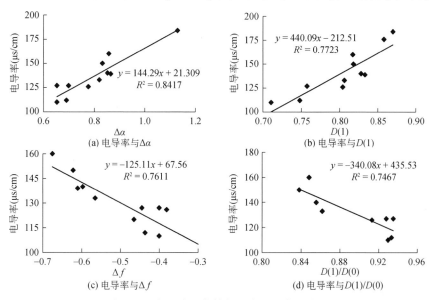

图 8.10 多重分形参数与土壤电导率的关系

2. 多重分形参数与土壤 pH

土壤酸碱度（土壤 pH）又称"土壤反应"，是土壤溶液的酸碱反应。土壤酸碱度对土壤肥力及植物生长影响很大，一般作物生长的 pH 为 5.5～8.5。土壤酸碱度对养分有效性的影响也很大，如中性土壤中磷的有效性大；碱性土壤中微量元素（锰、铜、锌等）的有效性差。深度增加黄土剖面的土壤 pH 基本保持不变，砾石和煤矸石剖面的 pH 随着深度的增加而降低。砾石剖面表土 pH 低于其下土层。黄土剖面土壤 pH 整体高于砾石和煤矸石剖面。可见，覆表土在土壤重构中起着不可替代的作用。图 8.11 中给出了 4 个分形参数 $\Delta\alpha$、Δf、$D(1)$、$D(1)/D(0)$ 与土壤酸碱度的关系，酸碱度与 Δf、$D(1)/D(0)$ 呈正相关，与 $\Delta\alpha$、$D(1)$ 呈负相关。从图 8.11 可以看出，土壤整体为碱性，当土壤颗粒分布范围较大，不均匀程度较大，土壤颗粒分布集中于小概率子集的稀疏区域时，土壤酸碱度降低。从图 8.11 可以看出，Δf 与土壤酸碱度的相关性最大，因此 Δf 可作为反映土壤酸碱度的指标。由图 8.11 可知，土壤颗粒分布较为均匀、范围较小的情况下，土壤酸碱度集中于 8.3，则 8.3 为当地较为适宜的土壤酸碱度。4 个剖面的土壤酸碱度为 8～8.3，相对表土的酸碱度略高。

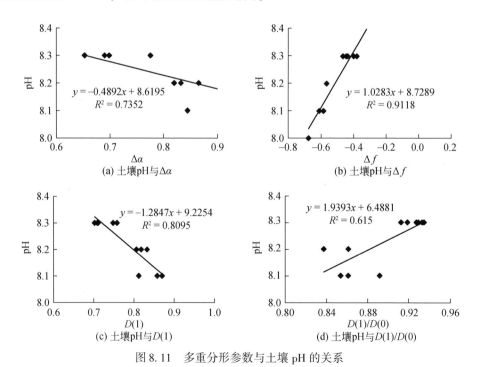

图 8.11　多重分形参数与土壤 pH 的关系

8.3.3　多重分形参数与土壤养分的关系

土壤养分是指由土壤提供的植物生长所必需的营养元素，能被植物直接或者转化之后吸收。在本次研究中，将土壤有机质、土壤全氮、土壤速效氮、土壤速效磷及土壤速效钾统称为土壤养分，与土壤砾石含量、田间持水量、土壤 pH 等土壤固有物理性质进行区分。

1. 多重分形参数与有机质

土壤有机质是指土壤中含碳的有机化合物，其含量与土壤肥力水平是密切相关的。虽然有机质仅占土壤总量的很小一部分，但它在土壤肥力上起的多方面作用却是显著的。有机质是植物营养的主要来源之一，可以促进植物生长发育，改善土壤的物理性质，促进微生物和土壤动物的活动，提高土壤的保肥性和缓冲性。土壤有机质随着剖面深度的增加而增加，含砾石剖面变化最为明显，4 个剖面的土壤有机质均随着深度的增加而增加，砾石和煤矸石剖面这一趋势尤其明显。4 个剖面中，黄土剖面的有机质含量整体低于砾石和煤矸石剖面，且随深度变化不明显。砾石剖面表土的有机质含量在 4 个剖面的表土中为最高，也高于其下两个土层的有机质含量。

图 8.12 中给出了 4 个分形参数 $\Delta\alpha$、Δf、$D(1)$、$D(1)/D(0)$ 与土壤有机质的关系，有机质与 $\Delta\alpha$、$D(1)$ 呈正相关，与 Δf、$D(1)/D(0)$ 呈负相关。从图 8.12 可以看出，$\Delta\alpha$ 与土壤有机质的相关性最大，因此 $\Delta\alpha$ 可作为反映土壤有机质的指标。当土壤颗粒分布不均匀程度增加，范围扩大，土壤颗粒分布集中于小概率子集的稀疏区域时，土壤有机质含量较大，可见有机质富含于较大土壤颗粒当中。4 个剖面的有机质变化规律均是随着剖面深度的加深，土壤有机质含量增加，这是由于表层土壤的植被吸收了一部分土壤中的有机质，导致表层土壤有机质含量相对较低。

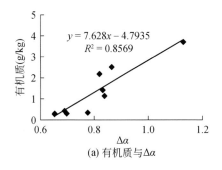

(a) 有机质与 $\Delta\alpha$

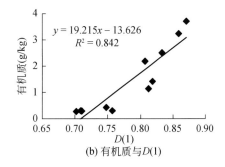

(b) 有机质与 $D(1)$

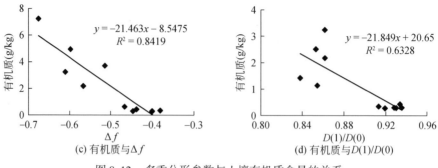

图 8.12 多重分形参数与土壤有机质含量的关系

2. 多重分形参数与全氮

土壤全氮是土壤中氮素的总量，为有机氮和无机氮之和。土壤全氮在不同土地利用方式之间存在着显著性差异，排水困难、土壤湿度高，以及通气不良等状况均有利于氮素的积累，沙地土质较差，不利于氮素的吸收。4 个剖面的土壤全氮含量与土壤有机质含量相似，随着深度的增加，全氮含量增加。黄土剖面全氮含量整体低于砾石和煤矸石剖面，且随深度变化不明显。砾石剖面随深度变化，全氮增加最为明显。4 个剖面的表土全氮含量较低且较为相近。图 8.13 中给出了 4 个分形参数 $\Delta\alpha$、Δf、$D(1)$、$D(1)/D(0)$ 与土壤全氮的关系，全氮与 $\Delta\alpha$、$D(1)$ 呈正相关，与 Δf、$D(1)/D(0)$ 呈负相关。从图 8.13 可以看出，$\Delta\alpha$ 与土壤全氮的相关性最大，因此 $\Delta\alpha$ 可作为反映土壤全氮的指标。当土壤颗粒分布不均匀程度增加，范围扩大，土壤颗粒分布集中于小概率子集的稀疏区域时，土壤全氮含量较大，这与土壤有机质含量情况相似，土壤中养分主要富集与土壤大颗粒当中。土壤全氮含量与土壤有机质含量情况相似，随着深度的增加，土壤全氮含量增加，是由于植被生长吸收了表层土壤中的氮，导致表层土壤全氮含量降低。

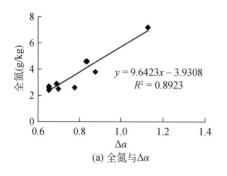

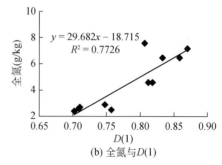

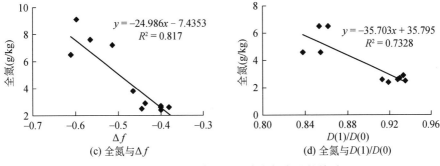

图8.13 多重分形参数与土壤全氮含量的关系

3. 多重分形参数与速效氮

速效氮能反映土壤近期内氮素的供应情况,包括无机态氮(铵态氮、硝态氮)及易水解的有机态氮(氨基酸、酰铵和易水解蛋白质)。速效氮是反映土壤供氮能力的指标之一。土壤速效氮的变化与土壤全氮相似,都随着深度的增加而增大。4个剖面除最底层外,其余3个土层速效氮含量非常接近,只有最底层速效氮含量差异较大。其中,速效氮含量最高的为砾石剖面,其次为煤矸石剖面,全黄土剖面和料姜土剖面含量则相对较低。图8.14中给出了4个分形参数 $\Delta\alpha$、Δf、D(1)、D(1)/D(0)与土壤速效氮的关系,速效氮与 $\Delta\alpha$、D(1)/D(0)呈正相关,与 Δf、D(1)呈负相关。从图8.14可以看出,Δf 与土壤速效氮的相关性最大,因此 Δf 可作为反映土壤速效氮的指标。当土壤颗粒分布不均匀程度增加且集中于小概率子集时,土壤速效氮含量增加;当土壤颗粒分布范围扩大且分布集中于稀疏区域时,土壤速效氮含量降低。土壤速效氮与土壤全氮相似,易富集于土壤大颗粒中,由于复垦土壤重构初期没有植被覆盖,微生物作用相对较弱,所以其土壤大颗粒较多,速效氮含量并不高。但随着复垦年限增加,土壤微生物作用增强,土壤速效氮主要富集于土壤大颗粒中。4个剖面的土壤速效氮含量均

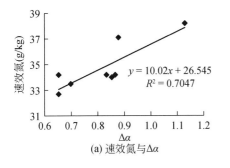

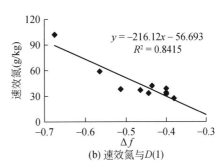

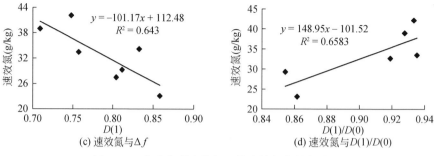

图 8.14　多重分形参数与土壤速效氮含量的关系

随着剖面深度的增加而增加，但表层土壤中速效氮含量仍略高于其他土层，这不仅与植被吸收土壤中的速效养分有关，而且生物固氮作用保持了一部分土壤的速效氮。

4. 多重分形参数与速效磷

土壤速效磷是土壤中可被植物吸收的磷组分，包括全部水溶性磷、部分吸附态磷及有机态磷，有的土壤中还包括某些沉淀态磷。土壤有效磷是土壤磷素养分供应水平高低的指标，土壤磷素含量高低在一定程度上反映了土壤中磷素的储量和供应能力。全黄土和料姜土剖面的速效磷含量随着深度的增加而降低，砾石和煤矸石剖面土壤速效磷含量随着深度的增加略有升高。料姜土剖面的整体速效磷含量较高，煤矸石剖面土壤的速效磷含量较低。砾石和煤矸石剖面最底层土壤的速效磷含量均较其上土层略有提高。图 8.15 中给出了 4 个分形参数 $\Delta\alpha$、Δf、$D(1)$、$D(1)/D(0)$ 与土壤速效磷的关系，速效磷与 Δf、$D(1)/D(0)$ 呈正相关，与 $\Delta\alpha$、$D(1)$ 呈负相关。从图 8.15 可以看出，$\Delta\alpha$ 与土壤速效磷的相关性最大，因此 $\Delta\alpha$ 可作为反映土壤速效磷的指标。当土壤颗粒分布不均匀程度低，范围较小，土壤颗粒分布集中于大概率子集的密集区域时，土壤速效磷含量较大。

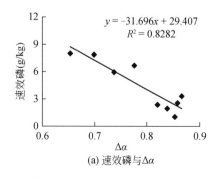

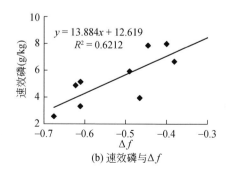

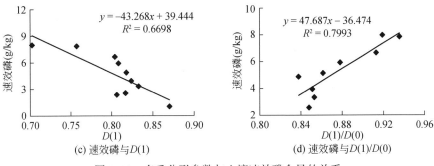

图 8.15　多重分形参数与土壤速效磷含量的关系

因此，土壤结构较好的土壤速效磷含量较高，且速效磷容易富集于土壤较小的颗粒中。复垦土壤结构较差，因此土壤速效磷含量相对较低，随着复垦年限的增加，复垦土壤的表土速效磷含量逐渐增大。4 个剖面的土壤速效磷含量均随剖面深度的增加而降低，可见植被吸收土壤速效磷的同时，也由于生物作用使土壤中速效磷含量有所提高。

5. 多重分形参数与速效钾

土壤速效钾为土壤中存在的水溶性钾，因为这部分钾能很快地被植物吸收利用，所以称为速效钾。土壤速效钾是衡量土壤供钾状况的重要指标。植物根系活动和分泌物对速效钾有积极影响，根系活动活跃则速效钾下降速度较快。土壤速效钾含量趋势与速效氮相似，随着深度的增加速效磷含量也增加。4 个剖面上 3 层土壤的速效钾含量较为接近，最底层土壤的速效钾含量骤增，砾石、煤矸石和全黄土剖面增加尤其明显。料姜土剖面最底层土壤速效钾含量增加较为平缓。图 8.16 中给出了 4 个分形参数 $\Delta\alpha$、Δf、$D(1)$、$D(1)/D(0)$ 与土壤速效钾的关系，速效钾与 $\Delta\alpha$、$D(1)$ 呈正相关，与 Δf、$D(1)/D(0)$ 呈负相关。从图 8.16 可以看出，$\Delta\alpha$ 与土壤速效钾的相关性最大，因此 $\Delta\alpha$ 可作为反映土壤速效

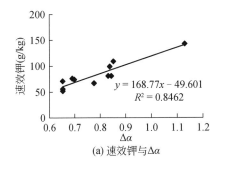

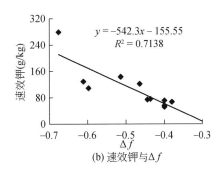

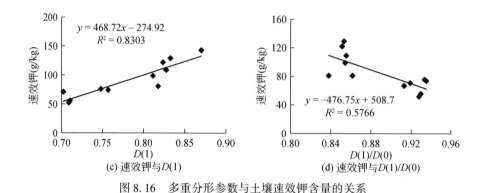

图 8.16　多重分形参数与土壤速效钾含量的关系

钾的指标。当土壤颗粒分布不均匀程度高，范围较大，土壤颗粒分布集中于小概率子集的稀疏区域时，土壤速效钾含量较大。可见，土壤速效钾主要富集于土壤大颗粒中。4 个剖面的土壤速效钾含量均随着剖面深度的增加而增加，这是由植被对土壤速效钾的吸收所致。

8.4　多重分形参数空间变异特征

8.4.1　研究方法

1. 样品采集

采样地点选择在平朔矿区安太堡矿内排土场，采样时排土场刚排好土还未进行植被恢复。选取网格法进行土壤样品采集，设置采样点间距为 60 ~ 80 m，共设置 78 个采样点（图 8.17），每个采样点采样深度为 0 ~ 20 cm、20 ~ 40 cm。利用 GPS 对每个采样点的位置进行定位，记录采样点的坐标数据。共采集土壤样品 156 个。将土壤样品放置于真空密封袋，对每个样品进行标号并注明采样深度，带回实验室进行分析。

2. 样品测定

将采集回来的土壤样品置于室内阴凉处风干，经研磨后过 2 mm 的筛，用于测定土壤颗粒体积百分含量。

土壤颗粒的体积百分含量测定：采用英国马尔文公司生产的激光粒度分析仪（Master Sizer 2000）进行分析。称取土样 0.3 g 置于锥形瓶中，加入 2 ~ 3 滴质量分数为 10% 的 H_2O_2 充分反应后，再加入 10 ml 六偏磷酸钠，然后加入去离子水至锥形瓶 40 ml 处，在沙浴中加热 1 h 后取出冷却至常温，然后进行粒度分析。粒度测量范围为 0.02 ~ 2000 μm，测得的结果为各粒径范围对应的体积百分含量。

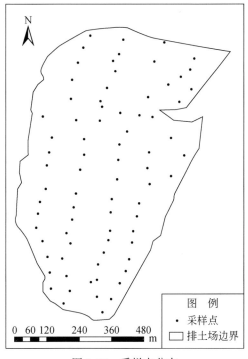

图 8.17　采样点分布

8.4.2　多重分形参数计算结果及分析

　　根据多重分形理论对土壤颗粒粒径分布进行分析，得到了土壤颗粒粒径分布在 $-10 \leqslant q \leqslant 10$ 范围内的广义维数谱 $D(q)$。其中，$q = 0$ 时，容量维数 $D(0)$ 描述的是土壤颗粒分布的平均特征，$D(0)$ 增大代表土壤粒径分布范围变宽；$q = 1$ 时，信息熵维数 $D(1)$ 反映了土壤颗粒分布的不均匀程度，$D(1)$ 越大，表明土壤颗粒分布的不均匀程度越高。信息熵维数与容量维数的比值 $D(1)/D(0)$ 越大，表明土壤颗粒的分布越不规则（周炜星等，2000）。

　　多重分形结构的局部特征可以通过奇异性指数 α 和多重分形谱函数 $f(\alpha)$ 来表示。多重分形谱谱宽度 $\Delta\alpha$（$\Delta\alpha = \alpha_{\max} - \alpha_{\min}$）反映整个分形结构的物理量概率测度分布的非均匀程度。$\Delta\alpha$ 越大则土壤的非均匀性越大，土壤颗粒分布越不均匀。因此，可以用多重分形谱 $\alpha \sim f(\alpha)$ 来反映分形结构的复杂和不规则程度及不均匀程度。

　　可以选择参数 $D(0)$、$D(1)$、$D(1)/D(0)$、$\Delta\alpha$ 和 Δf 分析研究区土壤颗粒

粒径分布的空间变异特征，计算得到的土壤颗粒粒径多重分形参数汇总见表8.3。

表8.3中给出了不同土层 $D(0)$、$D(1)$ 及其比值关系的计算结果，$D(1)/D(0)$ 可以反映土壤粒径分布的离散程度。由表8.3可知，研究区 $D(1)/D(0)$ 的比值大多集中在$0.8\sim1.0$，所以土壤颗粒分布主要集中于密集区域，说明土壤颗粒的分布不均匀。

表8.3　土壤粒径分布多重分形参数汇总

样本名称	$D(0)$	$D(1)$	$D(1)/D(0)$	$\Delta\alpha$	Δf
点 $1_{0\sim20}$	0.931	0.899	0.966	2.045	−0.608
点 $1_{20\sim40}$	0.881	0.851	0.966	1.395	−0.436
点 $2_{0\sim20}$	0.881	0.805	0.914	1.228	−0.351
点 $2_{20\sim40}$	0.904	0.812	0.897	1.318	−0.21
点 $3_{0\sim20}$	0.904	0.807	0.892	1.616	−0.262
点 $3_{20\sim40}$	0.899	0.803	0.893	1.363	−0.364
点 $4_{0\sim20}$	0.945	0.876	0.927	1.55	−0.353
点 $4_{20\sim40}$	0.904	0.877	0.969	1.719	−0.52
点 $5_{0\sim20}$	0.91	0.782	0.859	2.153	−0.316
点 $5_{20\sim40}$	0.904	0.774	0.856	1.264	−0.102
点 $6_{0\sim20}$	0.921	0.814	0.884	1.256	−0.228
点 $6_{20\sim40}$	0.921	0.813	0.883	1.572	−0.36
点 $7_{0\sim20}$	0.91	0.827	0.908	1.819	−0.345
点 $7_{20\sim40}$	0.91	0.832	0.914	1.72	−0.346
点 $8_{0\sim20}$	0.881	0.8	0.908	1.283	−0.351
点 $8_{20\sim40}$	0.921	0.815	0.885	1.355	−0.334
点 $9_{0\sim20}$	0.915	0.813	0.888	1.315	−0.249
点 $9_{20\sim40}$	0.936	0.834	0.892	1.438	−0.402
点 $10_{0\sim20}$	0.881	0.795	0.903	1.496	−0.345
点 $10_{20\sim40}$	0.887	0.817	0.921	1.693	−0.322
点 $11_{0\sim20}$	0.904	0.804	0.889	1.892	−0.334
点 $11_{20\sim40}$	0.893	0.818	0.916	1.219	−0.457
点 $12_{0\sim20}$	0.881	0.81	0.92	1.477	−0.33
点 $12_{20\sim40}$	0.881	0.792	0.899	1.488	−0.33
点 $13_{0\sim20}$	0.91	0.81	0.89	2.269	−0.324
点 $13_{20\sim40}$	0.881	0.807	0.916	1.353	−0.328

样本名称	$D(0)$	$D(1)$	$D(1)/D(0)$	$\Delta\alpha$	Δf
点 14 $_{0\sim20}$	0.91	0.812	0.893	1.775	−0.375
点 14 $_{20\sim40}$	0.904	0.816	0.903	2.06	−0.307
点 15 $_{0\sim20}$	0.887	0.84	0.947	1.305	−0.592
点 15 $_{20\sim40}$	0.926	0.839	0.906	1.624	−0.357
点 16 $_{0\sim20}$	0.945	0.856	0.906	1.149	−0.353
点 16 $_{20\sim40}$	0.931	0.839	0.902	1.304	−0.353
点 17 $_{0\sim20}$	0.868	0.799	0.92	1.875	−0.51
点 17 $_{20\sim40}$	0.931	0.852	0.915	1.163	−0.389
点 18 $_{0\sim20}$	0.887	0.814	0.917	1.49	−0.477
点 18 $_{20\sim40}$	0.881	0.809	0.918	1.383	−0.596
点 19 $_{0\sim20}$	0.904	0.876	0.969	1.305	−0.614
点 19 $_{20\sim40}$	0.887	0.839	0.946	1.491	0
点 20 $_{0\sim20}$	0.887	0.81	0.913	1.429	−0.46
点 20 $_{20\sim40}$	0.881	0.807	0.916	1.387	−0.321
点 21 $_{0\sim20}$	0.904	0.837	0.925	1.399	−0.407
点 21 $_{20\sim40}$	0.945	0.86	0.91	1.515	−0.322
点 22 $_{0\sim20}$	0.945	0.845	0.894	2.03	−0.376
点 22 $_{20\sim40}$	0.904	0.876	0.969	1.32	−0.642
点 23 $_{0\sim20}$	0.904	0.826	0.913	2.013	−0.367
点 23 $_{20\sim40}$	0.904	0.833	0.922	1.382	−0.409
点 24 $_{0\sim20}$	0.955	0.914	0.958	1.938	−0.406
点 24 $_{20\sim40}$	0.887	0.85	0.958	1.455	−0.002
点 25 $_{0\sim20}$	0.887	0.832	0.939	0.866	−0.12
点 25 $_{20\sim40}$	0.904	0.823	0.91	1.831	−0.376
点 26 $_{0\sim20}$	0.875	0.785	0.897	1.08	−0.329
点 26 $_{20\sim40}$	0.945	0.868	0.918	1.774	−0.372
点 27 $_{0\sim20}$	0.875	0.809	0.925	1.145	−0.274
点 27 $_{20\sim40}$	0.931	0.863	0.927	1.123	−0.292
点 28 $_{0\sim20}$	0.826	0.795	0.963	1.453	−0.412
点 28 $_{20\sim40}$	0.826	0.788	0.955	1.676	−0.394
点 29 $_{0\sim20}$	0.899	0.809	0.901	1.528	−0.329

续表

样本名称	$D(0)$	$D(1)$	$D(1)/D(0)$	$\Delta\alpha$	Δf
点 29 $_{20\sim40}$	0.921	0.843	0.916	1.152	-0.356
点 30 $_{0\sim20}$	0.881	0.802	0.911	1.439	-0.332
点 30 $_{20\sim40}$	0.893	0.798	0.894	1.476	-0.338
点 31 $_{0\sim20}$	0.921	0.813	0.883	1.457	-0.24
点 31 $_{20\sim40}$	0.881	0.833	0.945	1.451	-0.362
点 32 $_{0\sim20}$	0.904	0.826	0.913	1.485	-0.346
点 32 $_{20\sim40}$	0.915	0.816	0.891	1.518	-0.34
点 33 $_{0\sim20}$	0.921	0.82	0.891	1.504	-0.326
点 33 $_{20\sim40}$	0.904	0.849	0.938	1.276	-0.667
点 34 $_{0\sim20}$	0.881	0.806	0.915	1.519	-0.318
点 34 $_{20\sim40}$	0.881	0.804	0.913	1.457	-0.327
点 35 $_{0\sim20}$	0.904	0.816	0.902	1.906	-0.326
点 35 $_{20\sim40}$	0.904	0.8	0.885	1.711	-0.319
点 36 $_{0\sim20}$	0.91	0.815	0.896	1.807	-0.331
点 36 $_{20\sim40}$	0.826	0.796	0.964	1.355	-0.608
点 37 $_{0\sim20}$	0.893	0.817	0.915	1.377	-0.328
点 37 $_{20\sim40}$	0.915	0.816	0.892	1.374	-0.32
点 38 $_{0\sim20}$	0.915	0.885	0.967	1.075	-0.491
点 38 $_{20\sim40}$	0.95	0.907	0.955	1.845	-0.528
点 39 $_{0\sim20}$	0.875	0.799	0.914	1.023	-0.308
点 39 $_{20\sim40}$	0.881	0.805	0.914	1.442	-0.319
点 40 $_{0\sim20}$	0.899	0.793	0.882	1.469	-0.351
点 40 $_{20\sim40}$	0.945	0.882	0.933	1.553	-0.339
点 41 $_{0\sim20}$	0.904	0.812	0.898	1.492	-0.358
点 41 $_{20\sim40}$	0.899	0.837	0.931	1.398	-0.334
点 42 $_{0\sim20}$	0.955	0.88	0.922	0.881	-0.234
点 42 $_{20\sim40}$	0.945	0.839	0.887	2.076	-0.352
点 43 $_{0\sim20}$	0.904	0.791	0.875	1.413	-0.357
点 43 $_{20\sim40}$	0.899	0.828	0.921	1.254	-0.339
点 44 $_{0\sim20}$	0.926	0.804	0.868	1.572	-0.371
点 44 $_{20\sim40}$	0.893	0.795	0.89	2.153	-0.389

续表

样本名称	$D(0)$	$D(1)$	$D(1)/D(0)$	$\Delta\alpha$	Δf
点 45 $_{0\sim20}$	0.899	0.793	0.883	1.624	−0.363
点 45 $_{20\sim40}$	0.904	0.812	0.898	1.353	−0.361
点 46 $_{0\sim20}$	0.945	0.838	0.886	1.866	−0.375
点 46 $_{20\sim40}$	0.945	0.798	0.844	2.145	−0.359
点 47 $_{0\sim20}$	0.91	0.801	0.88	1.654	−0.374
点 47 $_{20\sim40}$	0.921	0.804	0.873	1.312	−0.294
点 48 $_{0\sim20}$	0.915	0.779	0.851	1.377	−0.256
点 48 $_{20\sim40}$	0.915	0.789	0.862	1.182	−0.275
点 49 $_{0\sim20}$	0.921	0.785	0.853	1.952	−0.345
点 49 $_{20\sim40}$	0.893	0.801	0.897	2.399	−0.395
点 50 $_{0\sim20}$	0.921	0.791	0.86	1.27	−0.051
点 50 $_{20\sim40}$	0.936	0.817	0.873	1.165	−0.346
点 51 $_{0\sim20}$	0.91	0.799	0.878	1.902	−0.372
点 51 $_{20\sim40}$	0.893	0.799	0.894	2.444	−0.372
点 52 $_{0\sim20}$	0.881	0.816	0.926	1.018	−0.326
点 52 $_{20\sim40}$	0.91	0.824	0.905	1.846	−0.332
点 53 $_{0\sim20}$	0.899	0.83	0.923	1.59	−0.349
点 53 $_{20\sim40}$	0.881	0.812	0.922	1.197	−0.306
点 54 $_{0\sim20}$	0.921	0.829	0.901	1.157	−0.15
点 54 $_{20\sim40}$	0.91	0.844	0.928	1.774	−0.297
点 55 $_{0\sim20}$	0.881	0.823	0.934	0.881	−0.165
点 55 $_{20\sim40}$	0.921	0.809	0.879	1.414	−0.208
点 56 $_{0\sim20}$	0.887	0.819	0.923	1.453	−0.623
点 56 $_{20\sim40}$	0.826	0.781	0.946	1.35	−0.524
点 57 $_{0\sim20}$	0.893	0.837	0.937	2.336	−0.409
点 57 $_{20\sim40}$	0.915	0.826	0.903	1.905	−0.332
点 58 $_{0\sim20}$	0.855	0.813	0.951	1.38	−0.488
点 58 $_{20\sim40}$	0.826	0.787	0.953	1.431	−0.584
点 59 $_{0\sim20}$	0.899	0.805	0.895	1.31	−0.354
点 59 $_{20\sim40}$	0.945	0.883	0.934	1.632	−0.326
点 60 $_{0\sim20}$	0.904	0.826	0.913	1.464	−0.333

样本名称	$D(0)$	$D(1)$	$D(1)/D(0)$	$\Delta\alpha$	Δf
点 $60_{20\sim40}$	0.881	0.816	0.926	1.476	-0.328
点 $61_{0\sim20}$	0.945	0.819	0.866	2.095	-0.337
点 $62_{0\sim20}$	0.875	0.787	0.9	1.084	-0.339
点 $62_{20\sim40}$	0.931	0.8	0.86	1.24	-0.297
点 $63_{0\sim20}$	0.826	0.79	0.957	1.432	-0.48
点 $63_{20\sim40}$	0.881	0.826	0.937	1.112	-0.342
点 $64_{0\sim20}$	0.915	0.822	0.898	1.387	-0.323
点 $64_{20\sim40}$	0.945	0.881	0.932	1.662	-0.491
点 $65_{0\sim20}$	0.931	0.832	0.894	1.621	-0.345
点 $65_{20\sim40}$	0.915	0.81	0.885	1.299	-0.353
点 $66_{0\sim20}$	0.899	0.83	0.923	1.329	-0.317
点 $66_{20\sim40}$	0.887	0.837	0.943	1.339	-0.629
点 $67_{0\sim20}$	0.893	0.824	0.923	2.143	-0.351
点 $67_{20\sim40}$	0.893	0.818	0.916	2.282	-0.355
点 $68_{0\sim20}$	0.926	0.817	0.882	1.717	-0.348
点 $68_{20\sim40}$	0.899	0.815	0.907	1.247	-0.195
点 $69_{0\sim20}$	0.945	0.865	0.915	1.702	-0.362
点 $69_{20\sim40}$	0.904	0.857	0.947	1.643	-0.631
点 $70_{0\sim20}$	0.91	0.812	0.893	1.864	-0.344
点 $70_{20\sim40}$	0.95	0.889	0.936	1.857	-0.379
剖 $1_{0\sim20}$	0.887	0.836	0.942	1.406	-0.607
剖 $1_{20\sim40}$	0.881	0.851	0.966	1.395	-0.436
剖 $2_{0\sim20}$	0.915	0.808	0.883	1.456	-0.285
剖 $2_{20\sim40}$	0.926	0.527	0.569	2.633	-0.034
剖 $3_{0\sim20}$	0.936	0.839	0.896	2.11	-0.34
剖 $3_{20\sim40}$	0.899	0.813	0.905	1.388	-0.353
剖 $4_{0\sim20}$	0.915	0.827	0.903	1.311	-0.317
剖 $4_{20\sim40}$	0.915	0.813	0.888	1.443	-0.223
剖 $5_{0\sim20}$	0.904	0.609	0.674	3.184	0
剖 $5_{20\sim40}$	0.881	0.82	0.931	1.37	-0.624
剖 $6_{0\sim20}$	0.941	0.858	0.912	1.5	-0.338
剖 $6_{20\sim40}$	0.921	0.843	0.915	1.206	-0.221

续表

样本名称	$D(0)$	$D(1)$	$D(1)/D(0)$	$\Delta\alpha$	Δf
剖 $7_{0\sim20}$	0.915	0.797	0.871	1.279	-0.366
剖 $7_{20\sim40}$	0.887	0.79	0.89	1.177	-0.171
剖 $8_{0\sim20}$	0.941	0.73	0.776	2.232	0
剖 $8_{20\sim40}$	0.881	0.801	0.909	1.359	-0.635

8.4.3 数据处理

1. 离群值处理

数据中发生概率很小的值称为离群值，为了使地统计分析结果具有说服力，在数据分析之前，通常要检查数据样本，剔除数据样本中的离群值。离群值的存在会影响变量的分布特征，检查时也要注意处理。为了减小离群值对分析结果的影响，在进行克里格插值之前必须对原始样本数据进行检验，识别和处理分析得到的离群值。因此，本研究在进行地统计分析之前先对离群值进行了处理。

本研究在 SPSS 17.0 软件中通过描述统计来识别离群值。识别出的离群值经过判断，是由于外界干扰、实验误差等原因造成实测数据值偏离正常结果。因此，选择将错误数据删除。

2. 正态分布检验

地统计学研究中，克里格插值法要基于平稳的假设，要求样本数据服从正态分布，如果数据不服从正态分布，那么会导致分析结果产生误差，从而影响分析结果的可靠性。因此，在对研究区土壤颗粒粒径分布多重分形参数进行分析前，首先要对各参数进行正态分布检验。

本研究利用 K-S 检验法检验了 78 个采样点数据的土壤颗粒粒径分布多重分形参数。表 8.4 给出了研究区土壤颗粒粒径分布多重分形参数 K-S 检验结果，结果表明，所有数据均符合正态分布（$p>0.05$），能满足平稳假设，可以进行地统计分析。

表 8.4 土壤颗粒多重分形参数描述性统计分析

参数	层次（cm）	极小值	极大值	均值	中值	标准差	偏度	峰度	变异系数（%）	K-S 检验 p 值
$D(0)$	0~20	0.83	0.95	0.9	0.9	0.03	1.1	-0.47	2.82	0.494
	20~40	0.83	0.95	0.9	0.9	0.03	0.85	0.45	2.90	0.184

续表

参数	层次（cm）	极小值	极大值	均值	中值	标准差	偏度	峰度	变异系数（%）	K-S检验 p值
$D(1)$	0~20	0.61	0.91	0.82	0.81	0.04	12.5	-1.8	4.54	0.059
	20~40	0.53	0.91	0.82	0.82	0.04	0.31	0.82	5.34	0.08
$D(1)/D(0)$	0~20	0.67	0.97	0.9	0.9	0.04	13.59	-2.6	4.45	0.052
	20~40	0.57	0.97	0.91	0.91	0.05	0.02	-0.34	5.33	0.834
$\Delta\alpha$	0~20	0.87	3.18	1.56	1.48	0.39	2.78	1.07	34.92	0.112
	20~40	1.11	2.63	1.53	1.41	0.32	0.76	1.07	21.27	0.053
$\Delta f(\alpha)$	0~20	0	0.62	0.35	0.35	0.11	1.51	0.52	33.21	0.058
	20~40	0	0.67	0.36	0.34	0.14	1.82	0.51	37.30	0.062

8.4.4　土壤颗粒分布多重分形参数的描述性统计分析

在建立变异函数理论模型之前，首先用传统统计学方法对土壤颗粒粒径分布多重分形参数进行描述性统计分析，也就是对一组数据的各种特征进行分析，以便于描述测量样本的各种特征及其所代表的总体特征。

由表8.4可以看出，所有指标均值和中值很接近，说明指标参数符合正态分布。

偏度和峰度都反映数据正态分布的特点。由表8.4可知，各个参数的偏度为0.02~13.59，参数 $D(1)/D(0)$ 的偏度最大为13.59，最小为0.02，各个参数的偏度检验值都为正值；峰度值检验结果表明各个参数的峰度为-2.60~1.07，参数 $\Delta\alpha$ 的峰度最大，为1.07，参数 $D(1)/D(0)$ 的 0~20 cm 峰度最小，为-2.60，除参数 $D(0)$ 的0~20 cm、$D(1)$ 的0~20 cm、$D(1)/D(0)$ 为负值外，其他参数的峰度值均为正值，表明呈现"高峰态"分布。

样本的标准差对均值的百分数称为变异系数 C_V（王政权，1999），通常利用该值的大小来预测样本的变异程度，认为变异系数值在10%以下时为弱变异，在10%和100%之间时为中等变异，而大于100%时为强变异。由表8.4可知，土壤颗粒粒径分布多重分形参数 $D(0)$、$D(1)$、$D(1)/D(0)$ 在0~20 cm和20~40 cm土层变异系数分别为2.82%、2.90%、4.54%、5.34%、4.45%、5.33%，$C_V<10\%$，属于弱变异；$\Delta\alpha$ 和 $\Delta f(\alpha)$ 在0~20 cm和20~40 cm土层变异系数分别为34.92%、21.27%、33.21%、37.30%，10%<C_V<100%属于中等变异。

8.4.5　土壤颗粒分布多重分形参数空间变异性的地统计分析

1. 空间结构特性

（1）变异函数拟合

空间变异函数是地统计学的基础，用来描述区域化变量结构性和随机性的空间特征，半方差函数参数包括块金值（nugget）、基台值（sill）、变程（range），可以表示区域化变量在一定尺度上的空间变异和相关程度（王政权，1999）。

当定量描述研究区域的变异特征时，需要选用不同的变异函数理论模型与半方差函数进行拟合。常用的理论模型是球状模型（spherical model）、高斯模型（Gaussian model）、指数模型（exponential model）。

本研究利用 ArcGIS 软件中的地统计模块对变异函数进行拟合，找出最优的拟合模型，之后利用交叉验证法来检验模型参数的合理性。通常选择最优模型的要求是模型拟合标准平均值趋于0，均方根预测误差最小，平均标准误差与均方根预测误差最为接近，标准均方根预测误差趋于1。所得到变异函数模型拟合参数见表8.5。

表 8.5　土壤颗粒多重分形参数的变异函数模型拟合参数

参数	深度 （cm）	最优模型	块金值	基台值	变程	块金值/基台值（%）
$D(0)$	0~20	高斯模型	0.000 45	0.000 67	0.001 55	67.35
	20~40	高斯模型	0.000 25	0.000 67	0.001 18	16.29
$D(1)$	0~20	指数模型	0.000 48	0.001 53	0.001 1	28.91
	20~40	指数模型	0.000 25	0.001 65	0.001 18	15.31
$D(1)/$ $D(0)$	0~20	高斯模型	0.000 58	0.002 09	0.001 68	27.63
	20~40	指数模型	0.000 57	0.001 71	0.001 18	33.25
$\Delta\alpha$	0~20	高斯模型	0.068 27	0.179 28	0.000 85	38.08
	20~40	球状模型	0.040 71	0.148 66	0.001 15	27.38
$\Delta f(\alpha)$	0~20	球状模型	0.002 32	0.003 02	0.001 2	76.88
	20~40	指数模型	0.008 53	0.013	0.001 2	65.11

（2）结构分析

土壤颗粒粒径分布的空间变异性同时受到结构性因素和随机性因素的影响。在变异函数模型中，C_0/C_0+C_1 表示空间变异性程度，比值在25%以下有很强的空间相关性，在25%~75%，说明具有中等空间相关性，大于75%说明空间相关性很弱（王政权，1999）。

由表8.5可知，参数 $D(0)$ 的 0~20 cm 土层、参数 $D(1)$ 的 20~40 cm 土层的 C_0/C_0+C_1 小于25%，具有强烈的空间自相关性，说明由土壤母质等结构性因素引起的变异为主要原因。参数 $D(0)$ 的 20~40 cm 土层、参数 $D(1)$ 的 0~20 cm 土层、参数 $D(1)/D(0)$ 的 0~20 cm 土层和 20~40 cm 土层、参数 $\Delta\alpha$ 的 0~20 cm 土层和 20~40 cm 土层、参数 $\Delta f(\alpha)$ 的 20~40 cm 土层的 C_0/C_0+C_1 在25%~75%，具有中等空间自相关性，说明其变异是由结构性因素和随机性因素共同作用的结果。参数 $\Delta f(\alpha)$ 的 0~20 cm 土层的 C_0/C_0+C_1 为 76.88%，大于 75%，具有很弱的空间自相关性，说明其变异主要由随机因素引起，主要是由于研究区在复垦过程中土壤经过分层排土、大型机械的反复压实及扰动，破坏了原有土壤空间分布格局。

研究区域内的除参数 $D(0)$ 的 0~20 cm 土层、参数 $D(1)$ 的 20~40 cm 土层和参数 $\Delta f(\alpha)$ 的 0~20 cm 土层外，其余各参数的 C_0/C_0+C_1 比值均在 25%~75%，说明主要由于结构性因素和随机因素共同作用引起的空间变异。因此，从各参数空间自相关性的分析可以得知，在本研究区域内，各参数仍然存在着一定程度的空间相关性，不仅受结构性因素，如土壤类型、地形、母质、气候等的影响，而且大部分是由结构性因素和随机因素共同作用引起的空间变异。

2. 空间分布特征分析

本研究利用地统计学方法分析了研究区土壤颗粒分布多重分形参数的空间分布状况。通过变异函数模型拟合，使用 ArcGIS 软件的 Kriging 插值方法对土壤颗粒粒径分布多重分形参数进行最优插值，得到了研究区土壤颗粒粒径分布多重分形参数的空间分布图（图 8.18 ~ 图 8.22）。

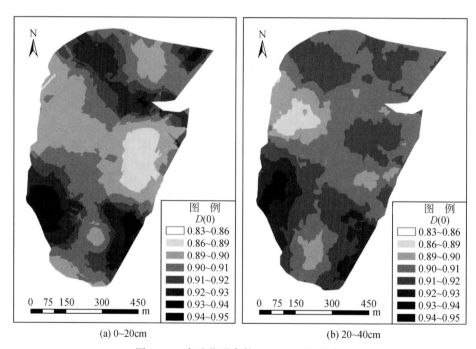

图 8.18　多重分形参数 $D(0)$ 空间分布

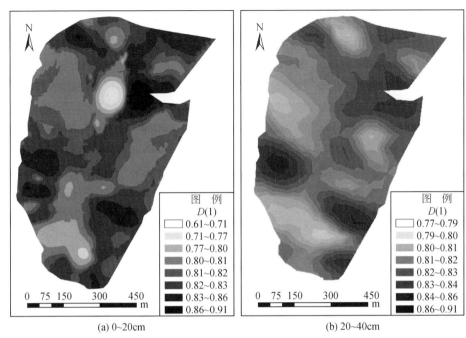

(a) 0~20cm　　　　　　　　　　(b) 20~40cm

图 8.19　多重分形参数 D（1）空间分布

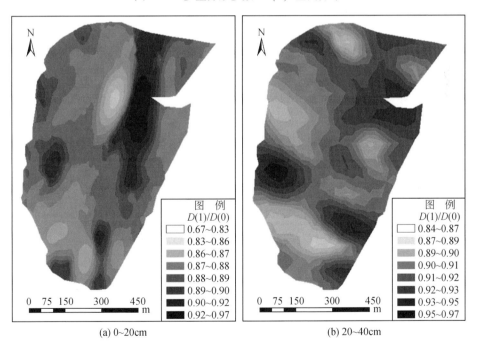

(a) 0~20cm　　　　　　　　　　(b) 20~40cm

图 8.20　多重分形参数 D（1）/D（0）空间分布

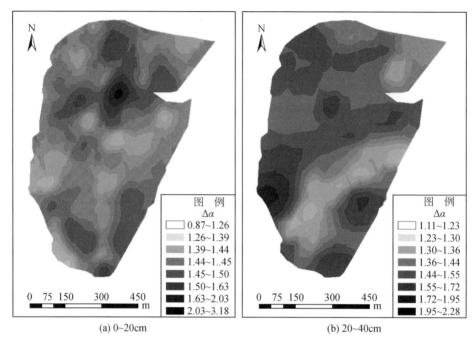

(a) 0~20cm   (b) 20~40cm

图 8.21 多重分形参数 $\Delta\alpha$ 空间分布

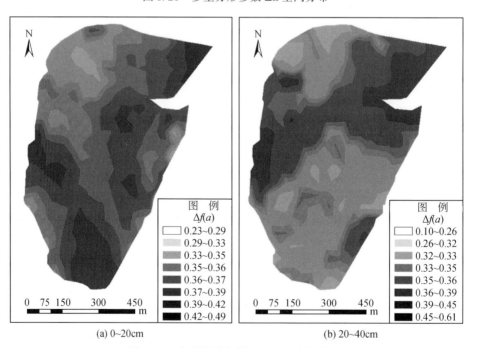

(a) 0~20cm   (b) 20~40cm

图 8.22 多重分形参数 $\Delta f(\alpha)$ 空间分布

研究区土壤颗粒分布多重分形参数 D (0) 在 0~20 cm 土层的高值区呈现在北部和南部，其他区域分布较低。在 20~40 cm 土层，高值范围逐渐减小，说明研究区参数 D (0) 在土壤 0~20 cm 深度的变异性比 20~40 cm 大。容量维 D (0) 越大就代表土壤粒径分布的范围越宽（周炜星等，2000），且随着土层深度的增加，D (0) 逐渐减小，表明随着深度的增加，土壤粒径分布范围变小。原因可能是表层重构土壤压实较轻。

研究区土壤粒径分布多重分形参数 D (1) 在 0~20 cm 土层高值区分布在北部、西南和东南，在 20~40 cm 土层高值区域范围增大，中东部含量变高。信息熵维数 D (1) 反映了颗粒分布测度的集中度，它可以表征土壤粒径分布的不均匀程度，D (1) 越大表示土壤的不均匀程度越高（周炜星等，2000）。随着土层的加深，土壤不均匀程度变大。这是由于深层土壤被压实，受人为扰动和风化影响小。

研究区土壤粒径分布多重分形参数 D (1) /D (0) 在 0~20 cm 土层的高值区呈现在北部和中东部，中西部、北部分布较少。在 20~40 cm 土层高值区分布在中东部和东北部，并且范围逐渐变大。信息熵维数和容量维数的比值 $D(1)/D(0)$ 反映土壤粒径分布的离散程度，D (1) /D (0) 接近于 1 时表明颗粒分布主要集中于密集区，均匀性越好；接近于 0 时说明颗粒分布集中于稀疏区域。由此可知，20~40 cm 土层土壤粒径分布测度在颗粒分布的密集区域大于 0~20 cm 土层。

研究区土壤粒径分布多重分形参数 $\Delta\alpha$ 在 0~20 cm 土层的高值区呈现在中北部偏上和北部，其他区域分布较低。在 20~40 cm 土层高值区分布在西南部、中部、西北部和东南部，分布范围逐渐变大。多重分形谱谱宽 $\Delta\alpha$ 反映整个分形结构的物理量概率测度分布的非均匀程度。$\Delta\alpha$ 越大则土壤的非均匀性越大，土壤颗粒分布越不均匀（管孝艳等，2011a；Bird et al.，2006）。随着土层深度的增加，土壤粒径组成的不均匀程度增加，可能是由于表层受到人为扰动等因素的影响较大。

研究区土壤粒径分布多重分形参数 Δf (α) 在 0~20 cm 土层的高值区呈现在南部、中东部和东北部，在 20~40 cm 土层高值区分布在东北部、北部和中西部，其他区域分布较低。Δf (α) 用来表征土壤颗粒粒径分布的非均匀性，随着土层的加深，空间变异性变小，说明土壤颗粒粒径是小概率子集占主导地位。

8.5　小　　结

本章通过引入多重分形理论，对山西平朔矿区安太堡露天煤矿排土场不同剖面重构工艺下的复垦土壤粒径分布进行了多重分形参数测算，并对多重分形参数的特征及相互关系进行了分析，得出以下结论。

1) 黄土区大型露天煤矿排土场重构土壤颗粒组成具有明显的多重分形特征，$D(0)$、$D(1)$、$D(1)/D(0)$、$\Delta\alpha$ 和 Δf 都能较好地从不同角度反映土壤颗粒分布的非均匀质特征。

2) 黄土重构剖面的土壤粒径分布范围较小、测度集中程度较高、离散程度较小，土壤粒径组成非均匀性低，对改变土壤颗粒分布的作用优于含煤矸石和砾石重构剖面。重构剖面 0~90 cm 土壤多重分形参数变化明显，黄土区表层土壤覆盖厚度应在 90 cm 以上，煤矸石和砾石对重构土壤颗粒的离散程度有一定影响，应排弃在 90 cm 以下土层，以减小对土壤颗粒组成变化的影响，提高植被恢复效果。

3) 黄土区大型露天煤矿排土场重构土壤颗粒组成的小概率子集占主导地位，土壤大颗粒较多。土壤中的砾石会增加土壤的大孔隙数量，降低土壤的保水能力，田间持水量和饱和含水量随之降低，且影响土壤物理、化学、生物重构的进行。

4) 黄土区大型露天煤矿排土场土壤理化性质在相同剖面不同深度和不同剖面相同深度情况下的标准差和均值显示，砾石含量、田间持水量、饱和含水量、速效磷受到重构模式的影响，速效氮、速效钾受深度影响为主，干容重、电导率、有机质、全氮同时受重构模式和深度变化的影响，土壤 pH 受深度及重构模式的影响较小。

5) 黄土区大型露天煤矿排土场多重分形参数之间具有较好的相关性，可以简化选择 $D(0)$、$D(1)/D(0)$ 和 Δf，或者选择 $D(0)$、$D(1)/D(0)$ 和 $\Delta\alpha$ 3 个参数实现对黄土区露天煤矿重构土壤颗粒组成分布的定量表征。土壤干容重、田间持水量、电导率、速效磷、速效钾与 $\Delta\alpha$ 相关性较好，pH、有机质、全氮、速效氮与 Δf 相关性较好，土壤砾石含量和饱和含水量与 $D(1)/D(0)$ 相关性较好。

6) 研究区内土壤颗粒多重分形参数均显示出了明显的空间分布差异，除参数 $\Delta\alpha$ 外，其他参数的变异性均随深度的增加而减小。

第9章 黄土区露天煤矿复垦土壤孔隙分布的多重分形表征

黄土高原露天煤矿区水资源紧缺，生态环境脆弱。在生态脆弱区如何对采矿重度损毁的土壤结构进行重构是实现黄土高原露天煤矿区排土场土地复垦与生态恢复的基础与关键，由于受研究理论和方法的限制，目前还未实现对复垦重构土壤形态与性质的定量化表征。基于此，本章应用现代先进CT扫描技术，在获取重构土壤孔隙分布后，拟引进多重分形理论，实现对黄土高原露天煤矿区排土场土壤重构过程中土壤孔隙结构的定量表征，在深入分析各因素在排土场土壤重构过程中对土壤孔隙结构异质性影响的基础上，创新性地引入多重分形理论对土壤孔隙结构的演替过程进行定量表征，并通过构建各表征参数之间的关系模型，深入剖析黄土高原生态脆弱露天煤矿区排土场土壤结构重构机理，探讨重构排土场土壤孔隙结构的有效改良措施，从而为黄土高原露天煤矿区排土场复垦与生态恢复提供坚实的理论基础和技术支撑。

9.1 土壤孔隙分布的多重分形方法

9.1.1 土壤样品采集

为了研究排土场和复垦后重构土壤孔隙结构的变化趋势，根据安太堡煤矿排土后的复垦场年限，选择复垦23年（Y23）、复垦20年（Y20）、排土后未复垦（Y0），以及原地貌（Y）作为对照组采集土壤样品。所选排土场表层均为黄土母质覆盖，开挖深度为100 cm的土壤剖面，分层采集0~25 cm、25~50 cm、50~75 cm土层的土壤样品。样品为直径2 cm，高10 cm的原状土柱，将原状土柱密封以供实验扫描。具体采样点位置见表9.1，各土壤剖面及采样点地表植被如图9.1、图9.2所示。

表9.1 取样点具体位置

采样点样地	坐标	表层土壤覆盖类型	主要植被类型
复垦23年	112°33′E, 39°45′N	黄土覆盖	榆树、油松、刺槐、

采样点样地	坐标	表层土壤覆盖类型	主要植被类型
复垦 20 年	112°31′E，39°49′N	黄土覆盖	沙棘、榆树、刺槐
排土后未复垦	112°33′E，39°50′N	黄土覆盖	无
原地貌	112°31′E，39°46′N	黄土覆盖	杨树、草地

(a)复垦23年土壤剖面(Y23)

(b)复垦20年土壤剖面(Y20)

(c)排土后未复垦土壤剖面(Y0)

(d)原地貌土壤剖面(Y)

图 9.1　典型复垦区开挖剖面情况

(a)复垦23年土壤样点地表植被　　　　　　　(b)复垦20年土壤样点地表植被

(c)排土后未复垦土壤样点地表植被　　　　　(d)原地貌土壤样点地表植被

图 9.2　典型复垦区地表植被情况

9.1.2　样品 CT 扫描与处理

1. 样品 CT 扫描

将所采集的土壤样品送至航天特种材料及工艺技术研究所进行 CT 测试。所用 CT 机为 X 射线数字岩心分析设备 Nanotom。Nanotom 可对各种直径尺寸的岩石进行微米/纳米级别的结构和物理特性分析，具有优越的三维扫描及多种特征参数分析功能，如孔隙率、粒度等。利用 X 射线数字岩心扫描分析设备可以通过计算机层析成像 CT 扫描完成对土壤等多孔介质在不被破坏状态下的静态物理参数的完整描述，并直观地描述土壤的特性，如孔隙度分布、密度变化等。

CT 扫描参数为最大管电压为 180kV，平板探测器像素尺寸 ≤50 μm，像素数量为 2200×2200，最小体元像素尺寸<0.5 μm，最大样品直径为 120 mm，最大样品高度为 150 mm，全封闭防护安全屏蔽室泄漏率<1 μSv/h，220V50Hz，压缩空气为 6 bar，使用环境温度为 10 ~ 30℃，环境湿度最大为 90%，无冷凝。由于体元分辨率与样品的直径和密度相关，经过反复测试，最终选取土壤样品直径为 2 cm，高为 10 cm 的原状土柱（图9.3），本分析设备的最小体元分辨率为9μm，能够较好地测试到土壤中大、中、小孔隙的分布。

图9.3　CT 扫描样品

2. CT 图像处理

将得到的土样横断面 CT 扫描图（图9.4）导入计算机，在软件 Photoshop 中选择图像——模式——灰度选项，将 RGB 彩色图像转化为灰度图，保存为 BMP 格式。将 BMP 图片导入 ArcGIS 地理信息系统软件，利用 Spatial Analyst Tools 将灰度图像二值化，二值化过程中阈值通过以下方法确定：对扫描图像未二值化土样中的大孔隙进行图像分析，计算大孔隙的大小，将不同阈值下二值化后该孔隙的大小与之进行比较，如果相差较大，重新设定阈值进行计算，直到所计算出的孔隙面积与未二值化的孔隙面积差值在 0.1 以内，即可近似地认为二值化的孔隙面积等同于真实孔隙面积。二值化后的图像中黑色区域表示孔隙，白色区域表示土壤基质，将黑色的孔隙域用多边形表示，识别标志为"1"，一些松散的土壤团粒识别标志为"0"。再利用 Conversion Tool 中的 Raster to polygon 将二值化的图像矢量化，矢量化图如图9.5 所示，统计图中属性表中孔隙的面积、周长，最后将属性表转化为 excel 表格导出。从 CT 扫描图像中可以看出，土柱边缘存在许多分离的土壤团粒，以及未填充土壤的间隙，在统计指标之前要将其删除，以免影响土壤孔隙的计算结果。

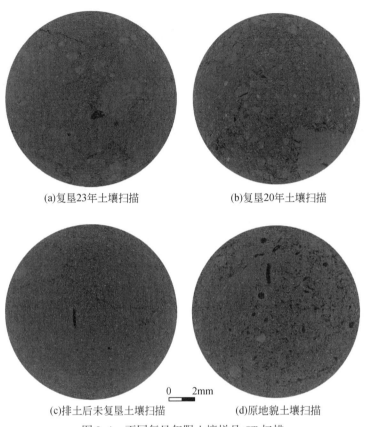

(a)复垦23年土壤扫描   (b)复垦20年土壤扫描

0   2mm

(c)排土后未复垦土壤扫描   (d)原地貌土壤扫描

图9.4 不同复垦年限土壤样品 CT 扫描

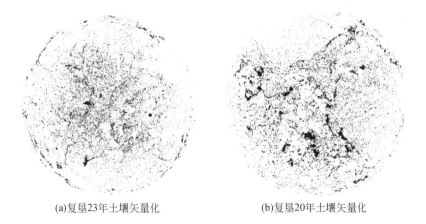

(a)复垦23年土壤矢量化   (b)复垦20年土壤矢量化

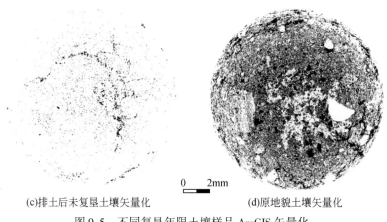

0　　2mm

(c)排土后未复垦土壤矢量化　　　　　　　(d)原地貌土壤矢量化

图9.5　不同复垦年限土壤样品 ArcGIS 矢量化

3. 数据处理

根据得到的统计横断面各孔隙面积 A、周长 P 的表格，计算各土样土壤横断面中孔隙的当量直径（ED）（周虎等，2010），计算公式为当量直径（ED）＝ $2(A/\pi)^{1/2}$，由于本实验样品直径较小，扫描的精度较高，可以将土壤中的较小孔隙扫描出来，结合前人的研究进展（Warner et al.，1989；Luxmoore et al.，1990；周虎等，2010），确定本研究利用当量直径划分的孔隙大小：大孔隙（ED＞100 μm）、中孔隙（30 μm≤ED≤100 μm）、小孔隙（ED＜30 μm）。土壤孔隙度为各孔隙总面积与图像总面积之比。

统计孔隙总数目、不同大小孔隙的数目和孔隙度，分析这些参数在土壤深度上的分布规律。绘制各土壤断面孔隙数量及孔隙度图。

9.1.3　土壤孔隙分布的分形理论方法

1. 分形理论

分形（fraetal）这个名词最初出现在曼德尔布罗特（Mandelbrot）于1967年发表的《英国的海岸线有多长》中，其指出海岸线具有形貌上的自相似性，即具有分形特征。随后，曼德尔布罗特提出了分形更通俗的定义：局部以某种方式与整体相似的形体，即局部之间、局部与整体之间在形态、空间、功能等方面具有自相似性。随后，人们利用分形的思想解决了一些之前无法解决的难题，并逐步创立了分形几何学这一新兴学科。

2. 分形维数

传统几何学中几何体的维数通常是整数维，如直线的维数为 1，平面图像的维数是 2，立体空间维数是 3。在分形中，维数不一定要是整数，如海岸线的维数通常为 1. 15～1. 25，对于一个对象，只有通过使用非整数维数尺度去度量它，才能准确地反映它的不规则性和复杂程度，这个非整数的维数就称为分形维数（fractal dimension，FD）。在分形几何理论中，用于计算分形维数的方法有很多种，主要包括盒维数、豪斯多夫维数（Hausdorff dimension）、相似维数等，对不同的分形对象，可根据其特点选择不同的分形维数和相应的计算方法（冯杰和郝振纯，2004）。

本研究在计算多重分形时所用的是计盒维数法，设 A 是 R^n 空间的任意非空有界集合，用任意一个 $\varepsilon > 0$ 的小盒子去覆盖，$N(\varepsilon)$ 为覆盖 A 所需要边长为 ε 的盒子的最小数目。如果存在一个数 d，使得当 $\varepsilon \to 0$ 时：

$$N(\varepsilon) \propto 1/\varepsilon^d \qquad (9\text{-}1)$$

式中，d 为 A 的盒计维数，且当且仅当存在唯一的正数 k 使得

$$\lim_{\varepsilon \to 0} \frac{N(\varepsilon)}{1/\varepsilon^d} = k \qquad (9\text{-}2)$$

两边方程取对数得到 d：

$$d = \lim_{\varepsilon \to 0} \frac{\lg k - \lg N(\varepsilon)}{\lg \varepsilon} = \lim_{\varepsilon \to 0} \frac{\lg N(\varepsilon)}{\lg \varepsilon} \qquad (9\text{-}3)$$

选取一组离散的值，ε_1，ε_2，$\cdots \varepsilon_n$，计算出相应的盒子数 $N(\varepsilon)$，绘制以 $\lg \varepsilon$ 为横坐标、以 $\lg N(\varepsilon)$ 为纵坐标的对数函数曲线，拟合线的斜率可作为其分形维数的近似值。

9.1.4　多重分形算法

1. 多重分形原理

上节中所讲的大部分是在研究分形体结构时，众多学者只是简单地计算分形维数，即单重分形。但是在很多情况下，单重分形维数只能对所研究的对象进行整体的、平均的描述与表征，无法反映不同区域、不同层次、不同局域条件下的各种复杂的分形结构的精细信息，为此人们提出了多重分形的概念。其概念首先由 Mandelbrot 和 Renyi 引入，多重分形（multifractal）也称为标度分形或复分形，常用来表示一个整体特征的分形维数所不能完全描述的奇异性几率分布，它能够精确地得到研究对象在不同尺度上的分形特征。

2. 土壤孔隙分布多重分形广义维数的计算

若土壤扫描图像的大小为 $R \times R$，设像素大小为 R_{min}，孔隙度为 $0 < \Phi < 1$，用边长为 ε（$R_{min} < \varepsilon < R$）的盒子去覆盖图像，包含孔隙的盒子数量记为 $N(\varepsilon)$，如果存在幂率关系：$N(\varepsilon) \propto \varepsilon^{-D_0}$，则可以认为所研究的对象具有分形特征。计盒子中孔隙所占的比例为 $p_i(\varepsilon)$：

$$p_i(\varepsilon) = \frac{M_i(\varepsilon)}{\phi R^2} \tag{9-4}$$

式中，$M_i(\varepsilon)$ 为边长为 ε 的 i 盒子中中孔隙的数量。实际计算中一般应用矩方法计算广义维 D_q，对各个盒子中的孔隙所占的比例 q 阶矩加权求和，记为 $X(q, \varepsilon)$：$X(q, \varepsilon) = \sum_{i=1}^{n(\varepsilon)} p_i^q$，在各个 q 下 $X(q, \varepsilon)$ 和 ε 之间具有以下关系：

$$\tau(q) = \lim_{\varepsilon \to 0} \frac{\lg X(q, \varepsilon)}{\lg \varepsilon} \tag{9-5}$$

式中，$\tau(q)$ 为 q 阶质量指数，广义维 D_q 和 $\tau(q)$ 具有关系 $\tau(q) = (1-q)D_q$，D_q 可表示为

$$D_q = \lim_{\varepsilon \to 0} \frac{1}{1-q} \frac{\lg \sum_1^{N(\varepsilon)} p_i^q}{\lg \varepsilon} \tag{9-6}$$

当 q 值为 0，1，2 时，均为广义维的特例。可以通过式（9-7）～式（9-9）进行计算：

$$D_0 = \lim_{\varepsilon \to 0} \frac{\lg N(\varepsilon)}{\lg \varepsilon} \tag{9-7}$$

$$D_1 = \lim_{\varepsilon \to 0} \frac{\lg \sum_1^{N(\varepsilon)} p_i \lg(p_i)}{\lg \varepsilon} \tag{9-8}$$

$$D_2 = \lim_{\varepsilon \to 0} \frac{\lg \sum_1^{N(\varepsilon)} p_i^2}{\lg \varepsilon} \tag{9-9}$$

式中，D_0 为容量维，代表研究对象分布范围大小；D_1 为信息维，反映了研究对象测度的集中度；D_2 为关联维，目前还未探究出其所代表的含义。

函数 $X(q, \varepsilon)$ 与盒子大小（ε）的双对数曲线，即 $\ln X(q, \varepsilon) - \ln(\varepsilon)$ 是否呈线性是判断研究对象是否具有多重分形特征的重要指标，若为一条直线，则适合用多重分形谱理论进行分析。利用以上各式计算出本研究相应的 $\ln X(q, \varepsilon)$ 和 $\ln(\varepsilon)$，绘制 $\ln X(q, \varepsilon) - \ln(\varepsilon)$ 曲线，如图 9.6 所示。

如图 9.6 所示，当 $q > 0$ 时，$\ln X(q, \varepsilon)$ 与 $\ln(\varepsilon)$ 有很好的线性关系，满足标度不变性，斜率为正；当 $q < 0$ 时，随着 q 的减小，$\ln X(q, \varepsilon)$ 与 $\ln(\varepsilon)$ 逐渐偏离线

性关系，斜率为负。当 $q \leqslant -1$ 时，$\ln X(q, \varepsilon)$ 与 $\ln(\varepsilon)$ 在 1～2048 像素范围内分为两个明显不同的区域。$\ln X(q, \varepsilon)$ 在 1～256 像素时较为平缓；在 256～2048 像素范围内二者具有较好的线性特征。在研究土壤孔隙多重分形特征时，需剔除小尺度的数据，选取具有分形特征的部分进行分析。因此，根据要求本研究选取 256～2048 像素部分进行广义维谱的计算，R^2 均大于 0.91。

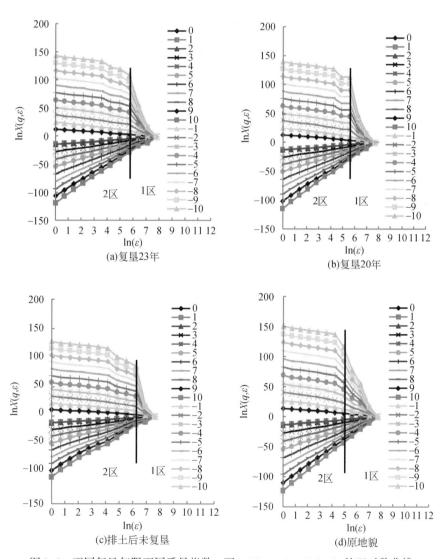

图9.6 不同复垦年限不同质量指数 q 下 $\ln X(q, \varepsilon) - \ln(\varepsilon)$ 的双对数曲线

3. 土壤孔隙分布多重分形谱的计算

构建一个配分函数用于储存 q 由正值到负值变化过程中变量的值：

$$\mu_i(q,\ \varepsilon) = \frac{p_i^q}{\sum\limits_{i=1}^{n(\varepsilon)} p_i^q} \tag{9-10}$$

重构土壤孔隙分布的多重分形奇异性指数为

$$\alpha(q) = \lim_{\varepsilon \to 0} \frac{\sum\limits_{i=1}^{M(\varepsilon)} \mu_i(q,\ \varepsilon) \lg[p_i(\varepsilon)]}{\lg\varepsilon} \tag{9-11}$$

重构土壤孔隙分布的多重分形谱函数为

$$f[\alpha(q)] = \lim_{\varepsilon \to 0} \frac{\sum\limits_{i=1}^{N(\varepsilon)} \mu_i(q,\ \varepsilon) \lg[\mu_i(q,\ \varepsilon)]}{\lg\varepsilon} \tag{9-12}$$

式中，$\alpha(q)$ 为奇异性指数；$f(q)$ 为 $\alpha(q)$ 的维数分布函数。由以上各式通过 Matlab R2008a 程序软件进行编程，计算 q 的取值范围为 $-10 \leqslant q \leqslant 10$，以 1 为步长计算土壤孔隙分布的多重分形广义维数谱 $D(q)$、多重分形奇异性指数 $\alpha(q)$，以及多重分形谱函数 $f[\alpha(q)]$。记 $\Delta D = D_{-10} - D_{10}$，$\Delta\alpha = \alpha_{-10} - \alpha_{10}$，$\Delta\alpha$ 反映了整个分形结构上物理量的概率测度分布的不均匀程度，奇异性指数 α 和多重分形谱函数 $f(\alpha)$ 能够表述多重分形的局部特征。

9.2　复垦土壤孔隙分布特征

土壤孔隙的结构影响土壤中水资源的转化、储存和利用。土壤结构由土壤中的固相颗粒或土壤团聚体，以及土壤中的孔隙构成。土壤孔隙的数目、大小、形状、连通性及空间分布等性质，决定着土壤中水分、养分的流动状态及持水性能。植被能明显改善土壤结构状况，并随着植被群落自然恢复的演替，逐渐增大土壤的孔隙度，提高土壤蓄水及持水能力。

9.2.1　孔隙结构图像特征

不同复垦年限排土场及原地貌土壤处理后的图像能够比较直观地表现出不同复垦年限排土场及原地貌土壤孔隙的分布。

图 9.7 是不同复垦年限、排土后未复垦及原地貌在 0~25 cm、25~50 cm、50~75 cm 深度的土壤孔隙的分布状况。由图 9.7 可以看出，排土后未复垦土壤相比于原地貌和已复垦的土壤孔隙数量最少，且其可见的土壤大孔隙数量也最少，

土壤中孔径的分布比较均一，而复垦 23 年土壤的孔隙数量较多，可见的大孔隙数量也较多，复垦 20 年土壤中的可见大孔隙比复垦 23 年土壤多，但是二者与原地貌孔隙数量相比还是有一定的差距，且相比于排土后未复垦土壤其二者的孔隙孔径分布不均一，原地貌样品土壤孔隙数量和可见大孔隙最多，且其孔径分布不均匀，说明随着复垦年限的增加，植被恢复等作用使得复垦后排土场的土壤孔隙状况逐渐接近于原地貌，而原地貌由于以草地类型为主，人为活动的影响在一定程度上导致土壤孔隙分布不均一。统计不同土壤孔隙数量及孔隙度等属性来分析孔隙分布规律。

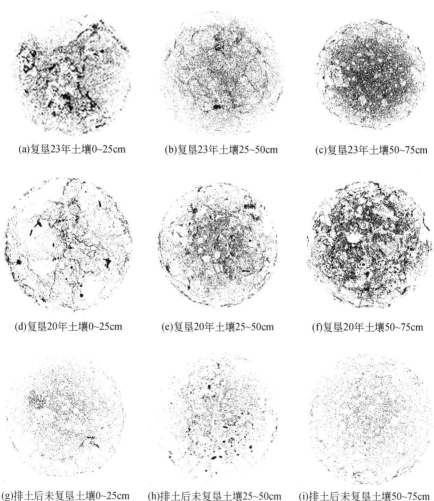

(a)复垦23年土壤0~25cm　　　(b)复垦23年土壤25~50cm　　　(c)复垦23年土壤50~75cm

(d)复垦20年土壤0~25cm　　　(e)复垦20年土壤25~50cm　　　(f)复垦20年土壤50~75cm

(g)排土后未复垦土壤0~25cm　　(h)排土后未复垦土壤25~50cm　　(i)排土后未复垦土壤50~75cm

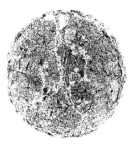 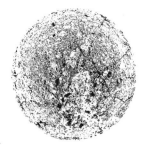 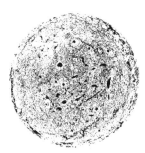

(j)原地貌土壤0~25cm (k)原地貌土壤25~50cm (l)原地貌土壤50~75cm

图 9.7 不同复垦年限不同土层深度土壤孔隙分布

9.2.2 相同复垦年限不同土层深度孔隙数量与孔隙度变化

土壤由固体土壤颗粒、团聚体和粒间、团聚体间孔隙所组成，其中孔隙容纳着水分、养分和空气等。大孔隙运移水分养分，小孔隙更多的则是蓄水。适宜植被生长的土壤应当既能储蓄水分，运移养分，又有适当的通气性。土壤孔隙度影响着土壤质地、松紧度、结构和通气透水及根系分布状况，是反映土壤通透性的重要指标。对于不同利用类型的土壤，其孔隙状况与土壤上种植的作物状况（植被组成、植被年龄、耕作状况等）密切相关。可以通过对土壤孔隙数量及孔隙度的研究，探讨复垦后排土场植被的恢复状况，评价土壤重构的好坏。由于扫描精度的要求，本书中扫描土壤高度为 10 cm，在研究时可将 10 cm 内的土壤视为 0 ~ 25 cm 深度的土壤分布进行分析，以下均同理。本研究相同复垦年限土壤孔隙随深度变化见表 9.2 ~ 表 9.5 及图 9.8 ~ 图 9.11。

表 9.2 复垦 23 年土壤（Y23）不同土层深度孔隙分布

深度 （cm）	孔隙数量（个）				孔隙度（%）			
	ED>100μm	30μm≤ED ≤100μm	ED<30μm	总孔隙 数量	大孔隙度	中孔隙度	孔隙度	总孔隙度
5	336	4 017	4 361	8 714	6.69	3.65	0.55	10.89
10	462	3 915	4 023	8 400	4.09	3.95	0.5	8.54
15	459	4 756	4 702	9 917	6.39	4.58	0.59	11.56
20	576	4 934	4 874	10 384	5.17	4.87	0.61	10.66
25	541	3 738	3 347	7 626	6.62	3.89	0.42	10.94
30	134	4 524	6 980	11 638	1.09	3.64	0.85	5.58
35	152	4 744	7 273	12 169	1.49	3.8	0.88	6.17

续表

深度 (cm)	孔隙数量（个）				孔隙度（%）			
	ED>100μm	30μm≤ED ≤100μm	ED<30μm	总孔隙 数量	大孔隙度	中孔隙度	孔隙度	总孔隙度
40	193	5 008	6 856	12 057	1.58	4.18	0.81	6.57
45	409	6 022	5 729	12 160	4.15	5.65	0.71	10.51
50	276	4 949	4 614	9 839	2.23	4.54	0.58	7.34
55	1 049	6 991	4 915	12 955	10.69	7.56	0.63	18.88
60	1 001	7 340	5 192	13 533	10.87	7.77	0.64	19.29
65	1 100	7 302	4 889	13 291	10.04	8	0.61	18.65
70	1 193	7 047	4 683	12 923	9.94	7.73	0.59	18.25
75	1 240	7 515	4 762	13 517	10.21	19.13	0.59	29.93

注：ED>100 μm 代表大孔隙，0 μm≤ED≤100 μm 代表中孔隙，ED<30 μm 代表小孔隙。下同。

表 9.3　复垦 20 年土壤（Y20）不同土层深度孔隙分布

深度 (cm)	孔隙数量（个）				孔隙度（%）			
	ED>100μm	30μm≤ED ≤100μm	ED<30μm	总孔隙 数量	大孔隙度	中孔隙度	小孔隙度	总孔隙度
5	240	3 029	3 442	6 711	2.95	2.73	0.42	6.1
10	229	3 063	3 752	7 044	2.99	2.62	0.46	6.07
15	189	2 430	3 068	5 687	3.26	1.98	0.37	5.62
20	204	2 485	3 013	5 702	2.55	2.15	0.37	5.06
25	170	2 022	2 386	4 578	3.53	1.8	0.29	5.62
30	412	5 214	4 642	10 268	4.24	4.85	0.56	9.65
35	566	5 286	4 221	10 073	5.36	5.34	0.52	11.22
40	457	4 915	3 953	9 325	5.62	4.83	0.49	10.94
45	446	5 215	3 922	9 583	3.81	5.12	0.49	9.42
50	497	5 187	4 204	9 888	4.08	5.15	0.52	9.75
55	1 123	6 051	3 806	10 980	14.31	1.8	0.48	9.02
60	621	4 224	3 400	8 245	7.42	1.52	0.42	6.29
65	668	3 624	3 007	7 299	15.34	1.76	0.36	5.88
70	938	4 584	3 120	8 642	15.9	2.1	0.38	7.47
75	991	4 574	2 982	8 547	19.6	1.62	0.37	7.04

表9.4 排土后未复垦土壤（Y0）不同土层深度孔隙分布

深度（cm）	孔隙数量（个）				孔隙度（%）			
	ED>100μm	30μm≤ED≤100μm	ED<30μm	总孔隙数量	大孔隙度	中孔隙度	小孔隙度	总孔隙度
5	49	2 879	3 656	6 584	0.42	2.28	0.44	3.14
10	48	1 381	2 139	3 568	0.49	1.06	0.26	1.81
15	86	1 586	2 288	3 960	0.68	1.26	0.28	2.22
20	56	2 198	3 205	5 459	0.43	1.67	0.39	2.49
25	101	1 684	2 495	4 280	1.04	1.34	0.3	2.68
30	147	2 211	2 078	4 436	1.49	1.98	0.26	3.73
35	114	1 889	1 904	3 907	0.91	1.73	0.22	2.86
40	74	1 639	2 412	4 125	0.58	0	0.28	0.86
45	46	1 540	2 089	3 675	0.58	1.17	0.24	2
50	38	1 807	1 996	3 841	0.21	1.48	0.24	1.92
55	41	2 502	3 912	6 455	0.38	1.8	0.47	2.65
60	28	2 215	3 610	5 853	0.23	1.52	0.42	2.17
65	29	2 466	3 662	6 157	0.15	1.76	0.43	2.35
70	39	2 893	4 106	7 038	0.25	2.1	0.49	2.85
75	28	2 259	3 161	5 448	0.27	1.62	0.38	2.27

表9.5 原地貌土壤（Y）不同土层深度孔隙分布

深度（cm）	孔隙数量（个）				孔隙度（%）			
	ED>100μm	30μm≤ED≤100μm	ED<30μm	总孔隙数量	大孔隙度	中孔隙度	小孔隙度	总孔隙度
5	1 515	7 903	14 052	23 470	29.6	8.25	1.41	39.26
10	1 553	8 258	16 912	26 723	31.73	8.64	1.65	42.02
15	1 446	7 648	13 693	22 787	28.71	8.15	1.37	38.23
20	1 169	6 573	11 607	19 349	33	6.74	1.2	40.94
25	1 210	6 984	12 404	20 598	20.25	7.27	1.24	28.75
30	1 128	6 261	3 878	11 267	14.97	7.01	0.5	22.49
35	1 196	6 125	3 810	11 131	16.73	6.99	0.48	24.21
40	1 370	6 670	3 782	11 822	16.54	7.64	0.47	24.65
45	1 309	7 042	3 956	12 307	15.69	7.96	0.49	24.14
50	1 175	6 075	3 733	10 983	13.09	6.92	0.47	20.47

续表

深度 (cm)	孔隙数量（个）				孔隙度（%）			
	ED>100μm	30μm≤ED ≤100μm	ED<30μm	总孔隙 数量	大孔隙度	中孔隙度	小孔隙度	总孔隙度
55	776	4 908	3 877	9 561	14.94	5.04	0.49	20.47
60	840	5 062	3 725	9 627	12.33	5.31	0.46	18.1
65	969	5 713	4 027	10 709	13.54	5.94	0.5	19.98
70	924	5 970	4 201	11 095	13.34	6.34	0.52	20.19
75	1 004	5 692	4 004	10 700	13.32	6.18	0.5	19.99

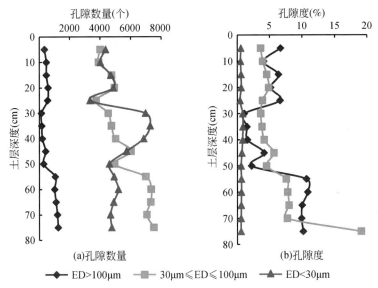

图 9.8 复垦 23 年土壤（Y23）不同土层深度土壤孔隙分布

从表 9.2 ~ 表 9.5 及图 9.8 ~ 图 9.11 中可以看出，复垦 23 年土壤中的总孔隙数量总体随土层深度的增加逐渐加大，总孔隙度的变化随深度的增加呈现先减小后增加的趋势；复垦 20 年的土壤中总孔隙数量及总孔隙度都随深度的增加呈现先增加后减小的趋势；排土后未复垦的土壤中总孔隙数量及总孔隙度整体呈现先减小后增加的趋势；原地貌土壤总孔隙数量及总孔隙度随土层深度的增加逐渐减小。

复垦 23 年土壤中的大孔隙数量在 0 ~ 25 cm 深度处随深度的增加大孔隙数量增加，在 25 ~ 50 cm 处随着深度的增加大孔隙数量逐渐减少，而在 50 ~ 75 cm 处随着深度的增加大孔隙数量增加。土壤中的中孔隙数量整体趋势是随着深度的增加孔隙数量也增加。土壤中的小孔隙数量随着深度的增加呈现先增加后减少的趋势。

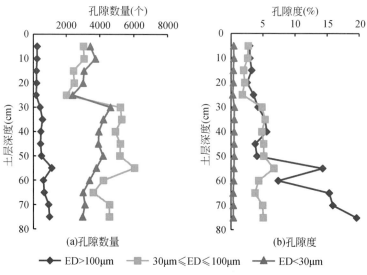

图9.9 复垦20年土壤 (Y20) 不同土层深度土壤孔隙分布

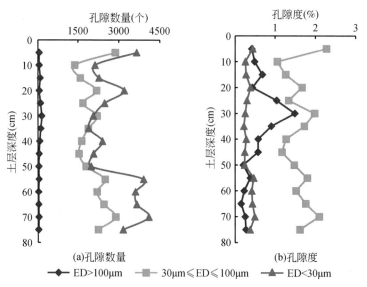

图9.10 排土后未复垦土壤 (Y0) 不同土层深度土壤孔隙分布

土壤孔隙度能更好地表现土壤结构的好坏，土壤中大孔隙度在0~75 cm处随着深度的增加先减小后增加，在50~75 cm深度处土壤中的大孔隙度最大，在25~50 cm深度处土壤中的大孔隙度最小。土壤中的中孔隙度在0~75 cm深度整体呈现随深度的增加孔隙度逐渐增大的趋势。土壤中的小孔隙度在0~75 cm深度

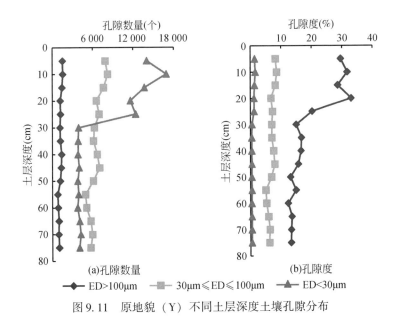

图9.11 原地貌（Y）不同土层深度土壤孔隙分布

变化不明显，孔隙度较小。说明土壤结构随着深度的增加逐渐变得不均一，孔隙分布不均。

复垦20年土壤中的大孔隙数量在0~75 cm深度随深度的增加整体呈增加的趋势。土壤中的中孔隙数量在表层0~10 cm比较大，而后随着的深度的增加而减小，在30 cm处孔隙数量增加，在30~75 cm土层随着深度的增加呈现减少的趋势。土壤中的小孔隙数量变化与中孔隙趋势相同，二者孔隙数量变化的拐点深度也相同。土壤中大孔隙度在0~75 cm处随着深度的增加先增加后减小，在50~75 cm深度处土壤中的大孔隙度呈明显增加的趋势，在这一土层深度处土壤孔隙的结构逐渐变得不均一。土壤中的中孔隙度在0~25 cm深度的变化不明显，在25~75 cm随深度的增加呈现先增加后减少的趋势。土壤中的小孔隙度在0~75 cm深度变化不明显，孔隙度最小。

排土后未复垦土壤中的大孔隙数量在0~75 cm土层随深度变化不明显，数量最大也只有147，土壤中大孔隙数量最少。土壤中中孔隙数量和小孔隙数量也表现出相同的变化趋势，在0~75 cm深度呈波浪状变化，在各土层深度处土壤中的小孔隙数量都大于中孔隙数量。土壤中大孔隙度在0~75 cm处随着深度的增加整体呈现减少的趋势，这也与陈星彤等（2006）的研究结论相同，由于分层排土后机械反复碾压，导致土壤压实度随着土层深度的增加而增大。但是在25~35 cm处却出现了较大值，这可能与复垦过程中机械分层压实状况和采样点有一定关系。土壤中中孔隙度与中孔隙数量表现出一样的规律，都随着土层深度的增加呈波浪状变化。土壤中小孔隙度随着深度的增加呈逐渐增加的趋势,复垦土壤的压实,一是使土壤结构单元分裂成小碎块,二是使较小的碎块被紧密地挤进孔隙,导致土壤中的大孔隙减少,小孔隙增加,小孔隙数量及小孔隙度较大(Horn and Domzal,1995)。可见,复垦过程中的压实对土壤孔隙数量及孔隙度的影响较大,复垦过程中怎么减小对土壤的压实程度是复垦重构土壤剖面好坏的重要环节。

原地貌土壤中的大孔隙数量在表层 0~15 cm 深度最大,随深度的增加大孔隙数量小幅度地减少,在 50 cm 以下土层大孔隙数量比表层有较大减少。土壤中中孔隙数量随深度变化不明显,表层土壤中中孔隙数量比深层土壤中中孔隙数量多。土壤中小孔隙数量在表层 0~25 cm 深度最多,在 25~75 cm 深度小孔隙数量明显减少,而不同深度处的变化不明显。土壤中大孔隙度在表层 0~25 cm 深度最大,在 20~30 cm 处有较大的转折,而后随着深度的增加呈现逐渐减小的趋势。土壤中中孔隙度的变化趋势与中孔隙数量相似,随深度增加呈小幅度波动变化。土壤中小孔隙度随着深度的增加逐渐减小。由于原地貌样地以草地类型为主,零星分布有杨树,植被的生长状况好,土壤结构较疏松,增加土壤颗粒间的孔隙,因此土壤表层的大孔隙数量及大孔隙度最大。

土壤孔隙按其直径的大小可分为毛管孔隙和非毛管孔隙(李红等,2010)。毛管孔隙即小孔隙,其孔隙中水的毛管传导率大,易于植物吸收利用,因此其主要功能是蓄水,它的大小反映了土壤保持水分的能力。非毛管孔隙即大孔隙,不具毛细作用,其作用主要是对土壤中水分及养分进行运移。毛管孔隙储存的水分主要供植物根系吸收、叶面蒸腾或土壤蒸发等生理活动,不参与径流和地下水的形成,所以其是植物生长所必需的,因而具有重要的植物生理生态功能。而土壤中暂时储存水分的非毛管孔隙,可以提高降水的入渗率,有效地减少地表径流,使水分能够快速渗入土壤深处或地下水,然后注入河流网,因而具有较高的涵养水源的功能。复垦 23 年土壤、复垦 20 年土壤各层中的小孔隙数量变化不大,而原地貌土壤中的小孔隙数量随着土层深度的增加,由表层到中层、深层,土壤孔隙数量有明显减少的趋势,说明植被根系的生长与小孔隙数量有关,原地貌土壤样品植被根系较浅,小孔隙则主要集中于表层土壤,也说明了不同植被类型下的土壤结构组成存在明显差别,因而它们的孔隙状况也会有明显不同(吴蔚东等,1996)。

在不进行人工修复的情况下,排土场从裸地恢复到损毁前的植被状况需要 20~30 年,特别是前期进入牧草阶段十分困难(孙铁珩和姜凤岐,1996),排土场立地条件较为恶劣,为了尽快恢复矿区生态功能,人工种植成为矿区植被恢复的重要手段。而本研究中复垦 23 年土壤、复垦 20 年土壤的复垦年限较长,表层及底层土壤孔隙分布状况较好,分析原因,在人工种植后,随着复垦年限的增加,植被在演替过程中多样性发生了变化，植被凋落物的腐殖质转化为有机质等养分使得土壤物化性质发生改变，且复垦排土场所种植类型多为茎冠和根系发育好、生长迅速、成活率高、改土效果好及生态功能明显的种类，能够在相对较短时间内改善土壤的孔隙状况。

9.2.3　不同复垦年限相同土层深度孔隙数量与孔隙度变化

不同复垦年限相同土层深度土壤孔隙数量随复垦年限的变化见表9.6和图9.12。

表9.6　不同复垦年限同一土层深度孔隙数量分布

深度 （cm）	ED>100μm				30μm≤ED≤100μm				ED<30μm			
	Y23	Y20	Y0	Y	Y23	Y20	Y0	Y	Y23	Y20	Y0	Y
5	336	240	49	1 515	4 017	3 029	2 879	7 903	4 361	3 442	3 656	14 052
10	462	229	48	1 553	3 915	3 063	1 381	8 258	4 023	3 752	2 139	16 912
15	459	189	86	1 446	4 756	2 430	1 586	7 648	4 702	3 068	2 288	13 693
20	576	204	56	1 169	4 934	2 485	2 198	6 573	4 874	3 013	3 205	11 607
25	541	170	101	1 210	3 738	2 022	1 684	6 984	3 347	2 386	2 495	12 404
均值	475	206	68	1 379	4 272	2 606	1 946	7 473	4 261	3 132	2 757	13 734
30	134	412	147	1 128	4 524	5 214	2 211	6 261	6 980	4 642	2 078	3 878
35	152	566	114	1 196	4 744	5 286	1 889	6 125	7 273	4 221	1 904	3 810
40	193	457	74	1 370	5 008	4 915	1 639	6 670	6 856	3 953	2 412	3 782
45	409	446	46	1 309	6 022	5 215	1 540	7 042	5 729	3 922	2 089	3 956
50	276	497	38	1 175	4 949	5 187	1 807	6 075	4 614	4 204	1 996	3 733
均值	233	476	84	1 236	5 049	5 163	1 817	6 435	6 290	4 188	2 096	3 832
55	1 049	1 123	41	776	6 991	6 051	2 502	4 908	4 915	3 806	3 912	3 877
60	1 001	621	28	840	7 340	4 224	2 215	5 062	3 500	3 400	3 610	3 725
65	1 100	668	29	969	7 302	3 624	2 466	5 713	4 889	3 007	3 662	4 027
70	1 193	938	39	924	7 047	4 584	2 893	5 970	4 683	3 120	4 106	4 201
75	1 240	991	28	1 004	7 515	4 574	2 259	5 692	4 762	2 982	3 161	4 004
均值	1 117	868	33	903	7 239	4 611	2 467	5 469	4 888	3 263	3 690	3 967

注：Y23代表复垦年限为23年的南排土场，Y20代表复垦年限为20年的西排土场，Y0代表排土后未复垦的内排土场，Y代表原地貌。

从图9.12可以看出，在0～25 cm土层深度处，原地貌土壤中的大孔隙数量值最大，其次为复垦23年土壤、复垦20年土壤，排土后未复垦土壤表层的大孔隙数

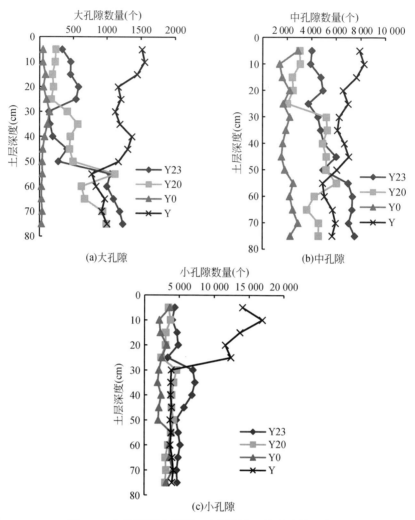

图 9.12　不同复垦年限同一土层深度土壤孔隙数量分布

量最少。在 25～50 cm 土层深度处，原地貌土壤中的大孔隙数量最多，其次为复垦 20 年土壤、复垦 23 年土壤，排土后未复垦土壤最少。在 50～75 cm 处，复垦 23 年土壤中大孔隙数量最多，其次为原地貌土壤、复垦 20 年土壤，排土后未复垦土壤中大孔隙数量最少。分别对 0～25 cm、25～50 cm、50～75 cm 不同层次不同复垦年限土壤的大孔隙数量进行显著性分析，在显著水平 0.05 的基础上，0～25 cm 土层中，复垦 23 年土壤与复垦 20 年土壤、排土后未复垦土壤，以及原地貌土壤呈现出极显著差异，显著性均小于 0.004，而复垦 20 年土壤与排土后未复垦土壤的差异不显著，显著性水平为 0.283。25～50 cm 土层中复垦 23 年土壤与复垦 20 年、原地貌土壤差异性显著，显著性水平均小于 0.002，而与排土后未复垦土壤的差异性较小，显著性水平为 0.077。50 ~ 75 cm 土层中复垦 23 年土壤与复垦 20 年、排土后未复垦土壤的差异性显著，显著性水平均小于 0.043，其中与排土后未复垦土壤呈现极显著差异，而与原地貌的差异较小，显著性水平为 0.1，复垦 20 年土壤与原地貌土壤的差异性极小，显著性水平为 1，说明各个层次的孔隙数量相差不大。

不同复垦年限在 0 ~ 25 cm 深度处，原地貌土壤的中孔隙数量最大，其次为复垦 23 年土壤、复垦 20 年土壤，排土后未复垦土壤中中孔隙数量最少。在 25 ~ 50 cm 深度处，原地貌土壤中的中孔隙数量最多，其次为复垦 20 年土壤、复垦 23 年土壤，排土后未复垦土壤中中孔隙数量最少。在 50 ~ 75 cm 深度处，复垦 23 年土壤中中孔隙数量最多，其次为原地貌土壤、复垦 20 年土壤，排土后未复垦土壤最少。分别对 0 ~ 25 cm、25 ~ 50 cm、50 ~ 75 cm 不同层次不同复垦年限土壤的中孔隙数量进行显著性分析，在显著水平 0.05 的基础上，0 ~ 25 cm 土层中，复垦 23 年土壤与复垦 20 年、排土后未复垦、原地貌土壤的差异性极显著，显著性水平均小于 0.002，复垦 20 年土壤与排土后未复垦土壤的显著性极小，显著性水平为 0.5。25 ~ 50 cm 土层中，复垦 23 年土壤与复垦 20 年土壤差异性较小，显著性水平为 1，与排土后未复垦及原地貌土壤的差异性较大，显著性水平均小于 0.001。50 ~ 75 cm 土层中复垦 23 年土壤与复垦 20 年、排土后未复垦、原地貌土壤差异性极显著，显著性水平均小于 0.001，复垦 20 年土壤与原地貌土壤的差异性较小，显著性水平为 0.13。

不同复垦年限在 0 ~ 25 cm 深度处，原地貌土壤的小孔隙数量最大，其次为复垦 23 年土壤、复垦 20 年土壤，排土后未复垦土壤中小孔隙数量最少。在 25 ~ 50 cm 深度处，复垦 23 年土壤中的小孔隙数量最多，其次为复垦 20 年土壤、原地貌土壤，排土后未复垦土壤中小孔隙数量最少。在 50 ~ 75 cm 深度处，复垦 23 年土壤中小孔隙数量最多，其次为原地貌土壤、排土后未复垦土壤，复垦 20 年土壤最少。对 0 ~ 25 cm、25 ~ 50 cm、50 ~ 75 cm 不同层次不同复垦年限土壤的小孔隙数量进行显著性分析，在显著水平 0.05 的基础上，0 ~ 25 cm 土层中，复垦 23 年土壤与复垦后 20 年、排土后未复垦土壤差异性较小，显著性水平均大于 0.3，而与原地貌土壤差异性显著，显著性水平小于 0.001，复垦 20 年土壤与排土后未复垦土壤的差异性也较小，显著性水平为 1，原地貌与其他土壤的差异性极其显著，显著性水平均小于 0.0001。25 ~ 50 cm 土层中复垦 23 年土壤与复垦后 20 年、排土后未复垦、原地貌土壤差异性显著，显著性水平小于 0.001，复垦 20 年土壤与原地貌土壤的显著性较小，显著性水平为 1。50 ~ 75 cm 土层中复垦 23 年土壤与复垦 20 年、排土后未复垦、原地貌土壤差异性极显著，显著性水平均小于 0.001，排土后未复垦土壤与复垦 20 年土壤、原地貌土壤差异较小，显著性水平均大于 0.2，说明各土层中小孔隙数量分布较均一。

土壤中大孔隙（ED>100μm）的数目、大小、形状及空间分布等性质，决定着土壤中水分养分的运移及持水性能，影响着植被的生长发育。土壤有机质中的不同成分通过吸附重组等作用与土壤中的颗粒或团聚体进行胶结，改变土壤的固体形态，进而土壤孔隙的状况也随之发生变化（彭新华等，2004）。有研究表明，土壤孔隙度会随着碳含量的增加而增大，随着复垦时间的延长，越来越多的植物凋落、腐烂、分解并转化为有机质储存在土壤中，从而优化土壤孔隙结构（Emerson and Mcgarry，2003），除此之外，植物根系的活动及土壤动物等因素也会影响土壤孔隙结构的形成。本研究中将复垦 23 年土壤、复垦 20 年土壤、原地貌土壤进行比较，可以看出复垦 23 年土壤、复垦 20 年土壤中大孔隙度随深度的增加呈现先减小后增加的趋势，而原地貌土壤大孔隙度随深度的增加有明显减少的趋势，这种差异主要是由种植的植被类型不同所造成的，这也与 Asare（2001）应用 CT 技术研究的大孔隙的变化趋势相同，他认为大孔隙的形成机理与地上残留物、植物根系类型及土壤动物等因素有关。

植被类型及土地利用类型也会影响土壤大孔隙的分布，复垦 23 年土壤与复垦 20 年土壤的采样点所种植的植物类型为抗旱乔、灌木林，其植被的根系较深，因此土壤在深度为 50~75 cm 处的大孔隙数量较多，在土壤表层的树木草本等枯枝落叶腐烂后转化为有机质会增加表层土壤的肥力，土壤肥力又影响着植被的恢复情况及土壤中动物、微生物等的活动（赵世伟等，2010），这些因素都影响着孔隙的状况。复垦 23 年土壤由于种植植被的年限较长，随着植被群落的演替，群落结构及种类组成趋于复杂和稳定（郭逍宇等，2007），表层植被的枯枝落叶比复垦 20 年土壤表层的多，相应地导致表层土壤中孔隙较多，而有机质等土壤养分方面的差异又导致植被的土壤根系对土壤的疏松程度不同，因此在 50~75 cm 处复垦 23 年土壤比复垦 20 年土壤的孔隙多。原地貌土壤采样点以草地为主，植被的根系较浅，土壤微生物及植被的腐蚀物质集中于表层，导致其在表层的孔隙数最多，因而在 50~75 cm 处孔隙数不及复垦 23 年土壤。

不同复垦年限同一土层深度孔隙度分布见表 9.7 与图 9.13。在土层深度为 0~25 cm 处，原地貌土壤的大孔隙度远远大于其他几个土壤样品的大孔隙度，复垦 23 年土壤、复垦 20 年土壤次之；在 25~50 cm 深度处，原地貌土壤的大孔隙度最大，复垦 20 年土壤大孔隙度大于复垦 23 年土壤；在 50~75 cm 处，复垦 20 年土壤的大孔隙度最大，排土后未复垦土壤大孔隙度在 0~75 cm 深度都很小。由表 9.7 可知，复垦 20 年土壤在 50~75 cm 处的大孔隙数量小于复垦 23 年土壤，而其在这一土层深度的大孔隙度却大于复垦 23 年土壤，说明复垦 20 年土壤在50～75 cm 处大孔隙的孔径较大，这可能与其所种植的植被种类及复垦时底层所覆盖充填的煤矸石有关。

表9.7　不同复垦年限同一土层深度孔隙度分布

深度 (cm)	大孔隙度（%）				中孔隙度（%）				小孔隙度（%）			
	Y23	Y20	Y0	Y	Y23	Y20	Y0	Y	Y23	Y20	Y0	Y
5	6.69	2.95	0.42	29.60	3.65	2.73	2.28	8.25	0.55	0.42	0.44	1.41
10	4.09	2.99	0.49	31.73	3.95	2.62	1.06	8.64	0.50	0.46	0.26	1.65
15	6.39	3.26	0.68	28.71	4.58	1.98	1.26	8.15	0.59	0.37	0.28	1.37
20	5.17	2.55	0.43	33.00	4.87	2.15	1.67	6.74	0.61	0.37	0.39	1.20
25	6.62	3.53	1.04	20.25	3.89	1.80	1.34	7.27	0.42	0.29	0.30	1.24
均值	5.79	3.06	0.61	28.66	4.19	2.26	1.52	7.81	0.53	0.38	0.33	1.37
30	1.09	4.24	1.49	14.97	3.64	4.85	1.98	7.01	0.85	0.56	0.26	0.50
35	1.49	5.36	0.91	16.73	3.80	5.34	1.73	6.99	0.88	0.52	0.22	0.48
40	1.58	5.62	0.58	16.54	4.18	4.83	1.28	7.64	0.81	0.49	0.28	0.47
45	4.15	3.81	0.58	15.69	5.65	5.12	1.17	7.96	0.71	0.49	0.24	0.49
50	2.23	4.08	0.21	13.09	4.54	5.15	1.48	6.92	0.58	0.52	0.24	0.47
均值	2.11	4.62	0.75	15.41	4.36	5.06	1.53	7.30	0.77	0.52	0.25	0.48
55	10.69	14.31	0.38	14.94	7.56	6.74	1.80	5.04	0.63	0.48	0.47	0.49
60	10.87	7.42	0.23	12.33	7.77	4.35	1.52	5.31	0.64	0.42	0.42	0.46
65	10.04	15.34	0.15	13.54	8.00	3.75	1.76	5.94	0.61	0.36	0.43	0.50
70	9.94	15.90	0.25	13.34	7.73	4.99	2.10	6.34	0.59	0.49	0.49	0.52
75	10.21	19.60	0.27	13.32	19.13	5.05	1.62	6.18	0.59	0.37	0.38	0.50
均值	10.35	14.51	0.26	13.49	10.04	4.98	1.76	5.76	0.61	0.40	0.44	0.49

注：Y23 代表复垦年限为 23 年的南排土场，Y20 代表复垦年限为 20 年的西排土场，Y0 代表排土后未复垦的内排土场，Y 代表原地貌。

在土层深度为 0～50 cm 内，不同复垦年限土壤及原地貌土壤的中孔隙度与大孔隙度的趋势一致，在 50～75 cm 深度处，复垦 23 年土壤的中孔隙度最大，其次为原地貌土壤、复垦 20 年土壤，排土后未复垦土壤的中孔隙度最小。在 0～25 cm

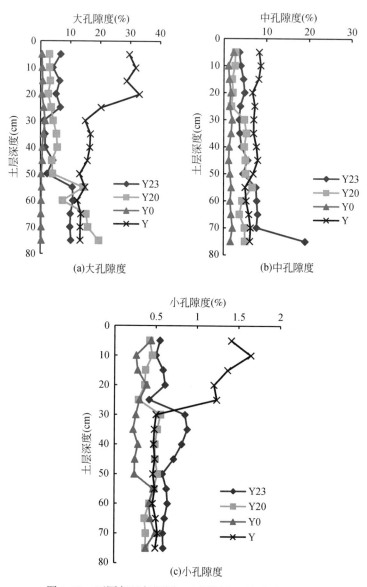

图 9.13　不同复垦年限同一土层深度土壤孔隙度分布

深度处，原地貌土壤的小孔隙度最大，其次为复垦 23 年土壤、复垦 20 年土壤，排土后未复垦土壤的小孔隙度最小；在 25～50 cm 深度处复垦 23 年土壤的小孔隙度最大，其次为复垦 20 年土壤、原地貌土壤，排土后未复垦土壤的小孔隙度最小，由于复垦 23 年土壤、复垦 20 年土壤样地所种植为灌乔木树木，根系需要的水分较多，而小孔隙主要具有蓄水作用，因此相比于排土后未复垦土壤和原地貌土壤，其二者的小孔隙较大；在 50～75 cm 深度处，由于大型机械的压实，排土后未复垦土壤中的小孔隙度与复垦 20 年土壤、原地貌土壤相差不大，都小于复垦 23 年土壤的小孔隙度。

不同复垦年限不同土层深度范围内的土壤总孔隙数量与总孔隙度的比较如图 9.14 及图 9.15 所示。

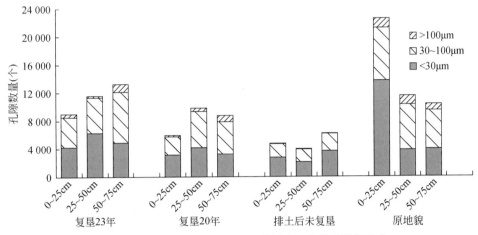

图 9.14　不同复垦年限不同土层范围内土壤孔隙数量分布

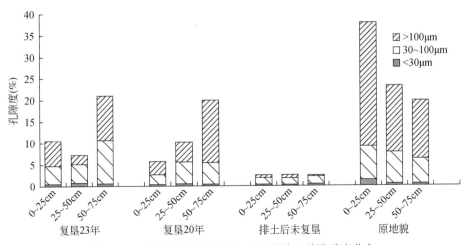

图 9.15　不同复垦年限不同土层范围内土壤孔隙度分布

原地貌土壤的总孔隙度最大，在 0 ~ 25 cm 深度处的孔隙度达到了 37%，然后随着深度的增加总孔隙度逐渐减小，其大孔隙度所占比例较大，占到 60% 左右；复垦 23 年土壤的总孔隙度随深度先减小后增大，大孔隙度与中孔隙度差别不大，总孔隙度在 50 ~ 75 cm 处也达到了 20%；复垦 20 年土壤的总孔隙度随深度的增加而增大，大孔隙度所占比例较大，超过总孔隙度的 50%；原地貌土壤总孔隙度随深度的变化不明显，说明其土壤由于压实使得整体比较均一，大孔隙度所占比例最大。不同复垦年限土壤及原地貌土壤的小孔隙度占总孔隙度的比例都最小。

许多学者通过采用传统测定方法对黄土区露天煤矿排土场植被恢复（王改玲和白中科，2002；郭道宇等，2007；许建伟等，2010）、土壤质量及其相互影响（王金满等，2012，2013）进行了研究，Udawatta 等（2006）、Udawatta 和 Anclerson（2008）利用 CT 技术研究发现，不同植被管理措施中林地的孔隙参数要明显优于草地和农地。本书研究的是复垦后土壤中孔隙参数，由于复垦地立地条件较恶劣，所以其在短期内并不能恢复到较优的林地孔隙参数，但是通过对比可以发现，复垦为林地的排土场的土壤孔隙参数随着年限的增加逐渐向有利于植被生长的方向发展。因此，为了尽快提升排土场土壤指标，在进行植被恢复过程中，混交林草地更有利于土壤孔隙参数的改善，而对排土场重构土壤孔隙的研究不能仅仅局限在其本身，而应该考虑其利用类型、种植植被类型、地表草本植被、土壤中动物等因素，今后为了更好地揭示重构土壤孔隙的变化原理，可以从植被及土壤动物等方面着手研究其相关性，从而为重构土壤孔隙的改良等提供理论支撑。

原地貌土壤的总孔隙数量最大，在 0 ~ 25 cm 深度处的孔隙数量也最大，而后随深度的增加总孔隙数逐渐减少，土壤中的小孔隙数量占到总数量的 50% 左右；复垦 23 年土壤在表层 0 ~ 25 cm 处的孔隙数量最少，随着深度的增加总孔隙数量逐渐增加，土壤中的中孔隙数量与小孔隙数量相差不多；复垦 20 年土壤中总孔隙数量在表层 0 ~ 25 cm 处的孔隙数量最少，而后随深度的增加而增加，然后又小幅度地减少，土壤中的中孔隙数量最大；排土后未复垦土壤总孔隙数量随深度先减少后又增加，其小孔隙数量最大，超过总量的 50%。

综上可知，随着复垦年限的增加，在植被自然恢复演替过程中，土壤的孔隙数、孔隙度参数均得到极显著提高。植被的自然恢复能显著改善土壤孔隙状况，并且这种作用随着恢复的正向演替而逐渐增强，使得复垦土壤的各参数指标逐渐接近原地貌土壤孔隙状况，与复垦年限为 0 年还未进行植被恢复的土壤相比，植被能够改善土壤结构，逐渐疏松土壤，增加土壤的孔隙数量与孔隙度。因此，复垦后的排土场应尽快进行植被重建工程，使其快速恢复原有的生态功能，这已成为复垦矿区的重要工作。

9.3　复垦土壤孔隙分布的多重分形特征

对重构土壤孔隙的常规统计只能体现土壤孔隙的大小、数目等基本特征，而对于土壤本质的非均质性却无法得知，本章通过引入多重分形原理来表征土壤孔隙结构不同层次的非均质性特征，捕获研究对象在不同尺度上的分形特征，实现对重构土壤孔隙的定量表征。

9.3.1　多重分形谱维数

对重构土壤孔隙的常规统计只能体现土壤孔隙的大小、数目等基本特征，而对于土壤本质的非均质性却无法得知，本章通过引入多重分形原理来表征土壤孔隙结构不同层次的非均质性特征，捕获研究对象在不同尺度上的分形特征，实现对重构土壤孔隙的定量表征。

1. 土壤孔隙多重分形谱维数

根据多重分形广义维数谱算法对不同复垦年限、排土后未复垦，以及原地貌土壤进行多重分形分析，在 $-10 \leqslant q \leqslant 10$ 的变化范围内得到土壤孔隙分布的广义维数谱 $D(q)$，相同复垦年限不同土层深度和不同复垦年限同一土层深度土样的广义维数谱曲线 q-$D(q)$ 分别如图 9.16 和图 9.17 所示。

由图 9.16、图 9.17 可以看出，在 $-10 \leqslant q \leqslant 10$ 的范围内，q 为正值时 $D(q)$ 的值均小于 q 为负值时 $D(q)$ 的值，且 $D(q)$ 决定系数都大于 0.91，说明复垦土壤孔隙分布密集区域的标度性比稀疏区域好。对于单分形 q-$D(q)$ 为一直线，

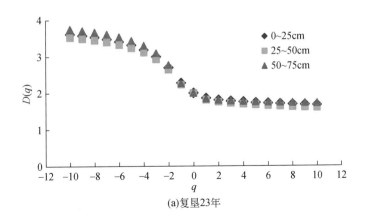

(a)复垦23年

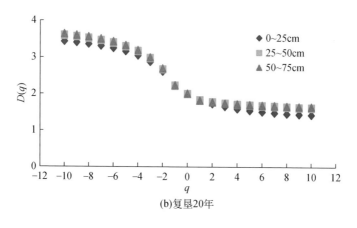

(b)复垦20年

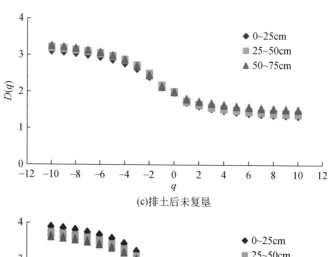

(c)排土后未复垦

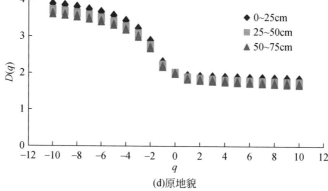

(d)原地貌

图 9.16　相同复垦年限不同土层深度土壤孔隙广义维数谱曲线 q–D（q）

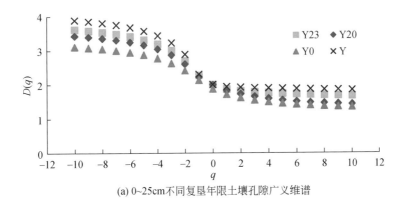

(a) 0~25cm不同复垦年限土壤孔隙广义维谱

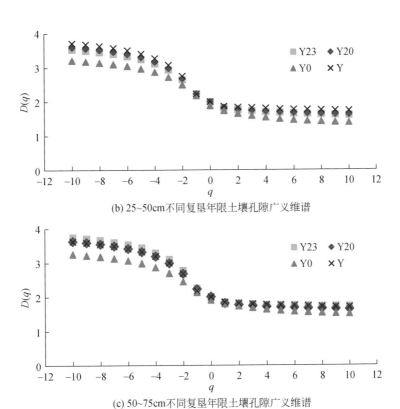

(b) 25~50cm不同复垦年限土壤孔隙广义维谱

(c) 50~75cm不同复垦年限土壤孔隙广义维谱

图 9.17 不同复垦年限同一土层深度土壤孔隙广义维数谱曲线 q-D(q)

而对于非均匀多重分形，q-D(q)为具有一定宽度的曲线，不同复垦年限、排土后未复垦及原地貌都表现出曲线模式，说明其孔隙分布为非均匀分形，具有多重分形特征。不同土壤在 q 为正值时曲线宽度小于 q 为负值时的曲线宽度，可以理解为土壤孔隙在稀疏区域分布趋于均一化，而在密集区域则表现出了更好的非均匀性。

2. 容量维

容量维 D (0) 代表土壤孔隙孔径分布的范围大小，原地貌土壤、复垦 23 年土壤、复垦 20 年土壤的 D (0) 值较大，都接近拓扑维 2，且相差不大，说明其土壤孔隙孔径的分布范围都较宽。其中，复垦 23 年土壤、复垦 20 年土壤 D (0)值随深度的增加先减小后增加，表明随着深度的增加，土壤孔径分布范围先变小后变大；原地貌土壤的 D (0) 值随着深度的增加而减小，表明随着深度的增加土壤孔径分布范围变窄；排土后未复垦土壤 D (0) 值较小，且随着深度的增加 D (0) 值增大，说明其土壤孔隙孔径的分布范围随深度逐渐变宽，与其未进行植被恢复有关。由此可见，对于种植根系较浅的草地，由于有机物等含量的影响，表层土壤的孔隙分布范围较宽于深层的土壤；而对于种植根系较深的木本植物土壤，表层的孔隙分布范围较宽，而深层土壤由于根系的活动导致其孔隙分布范围也较宽；排土后未种植植物的土壤由于压实原因，土壤孔隙孔径的分布范围较窄，由于底层排弃砾石等的影响，导致底层土壤孔隙的分布范围要比表层较宽。对不同复垦年限土壤的容量维进行显著性分析得知，排土后未复垦土壤与复垦 23 年、复垦20 年、原地貌土壤的容量维差异极为显著，显著性水平均小于 0.001，复垦 23 年、复垦 20 年与原地貌土壤容量维的差异性较小，显著性水平均大于 1，说明复垦后土壤的容量维指标与原地貌相近，土壤恢复较好。

3. 信息熵维数

信息熵维数 D (1) 反映了孔隙分布测度的集中度，可以用来表征土壤孔隙分布的均一程度，D (1) 越大表示土壤孔隙分布范围越广，土壤均匀程度越高，不同复垦年限、排土后未复垦及原地貌的 D (1) 值为原地貌土壤>复垦 23 年土壤>复垦 20 年土壤>排土后未复垦土壤。其中，复垦 23 年土壤的 D (1) 值随深度的增加先减小后增加，说明土壤在表层及深层分布比较均匀；复垦 20 年土壤的 D (1)在各层次值变化不明显，各层的土壤均匀程度相差不大；排土后未复垦土壤的 D (1) 值随深度的增加而增大，说明土壤的均质性随深度的增加而增大；原地貌土壤的 D (1) 值随深度的增加而减小，土壤随深度增加均质性变差。分析得出，由于原地貌以草地为主，其植被群落结构已经稳定，因此其土体结构逐渐稳定，向更好的团粒结构发展，土壤的均质性在表层相对较好；对于未进行植被恢复的排土后未复垦土壤，由于复垦的土壤为剥离的表土且存放时间较长，导致原本土壤结构遭到破坏，未受分化及人为扰动小等因素对其孔隙的分布也有影响，使其能够保持复垦初期的状态；复垦 23 年土壤、复垦 20 年土壤复垦年限较长，植被恢复较好，逐渐疏松土体结构，土壤的均匀程度得到很大程度的改善。对不同复垦年限土壤的信息维进行显著性分析得知，复垦 23 年与复垦 20 年、排土后未复垦、原地貌土壤的信息维差异极不显著，显著性水平均大于 0.08，排土后未复垦土壤与原地貌土壤信息维的差异性较大，显著性水为 0.01，说明与原地貌及复垦后土壤相比，未种植植被的重构土壤其孔隙在土壤中均一性较差。

4. ΔD

ΔD 反映了孔隙局部特征的变异程度，ΔD 越大表明土壤孔隙变异程度越大，土壤孔隙的结构越复杂。原地貌土壤、复垦 23 年土壤、复垦 20 年土壤的 ΔD 值较大，土壤孔隙的结构都比较复杂。排土后未复垦土壤的 ΔD 值最小，土壤孔隙的结构较单一。究其原因，原地貌土壤、复垦 23 年土壤、复垦 20 年土壤受植被、自然物理化学等分化作用，以及土壤中微生物等动物活动的影响，使得土壤中孔隙的结构比较复杂，而排土后未复垦土壤还未进行植被恢复，大型机械的压实使得土壤孔隙结构相对较为单一。土壤 CT 扫描图直观的分析结果也表明，相比于排土后未复垦土壤，复垦 23 年土壤、复垦 20 年土壤、原地貌土壤的土壤孔隙结构较复杂，孔隙类型较多。对不同复垦年限土壤的 ΔD 值进行显著性分析得知，排土后未复垦土壤与复垦 23 年土壤、复垦 20 年土壤、原地貌土壤的差异性均较大，显著性水平均小于 0.002，而复垦 23 年土壤、复垦 20 年土壤、原地貌土壤的差异性较小，显著性水平均大于 1，说明复垦植被对重构土壤结构的改善效果较好。

5. 容量维数与信息熵维数的差值

$D(0)-D(1)$ 可以表征土壤孔隙分布的离散程度，$D(0)-D(1)$ 越小表明孔隙分布密集区域的均匀性越好。不同复垦年限、排土后未复垦及原地貌土壤中，原地貌土壤孔径分布离散度最小，其次是排土后未复垦土壤、复垦 23 年土壤，复垦 20 年土壤孔径分布的离散度较大。原地貌土壤、复垦 20 年土壤随着深度的增加，土壤孔隙分布的离散度变大。原地貌土壤从 0 ~ 25 cm 过渡到 25 ~ 50 cm 处的增幅较大，其他土层增幅较小。复垦 20 年土壤在各土层的增幅不大；排土后未复垦土壤随着深度的增加，土壤孔隙分布的离散度变小；复垦 23 年土壤随深度的增加，土壤孔隙分布的离散度先增大后减小。对不同复垦年限土壤的 $D(0)-D(1)$ 值进行显著性分析得知，复垦 23 年土壤、复垦 20 年土壤、排土后未复垦土壤、原地貌土壤之间的差异均较小，显著性水平均大于1，说明各土壤孔隙分布在密集区域的均匀程度相差不大。

9.3.2　奇异性指数

多重分形谱可以表现出更多土壤孔隙不同层次结构的信息，是对分形结构复杂程度、不规则程度及不均匀程度的一种量度（Stenico et al.，2013；Wang et al.，2013b）。不同复垦年限不同土层深度土壤孔径分布的多重分形奇异谱函数如图9.18所示。所有的土壤孔隙分布的函数图像 $\alpha - f(\alpha)$ 均呈连续凸曲线，当 $f(\alpha)$ 呈对称形状时说明土壤孔隙的分布较为均匀，而 $f(\alpha)$ 非对称则说明孔隙分布不均匀，存在孔隙度局部较高或者较低的区域，从图9.18中可以看出，不同复垦年限、排土后未复垦及原地貌的土壤孔隙均表现出了非均质性，土壤孔隙结构在一定尺度上具有多重分形特征。

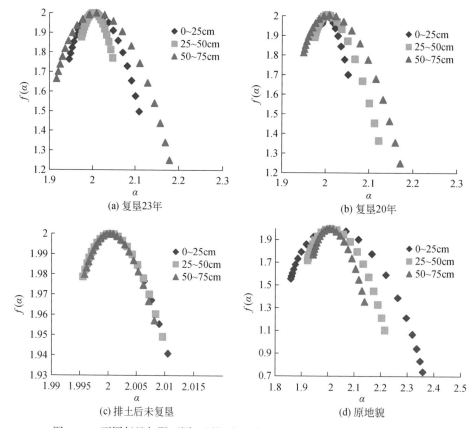

图9.18　不同复垦年限不同土层深度土壤孔径分布的多重分形奇异谱函数

多重分形谱谱宽度 $\Delta\alpha$（$\Delta\alpha = \alpha_{max} - \alpha_{min}$）反映土壤孔隙分形结构上概率测度分布的非均匀程度。$\Delta\alpha$ 越大则土壤孔隙空间变异越强，孔隙的结构越复杂（周虎等，2010）。不同复垦年限、排土后未复垦及原地貌土壤的 $\Delta\alpha$ 值为原地貌>复垦23 年>复垦 20 年>排土后未复垦，说明原地貌的土壤孔隙空间变异较强，孔隙整体结构较复杂，而排土后未复垦的内排土场土壤孔隙空间变异性最小，孔隙结构较单一。原地貌土壤、排土后未复垦土壤，随着深度的增加 $\Delta\alpha$ 的值减小，说明其土壤孔隙结构随深度逐渐变得均一，原地貌土壤由于表层植被及微生物等动物活动的影响，土壤结构趋向复杂；排土后未复垦土壤表层由于受人为扰动等因素的影响较大，导致其表层孔隙结构较为复杂，底层土壤受扰动较小，孔隙结构较为单一。

复垦 23 年土壤随着深度的增加 $\Delta\alpha$ 先减小后增大，说明表层土壤受自然分化、枯枝落叶腐蚀、微生物活动等因素影响，土壤孔隙结构比较复杂，而底层由于树木根系的活动也使得孔隙结构趋于复杂。复垦 20 年土壤随着深度的增加 $\Delta\alpha$ 也增加，且在底层增加幅度较大，其表层 $\Delta\alpha$ 与复垦 23 年土壤有较大差距，分析得知由于其复垦年限较复垦 23 年土壤短，表层的草本及树木的枯枝落叶较少，土壤结构还未稳定，土壤中的微生物等活动较小，导致土壤孔隙结构较为单一，而底层受根系活动影响较大的孔隙的结构趋于复杂化。

$f(\alpha)$ 的形状反映了孔隙的空间分布特征。当小概率子集占主导地位，即 $\Delta f < 0$ 时，$f(\alpha)$ 呈右钩状，反之，当大概率子集占主导地位，即 $\Delta f > 0$ 时，$f(\alpha)$ 呈左钩状。由图 9.19 可以看出，土壤孔径分布的多重分形谱呈左钩状，说明土壤中大概率的土壤孔径占主导地位，且孔隙的分布不均匀。原地貌土壤、排土后未复垦土壤随着深度的增加 Δf 变小，$f(\alpha)$ 趋于对称，说明土壤随着深度的增加大孔隙数量在减少，小孔隙数量相对增加，孔隙分布趋于均匀。复垦 23 年土壤随着深度的增加 Δf 也变大，$f(\alpha)$ 趋于不对称，说明其底层的大孔隙数量相对增加，孔隙分布趋于不均匀。复垦 20 年土壤随深度的增加 Δf 先减小后增加，说明其表层及底层的大孔隙数量较多，小孔隙数量较少，孔隙分布不均匀。

对土壤孔隙度和孔隙数量分布的研究不能完全反映土壤孔隙复杂的结构状况，多重分形分析结果表明，通过引入多重分形谱和广义维能够定量说明孔隙的非均质结构特征，表征土壤孔隙分布、孔径分布及孔隙的复杂程度等指标，为更深入地研究土壤结构提供基础。

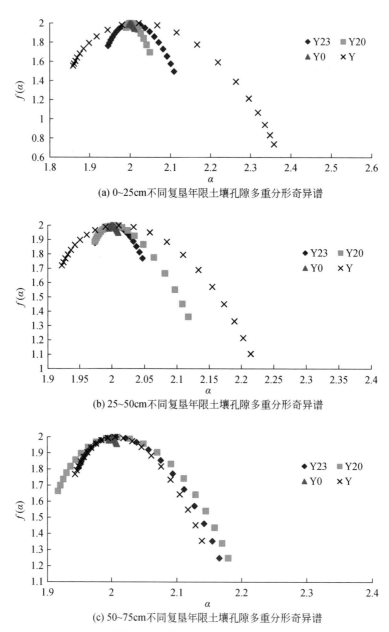

(a) 0~25cm不同复垦年限土壤孔隙多重分形奇异谱

(b) 25~50cm不同复垦年限土壤孔隙多重分形奇异谱

(c) 50~75cm不同复垦年限土壤孔隙多重分形奇异谱

图9.19　不同复垦年限同一土层深度土壤孔径分布的多重分形奇异谱函数

9.3.3　重构土壤孔隙分布多重分形参数间的关系

从以上分析可以得知，$D(1)$、$D(0)-D(1)$、$\Delta\alpha$ 和 Δf 都从不同角度反映了重构土壤孔隙分布的非均匀质特征，而且能够较好地、定量地表征重构土壤孔隙的非均匀性。

重构土壤孔隙分布多重分形参数汇总见表9.8。为了探讨 $D(1)$、$D(0)-D(1)$、ΔD、$\Delta\alpha$ 和 Δf 5个参数之间关系，对5个参数分别进行直线、二次、三次、对数、指数等曲线回归分析。其中，$D(0)$ 与 $\Delta\alpha$ 拟合度最好的是指数模型（R^2 为0.785），$D(0)$ 与 Δf 拟合度最好的也是指数模型（R^2 为0.767），$D(1)$ 与 $\Delta\alpha$ 拟合度最好的是三次曲线模型（R^2 为0.813），$D(1)$ 与 Δf 拟合度最好的也是三次曲线模型（R^2 为0.667），ΔD 与 $\Delta\alpha$ 拟合度最好的是S曲线模型（R^2 为0.788），ΔD 与 Δf 拟合度最好的也是S曲线模型（R^2 为0.793），$D(0)-D(1)$ 与 $\Delta\alpha$、Δf 的拟合度都不高，相关系数 R^2 值较小，说明其相关性不大，具体见表9.9。

表9.8　多重分形参数

土壤样本	$D(0)$	$D(1)$	ΔD	$D(0)-D(1)$	$\Delta\alpha$	Δf
复垦23年$_{0\sim25\,cm}$	1.999	1.861	1.945	0.138	0.163	0.265
复垦23年$_{25\sim50\,cm}$	1.997	1.816	1.932	0.181	0.144	0.524
复垦23年$_{50\sim75\,cm}$	2	1.846	2.031	0.155	0.217	0.559
复垦20年$_{0\sim25\,cm}$	1.999	1.821	2.003	0.178	0.059	0.257
复垦20年$_{25\sim50\,cm}$	2	1.826	1.975	0.174	0.073	0.107
复垦20年$_{50\sim75\,cm}$	2.009	1.818	1.991	0.191	0.262	0.414
排土后未复垦$_{0\sim25\,cm}$	1.872	1.713	1.765	0.159	0.014	0.041
排土后未复垦$_{25\sim50\,cm}$	1.88	1.732	1.817	0.148	0.014	0.03
排土后未复垦$_{50\sim75\,cm}$	1.913	1.803	1.746	0.11	0.012	0.023
原地貌$_{0\sim25\,cm}$	2.001	1.938	2.047	0.063	0.5	0.816
原地貌$_{25\sim50\,cm}$	2	1.868	1.985	0.133	0.292	0.614
原地貌$_{50\sim75\,cm}$	2	1.846	1.933	0.153	0.195	0.411

表9.9　多重分形各参数拟合情况

拟合系数	拟合模型	相关系数 R^2	显著性检验
$D(0)$ 与 $\Delta\alpha$	$y=(7.257\times10^{-21})\,e^{22.302x}$	0.785	<0.001
$D(0)$ 与 Δf	$y=(8.902\times10^{-20})\,e^{21.432x}$	0.767	<0.001

续表

拟合系数	拟合模型	相关系数 R^2	显著性检验
D (1) 与 $\Delta\alpha$	$y = 1.774\,x^3 - 15.543\,x + 17.718$	0.813	0.001
D (1) 与 Δf	$y = 1.498\,x^3 - 11.327\,x + 11.884$	0.667	0.007
ΔD 与 $\Delta\alpha$	$y = e^{18.745 - \frac{40.686}{x}}$	0.788	<0.001
ΔD 与 Δf	$y = e^{19.01 - \frac{39.673}{x}}$	0.793	<0.001

综上分析，可以对黄土区大型露天煤矿排土场重构土壤孔隙进行多重分形定量表征的 5 个参数 [D (1)、D (0)、D (0) $-D$ (1)、$\Delta\alpha$ 和 Δf] 进行简化，由于 D (1) 和 $\Delta\alpha$、D (0) 和 $\Delta\alpha$、ΔD 与 Δf 之间的相关性较好，在反映黄土区重构土壤孔隙组成多重分形规律方面具有一致性，因此可以简化选择 D (0)、D (1) 和 $\Delta\alpha$，或者选择 D (0)、ΔD 和 Δf 3 个参数实现对黄土区露天煤矿重构土壤孔隙组成分布的定量表征，以反映不同复垦年限重构土壤孔隙的变化规律。

9.4　小　　结

9.4.1　主要研究结论

本章通过 CT 扫描技术对山西平朔矿区安太堡露天煤矿排土场不同复垦年限土壤孔隙数量及孔隙度进行了分析，并引入了多重分形理论，对重构土壤孔隙分布进行了多重分形参数测算，通过研究得出的结论如下。

1) 用无损 CT 扫描技术和计算机图形软件相结合的方法可以准确地分析出土壤断面中孔隙的大小、数目和分布状况。

2) 随着复垦年限的增加，在植被自然恢复演替过程中，土壤孔隙数量及孔隙度有较大改善，但仍未达到原地貌水平，土壤中大孔隙数量、大孔隙度与种植植被类型有关，复垦过程中大型机械的反复压实对土壤中大孔隙影响较大。

3) 土壤孔隙数量及孔隙度能表征土壤的通气透水性、持水性、保水性等方面的特性，但是土壤孔隙多重分形能表征更多信息，黄土区大型露天煤矿排土场重构土壤孔隙组成具有明显的多重分形特征，D (0)、D (1)、ΔD、D (0) $-D$ (1)、$\Delta\alpha$ 和 Δf 都能较好地从不同角度反映土壤孔隙分布的非均匀质特征。

4) 复垦植被改善土壤孔隙的效果比较明显，复垦年限较长的土壤孔隙孔径的分布范围较宽、土壤孔隙分布测度集中、土壤孔隙变异程度大、孔径分布离散度较小，土壤多重分形的各指标都较好，而刚刚复垦还未进行植被恢复的土壤孔隙各项指标与原地貌相比差异明显。

5）不同复垦年限、排土后未复垦及原地貌的土壤孔隙多重分形参数之间具有较好的相关性，可以简化选择 $D(0)$、$D(1)$ 和 $\Delta\alpha$［或 $D(0)$、ΔD 和 Δf］3 个参数实现对黄土区重构土壤孔隙组成分布的定量表征。

9.4.2　研究展望

1）本研究中，利用 CT 扫描技术得到土壤孔隙分布图，并分析了其孔隙数量及孔隙度的变化规律，但是 CT 扫描图所反映的是孔隙的二维平面分布状况，真实的孔隙是三维立体的，其真实孔隙的大小，长度、空间排列及连通性等只有通过三维成像才能比较真实地表现出来，因此今后可对重构土壤孔隙的三维成像进行研究，更加真实地反映土壤孔隙的分布及连通状况。

2）本章分析了土壤的孔隙数量及孔隙度的分布状况，并创新性地引入多重分形理论对土壤孔隙的非均质性进行分析，得到定量表征重构土壤孔隙组成分布的具体分形参数。但未能利用多重分形对其他重构土壤类型及不同植被类型下重构土壤孔隙进行定量表征，未建立多重分形参数与土壤质量各参数间的响应关系。因此，利用多重分形对多种重构土壤及不同植被类型进行定量表征，并建立孔隙分形参数与土壤质量各参数的响应关系，继而针对不同重构类型土壤及植被的多重分形参数定量表征不同土壤重构的好坏，这成为未来多重分形在露天煤矿排土场复垦中土壤重构好坏及植被恢复与土壤孔隙参数响应关系的研究方向。

第10章 黄土区露天煤矿复垦土壤特性的联合多重分形表征

当前研究土壤特性空间变异多采用传统统计学与地统计学相结合的方法，但是这种方法往往不能反映土壤特性的局部空间变异特征。为此，本章通过引入多重分形谱理论和联合多重分形理论，并结合地统计学原理，分析露天煤矿重构土壤颗粒的空间变异性，以期为复垦措施的选择与重构土壤改良提供依据和方向。

10.1 土壤特性联合多重分形方法

10.1.1 样品采集与测定

1. 采样方案设计

采样地点选择在平朔矿区安太堡矿内排土场，采样时排土场刚排好土还未进行植被恢复。选取网格法进行土壤样品采集，设置采样点间距为 60~80 m，共设置78个采样点（图10.1），每个采样点采样深度为 0~20 cm、20~40 cm。利用 GPS 对每个采样点的位置进行定位，记录采样点的坐标数据。共采集土壤样品 156 个。将土壤样品放置于真空密封袋，对每个样品进行标号并注明采样深度，然后将它们带回实验室进行分析。

2. 样品测定

将采集回来的土壤样品置于室内阴凉处风干，经研磨后过 2 mm 的筛，采用四分法将土壤样品分为两部分，一部分用于测定土壤颗粒体积百分含量；另一部分过 80 目筛，用于测定有机质和全氮。

土壤颗粒的体积百分含量测定：采用英国马尔文公司生产激光粒度分析仪（Master Sizer 2000）进行分析。称取土样 0.3 g 置于锥形瓶中，加入 2~3 滴质量分数为 10% 的 H_2O_2 充分反应后，再加入 10 ml 六偏磷酸钠，然后加入去离子水至锥形瓶 40 ml 处，在沙浴中加热 1 h 后取出冷却至常温，然后进行粒度分析。粒度测量范围为 0.02~2000 μm，测定得到的结果是为各粒径范围对应的体积百分含量。

土壤全氮测定：采用半微量凯氏定氮仪法测定。

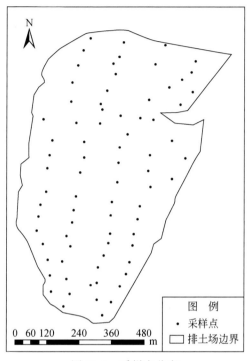

图 10.1　采样点分布

土壤有机质测定：采用重铬酸钾外加热氧化法测定。该方法是利用浓硫酸和重铬酸钾迅速混合时所产生的热来氧化有机质。

10.1.2　土壤粒径分布的多重分形理论

1. 分形理论

在 1975 年，美国著名数学家 Mandebrot 率先提出了分形理论并创立了分形学，该理论主要被人们运用于分形体的特征研究，分形体特征也有自己的表征方式，那就是能够代表物体复杂程度的分形维数。从字面意思也可以知道，如果某个分形体的分形维数不一样，这就代表该物体的复杂程度也会随之发生改变（刘建立和徐绍辉，2004）。分形本来的意思是不规则的、分数的、支离破碎的物体，它可能是某种图形，也有可能是某种现象，更有可能是某种物理过程，但是无论是哪类，都有一个共同特点就是必定具有自相似特性，它研究的对象并不局限于自然界，社会活动也包含在内，它们之中经常出现的无序并且具有自相似性的系统都是它的目标。

现在分形理论（fractal theory）作为一个新的理论和一门新的学科，正受到广泛的欢迎，很多领域都运用到了它，并且人们把它称作大自然的几何学。站在分形理论的角度上看，在某个条件下和某个过程中，世界的一部分在形态、结构、信息、功能、时间、能量等中的某个方面跟整体呈现很大的相似性，另外离散型和连续性都属于空间维数的变化方式，并不局限于哪一种（刘宪芳，2007）。然而，有些问题需要注意，如果研究对象是非均匀、不规则现象，并且一个维数已经不能够满足与表现全部细致特征，这时应该引入多重分形的连续谱进行表示。

2. 多重分形方法

多重分形理论方法就是通过分析相关分形体的一部分来对整体特性进行研究的一种方法（曹汉强等，2004；王德等，2007）。该方法主要用到广义维数 $D(q)$、奇异指数 $\alpha(q)$ 及其多重分形维数分布函数 $f(\alpha)$ 等重要参数来实现对待测对象的空间变异性进行分析和研究。

利用相关的函数公式可以计算处在 [0.02，2000] 这个大区间内的各个小区间相对应的土壤颗粒的体积百分数，在距离相等离子区间的无量纲区间 $J=[0，5]$ 的数目为100个。在每一个 $J=[0，5]$ 区间中，均存在 $N(\varepsilon)=2^k$ 个距离尺寸相等的小区间，每个的区间尺寸均为 $\varepsilon=5\times2^{-k}$，并且至少存在一个测量值。公式 $N(\varepsilon)=2^k$ 中 k 取值为 $1\sim6$。在每个小区间内利用 $p_i(\varepsilon)$ 来表示其中土壤粒径分布的概率密度，或者说是所占的百分比，按数学中的相关理论可以理解为将区间 J_i 内所有测量值 V_i 进行相加，其中，

$$v_i = \frac{v_i}{\sum\limits_{i=1}^{100} v_i} \qquad i=1，2，\cdots，100 \qquad (10\text{-}1)$$

$$\sum_{i=1}^{100} v_i = 1 \qquad (10\text{-}2)$$

通过以上分析，可以通过对 $p_i(\varepsilon)$ 的利用来建立一个配分函数族（管孝艳等，2011a）：

$$\mu_i(q，\varepsilon) = \frac{p_i(\varepsilon)^q}{\sum\limits_{i=1}^{N} p_i(\varepsilon)^q} \qquad (10\text{-}3)$$

式中，ε 为尺度；$\mu_i(q，\varepsilon)$ 为每个子区间 q 阶概率，q 为实数；$\sum\limits_{i=1}^{N} p_i(\varepsilon)^q$ 为对 $1\sim N$ 个子区间内的 q 阶概率进行求和。

利用上述所推导的公式可以求出土壤中粒径分布多重分形的广义维数谱函数公式，具体形式如下：

$$D(q) = \lim_{\varepsilon \to 0} \frac{1}{q-1} \frac{\lg\left[\sum_{i=1}^{N(\varepsilon)} p_i(\varepsilon)^q\right]}{\lg\varepsilon} \tag{10-4}$$

粒径分布的多重分形奇异性指数为

$$\alpha(q) = \lim_{\varepsilon \to 0} \frac{\sum_{i=1}^{N(\varepsilon)} \mu_i(q, \varepsilon) \lg p_i(\varepsilon)}{\lg\varepsilon} \tag{10-5}$$

相对于 $\alpha(q)$ 粒径分布的多重分形谱函数为

$$f[\alpha(q)] = \lim_{\varepsilon \to 0} \frac{\sum_{i=1}^{N(\varepsilon)} \mu_i(q, \varepsilon) \lg \mu_i(q, \varepsilon)}{\lg\varepsilon} \tag{10-6}$$

式中，$\alpha(q)$ 为奇异性指数；$f(\alpha)$ 为相对于 $\alpha(q)$ 的维数分布函数。利用 $f(\alpha) \sim \alpha(q)$ 可以对待测土壤属性中的多重分形测度进行相应的描述和解释。$\Delta\alpha = \alpha_{\max} - \alpha_{\min}$ 为谱宽，据相关研究和计算可以知道，属性的局部异质程度随着谱宽数值的增大而变高。

式（10-4）～式（10-6）都是由式（10-1）通过最小二乘拟合和在 $-10 \leqslant q \leqslant 10$ 的范围内，以 1 为步长进行计算和转换得来的。对于多重分形特性来说，$\alpha(q)$ 与 $f(\alpha)$ 均能够对该特性的部分特征进行描述和解释，并且谱宽（$\Delta\alpha = \alpha_{\max} - \alpha_{\min}$）能够对整个分结构物理量形概率测度分布的不均匀程度进行描述和解释（管孝艳等，2011a）。

3. 联合多重分形方法

多重分形本来只运用于单个变量的研究，而联合多重分形方法就是将它拓展成为一种能够同时研究两个变量的方法（Meneveau et al.，1990）。联合多重理论可以用于分析同一几何支撑的 2 个多重分形变量的相互关系。

本书利用该方法分析不同土层土壤质地、有机质、全氮、土壤粒径分布分形维数空间变异性之间是否存在相互关系。通过某一土层土壤特性空间变异特征反映其他土层土壤特性的空间变异特征（刘继龙等，2010c）。

实际上该方法不仅能够进行定量分析，而且能够弄清楚不同研究对象在不同层面上的相互关系究竟是什么。就拿在同一几何支撑上的两个研究对象来说，该方法可以用来分析并得出研究对象 1 和 2 彼此的相互关系。需要确定的联合多重分形参数为 $\alpha^1(q^1, q^2)$、$\alpha^2(q^1, q^2)$ 和 $f(\alpha^1, \alpha^2)$，其计算公式为（Meneveau et al.，1990；Zeleke and Si，2005）

$$\alpha^1(q^1, q^2) = -\left\{\lg[N(\delta)]\right\}^{-1} \sum_{i=1}^{N(\delta)} \left\{\mu_i(q^1, q^2, \delta) \lg[p_i^1(\delta)]\right\} \tag{10-7}$$

$$\alpha^2(q^1,\ q^2) = -\{\lg[N(\delta)]\}^{-1} \sum_{i=1}^{N(\delta)} \{\mu_i(q^1,\ q^2,\ \delta)\lg[p_i^2(\delta)]\} \tag{10-8}$$

$$f(\alpha^1,\ \alpha^2) = -\{\lg[N(\delta)]\}^{-1} \sum_{i=1}^{N(\delta)} \{\mu_i(q^1,\ q^2,\ \delta)\lg[\mu_i(q^1,\ q^2,\ \delta)]\}$$

$$\tag{10-9}$$

式中,$\mu_i(q^1,\ q^2,\ \delta) = p_i^1(\delta)^{q^1} p_i^2(\delta)^{q^2} \Big/ \sum_{i=1}^{N(\delta)} p_i^1(\delta)^{q^1} p_i^2(\delta)^{q^2}$;$p_i^1(\delta)$ 为研究对象 1 的质量概率;$p_i^2(\delta)$ 为研究对象 2 的质量概率;$\alpha^1(q^1,\ q^2)$ 为研究对象 1 的奇异指数;$\alpha^2(q^1,\ q^2)$ 为研究对象 2 的奇异指数;$N(\delta)$ 表示研究尺度为 δ 时划分的区间个数。

联合多重分形参数 $\alpha^1(q^1,\ q^2)$、$\alpha^2(q^1,\ q^2)$ 和 $f(\alpha^1,\ \alpha^2)$ 的三维图称为联合多重分形谱。联合多重分形参数 $\alpha^1(q^1,\ q^2)$、$\alpha^2(q^1,\ q^2)$ 和 $f(\alpha^1,\ \alpha^2)$ 确定后,将 $\alpha^1(q^1,\ q^2)$、$\alpha^2(q^1,\ q^2)$ 和 $f(\alpha^1,\ \alpha^2)$ 的三维图转化为二维图,即用灰度值表示 $f(\alpha^1,\ \alpha^2)$,然后将 $f(\alpha^1,\ \alpha^2)$ 投影到 $\alpha^1(q^1,\ q^2)$ 和 $\alpha^2(q^1,\ q^2)$ 的平面上,得到联合多重分形谱的灰度图,根据联合多重分形谱灰度图集中与离散程度,能够定性描述两个参数的相关程度:如果其灰度图比较集中,说明参数间相关程度较高或者参数分布一致;如果其灰度图分布离散,则说明参数间的相关程度较低或者分布不同(Zeleke and Si,2005;陈双平等,2008;刘继龙等,2010b)。土壤颗粒理化性质的不同,导致了土壤颗粒组成的差异性,也会影响土壤肥力、溶质运移及土壤的发生过程。

10.2 复垦土壤物理特性的联合多重分形特征

10.2.1 土壤颗粒组成的多重分形和联合多重分形分析

1. 土壤颗粒组成的描述性统计分析

根据实验测得的土壤颗粒体积百分含量对土壤颗粒进行分级,分级标准采用美国三角制分级标准(表10.1)。

对不同土层砂粒、粉粒和黏粒含量进行描述性统计,结果见表10.2。0 ~ 20 cm土层黏粒、粉粒、砂粒含量的变异系数分别为 0.24、0.12、0.29;20 ~ 40 cm土层黏粒、粉粒、砂粒含量的变异系数分别为 0.28、0.17、0.4,不同土层土壤颗粒组成的变异系数均为10% ~ 100%,说明都具有中等变异性,其中砂粒含量和黏粒含量的空间变异性相对较强,粉粒含量的空间变异性较弱。

由表10.2可知,粉粒含量的平均值最高,可知土壤颗粒组成以粉粒为主,其次为砂粒,黏粒含量最少。

表 10.1　美国土壤颗粒分级标准　　　　（单位：mm）

粒级名称	粒径
黏粒	<0.002
粉粒	0.05~0.002
砂粒	2~0.05

表 10.2　土壤颗粒组成的描述性统计分析

层次（cm）	粒级	平均值（%）	中值（%）	标准差（%）	最小值（%）	最大值（%）	变异系数	K-S检验值
0~20	黏粒	13.27	12.61	3.18	7.91	20.51	0.24	0.232
	粉粒	58.41	57.87	7.16	43.41	75.19	0.12	0.826
	砂粒	28.33	27.26	8.11	10.55	46.33	0.29	0.726
20~40	黏粒	14.26	13.83	3.99	3.42	22.04	0.28	0.286
	粉粒	58.35	58.18	9.85	13.89	79.46	0.17	0.355
	砂粒	27.4	25	11.09	6.03	82.7	0.4	0.435

2. 土壤颗粒组成的多重分形分析

利用多重分形方法分析 0~20 cm 和 20~40 cm 土层土壤黏粒、粉粒、砂粒含量的空间变异性，得到了两个土层的黏粒、粉粒、砂粒含量在 $-2 \leqslant q \leqslant 2$ 的 $D(q) \sim q$ 曲线（图 10.2）和多重分形谱 $\alpha \sim f(\alpha)$ 曲线（图 10.3），表 10.3 给出了 0~20 cm 土层和 20~40 cm 土层砂粒含量、粉粒含量、黏粒含量的 $D(q)$ 值和多重分形谱宽度。

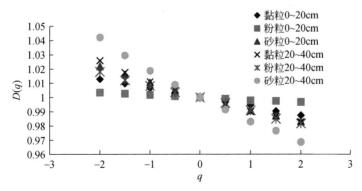

图 10.2　0~20 cm 与 20~40 cm 土层砂粒、粉粒和黏粒含量的 $D(q) \sim q$

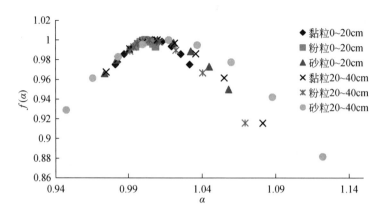

图 10.3　0~20 cm 与 20~40 cm 土层砂粒含量、粉粒含量和黏粒含量的多重分形谱

表 10.3　土壤颗粒组成的多重分形参数

层次 （cm）	粒级	D（0）	D（1）	D（2）	α_{min}（q）	α_{max}（q）	$\Delta\alpha$
	黏粒	1	0.995	0.987	0.981	1.031	0.05
0~20	粉粒	1	0.999	0.997	0.995	1.009	0.014
	砂粒	1	0.991	0.983	0.974	1.058	0.084
	黏粒	1	0.989	0.982	0.975	1.081	0.106
20~40	粉粒	1	0.991	0.982	0.991	1.069	0.078
	砂粒	1	0.983	0.969	0.947	1.122	0.175

　　由表 10.3 和图 10.2~图 10.3 可知，在 $-2\leq q\leq 2$，0~20 cm 土层黏粒和砂粒含量的 D（q）随着 q 的增加减小趋势比较明显，粉粒含量的变化很小。其中，0~20 cm 土层与 20~40 cm 土层砂粒含量的 D（0）、D（1）、D（2）分别为 1、0.991、0.983 和 1、0.983、0.969，黏粒含量的 D（0）、D（1）、D（2）分别为 1、0.995、0.987 和 1、0.989、0.982，粉粒含量的 D（0）、D（1）、D（2）分别为 1、0.999、0.997 和 1、0.991、0.982。当 D（q）~q 曲线为一条直线时，说明分形结构为均匀分形，当分形结构为非均匀分形时，D（q）~q 曲线是具有一定宽度的。由表 10.3 可知，所有数据都有 D（0）$>D$（1）$>D$（2），土壤颗粒组成分布为非均匀分形，不同土层砂粒含量和黏粒含量的多重分形特征比较明显，粉粒含量的多重分形特征不明显。

　　由表 10.3 还可知，通过对比各参数的多重分形谱谱宽 $\Delta\alpha$，砂粒含量在两个土层间变化最大，其次是黏粒含量，粉粒含量的 $\Delta\alpha$ 变化最小，说明砂粒含量和黏粒含量有较大的空间变异性，粉粒含量的空间变异性都较小，这可能是由于复垦过程中土壤材料混合的影响。

由图10.3可知，两个土层粉粒含量的 $\alpha \sim f(\alpha)$ 曲线主导集中在较小的范围内，呈右钩状，说明不同土层粉粒含量小概率子集占主要地位；$0 \sim 20$ cm 土层与 $20 \sim 40$ cm 土层砂粒含量的 $\alpha \sim f(\alpha)$ 曲线都呈左钩状，说明不同土层砂粒含量小概率子集占主导地位。同理，黏粒含量的 $\alpha \sim f(\alpha)$ 曲线呈右钩状，说明不同土层黏粒含量小概率子集占主导地位。

3. 土壤颗粒组成的联合多重分形分析

利用联合多重分形方法分别分析两个土层黏粒、粉粒、砂粒含量空间变异性的相互关系，将 $\alpha^1(q^1, q^2)$ 分别表示为 $\alpha_{黏20}$、$\alpha_{粉20}$、$\alpha_{砂20}$，$\alpha^2(q^1, q^2)$ 分别表示为 $\alpha_{黏40}$、$\alpha_{粉40}$、$\alpha_{砂40}$。图10.4为两个土层的砂粒、粉粒、黏粒含量联合多重分形谱，图10.5为各参数联合多重分形谱投影后得到的灰度图。

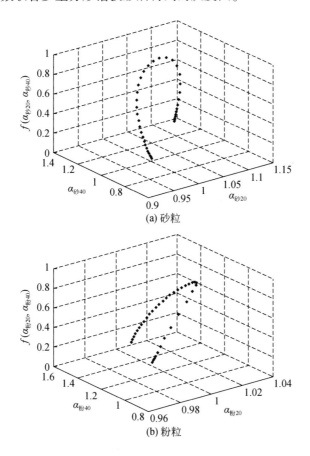

(a) 砂粒

(b) 粉粒

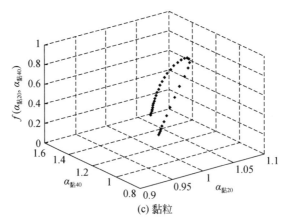

图 10.4　0 ~ 20 cm 和 20 ~ 40 cm 土层砂粒、粉粒和黏粒含量之间的联合多重分形谱

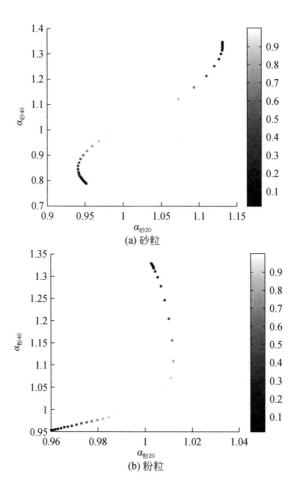

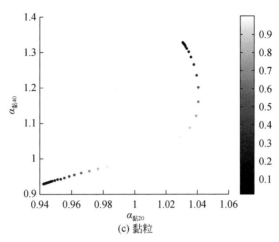

图 10.5　0～20 cm 和 20～40 cm 土层砂粒、粉粒和黏粒含量之间联合多重分形谱

由图 10.5 可知，0～20 cm 和 20～40 cm 土层砂粒含量、粉粒含量、黏粒含量的联合多重分形谱具有较明显的差异性，其中黏粒含量的灰度图沿对角线方向延伸的趋势最明显；粉粒含量则较为分散；砂粒含量分布状况介于上述两者之间，这说明 0～20 cm 土层与 20～40 cm 土层黏粒含量的相关程度最高，其次是砂粒含量，而粉粒含量的相关程度最弱。

10.2.2　土壤粒径分布分形维数之间的联合多重分形分析

利用联合多重分形方法，研究分析了 0～20 cm 土层与 20～40 cm 土层的土壤粒径分布分形维数在不同尺度上的相关性。利用联合多重分形方法，分析不同土层土壤粒径分布分形维数空间变异性之间的相互关系。

将 $\alpha^1(q^1,\ q^2)$ 表示成 α_{D20}，$\alpha^2(q^1,\ q^2)$ 表示成 α_{D40}，其中 D_{20} 表示 0～20 cm 土层的土壤粒径分布分形维数，D_{40} 表示 20～40 cm 土层的土壤粒径分布分形维数。图 10.6 为 0～20 cm 土层与 20～40 cm 土层土壤粒径分布分形维数的联合多重分形谱，图 10.7 为不同土层土壤粒径分布分形维数联合多重分形谱投影后的灰度图。

由图 10.6 可知，0～20 cm 土层与 20～40 cm 土层土壤粒径分布分形维数的灰度图集中分布在沿对角线周围，为进一步判定 0～20 cm 土层与 20～40 cm 土层土壤粒径分布分形维数在不同尺度上的相关程度，通过对参数进行相关性分析，两者的相关系数为 0.466，在 0.01 水平上显著，这说明 0～20 cm 土层与 20～40 cm 土层土壤粒径分布分形维数在多尺度上的相关程度比较高，也就是两个土层土壤粒径分布分形维数空间变异性之间的相互关系比较密切。

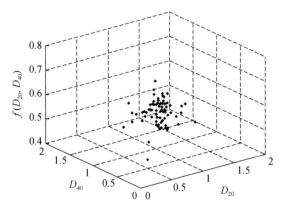

图 10.6 0~20 cm 和 20~40 cm 土层土壤粒分布分形维数之间的联合多重分形谱

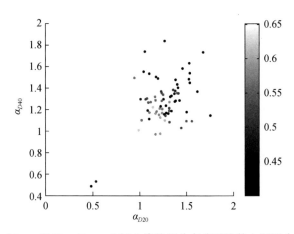

图 10.7 0~20 cm 和 20~40 cm 土层土壤粒径分布分形维数之间联合多重分形谱

10.3 复垦土壤化学特性的联合多重分形特征

土壤肥力可以通过土壤的全氮和有机质含量来反映。本研究在分析不同土层有机质含量描述性统计和多重分形特征的基础上，利用联合多重分形方法研究有机质含量在不同土层的空间变异性之间的相互关系。

10.3.1 土壤有机质含量的描述性统计分析

表 10.4 给出了 0~20 cm 与 20~40 cm 土层土壤有机质含量（OM）的描述性统计分析结果。由表 10.4 可知，0~20 cm 与 20~40 cm 土层土壤有机质含量的变异系

数分别为为 19.14% 和 24.35%，两个土层有机质含量的变异系数均介于10% ~
100%，表明 0 ~ 20 cm 与 20 ~ 40 cm 土层土壤有机质含量都具有中等变异性。

表 10.4　不同土层有机质含量的描述性统计分析

层次(cm)	取样数	最大值 (g/kg)	最小值 (g/kg)	均值 (g/kg)	标准差 (g/kg)	方差	变异系数(%)
0 ~ 20	78	4.61	1.73	2.96	0.57	0.32	19.14
20 ~ 40	78	5.39	1.49	2.89	0.7	0.49	24.35

10.3.2　土壤有机质含量的多重分形分析

利用多重分形方法分析 0 ~ 20 cm 和 20 ~ 40 cm 土层土壤有机质含量的空间变
异性，得到了两个土层有机质含量在 $-2 \leq q \leq 2$ 时的 $D(q)$ ~ q 曲线（图10.8）
和多重分形谱 α ~ $f(\alpha)$ 曲线（图10.9），表10.5 给出了具体的多重分形参数和
多重分形谱宽度。

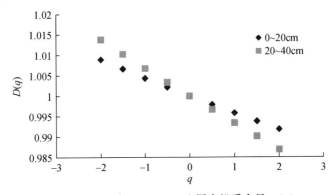

图 10.8　0 ~ 20 cm 和 20 ~ 40 cm 土层有机质含量 $D(q)$ ~ q

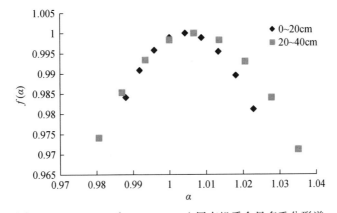

图 10.9　0 ~ 20 cm 和 20 ~ 40 cm 土层有机质含量多重分形谱

表 10.5　不同土层有机质含量的多重分形参数

层次（cm）	$D(0)$	$D(1)$	$D(2)$	$\alpha_{min}(q)$	$\alpha_{max}(q)$	$\Delta\alpha$
0 ~ 20	1	0.996	0.992	0.988	1.023	0.034
20 ~ 40	1	0.993	0.987	1.035	0.981	0.055

由图 10.8 可知，随 q 的增加，不同土层土壤有机质含量的 $D(q)$ 逐渐减小。其中，0 ~ 20 cm 土层土壤有机质含量的 $D(0)$、$D(1)$、$D(2)$ 分别为 1、0.996、0.992，20 ~ 40 cm 土层土壤有机质含量的 $D(0)$、$D(1)$、$D(2)$ 分别为 1、0.993、0.987。当分形结构为非均匀分形时，说明 $D(q)$ ~ q 曲线是具有一定宽度的。由表 10.5 可知，所有数据都有 $D(0) > D(1) > D(2)$，土壤颗粒组成分布为非均匀分形，不同土层有机质含量的多重分形特征比较明显。

通过对比有机质含量的多重分形谱谱宽 $\Delta\alpha$（图 10.9）可知，土壤有机质含量的多重分形谱宽度在 0 ~ 20 cm 土层较小，在 20 ~ 40 cm 土层较大，$\Delta\alpha$ 越大则土壤的非均匀性越大，说明 0 ~ 20 cm 土层有机质含量非均匀性小，20 ~ 40 cm 土层土壤有机质含量非均匀性大。

分析不同土层有机质含量的多重分形谱可知，α ~ $f(\alpha)$ 曲线都呈右钩状，说明有机质含量在 0 ~ 20 cm 土层和 20 ~ 40 cm 土层，小概率子集占主导地位。

10.3.3　土壤有机质含量的联合多重分形分析

利用联合多重分形方法分析两个土层有机质含量空间变异性的相互关系时，将 $\alpha^1(q^1, q^2)$ 表示成 α_{OM20}，$\alpha^2(q^1, q^2)$ 表示成 α_{OM40}，其中 OM20 表示 0 ~ 20 cm 土层的有机质含量，OM40 表示 20 ~ 40 cm 土层的有机质含量。图 10.10 为 0 ~ 20 cm 土层和 20 ~ 40 cm 土层有机质含量的联合多重分形谱，图 10.11 为联合多重分形谱投影后得到的灰度图。

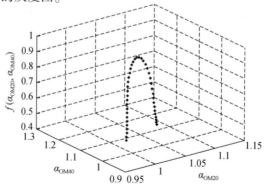

图 10.10　0 ~ 20 cm 和 20 ~ 40 cm 土层有机质含量之间的联合多重分形谱

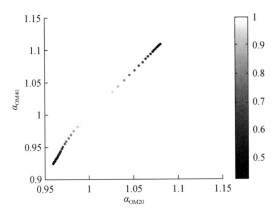

图 10.11　0 ~ 20 cm 和 20 ~ 40 cm 土层有机质含量联合多重分形谱

由图 10.10 和图 10.11 可知，有机质含量的灰度图沿对角线方向延伸，说明 0 ~ 20 cm 和 20 ~ 40 cm 土层有机质含量的相关程度较高。进一步量化分析两个土层有机质含量在多尺度上的相关性，通过对两个土层有机质含量进行相关性分析，得到相关系数为 0.392，在 0.01 水平上显著，说明两个土层有机质含量在多尺度上的相关程度较高，也就是说，有机质含量空间变异性之间的相互关系比较密切。

10.4　复垦土壤肥力特性的联合多重分形特征

以测定土壤全氮含量为例，分析不同土层土壤全氮的描述性统计值和多重分形特征，利用联合多重分形方法，分析不同土层土壤全氮空间变异性之间的相互关系。

10.4.1　土壤全氮含量的描述性统计分析

表 10.6 给出了 0 ~ 20 cm 土层与 20 ~ 40 cm 土层土壤全氮含量（TN）的描述性统计分析结果。0 ~ 20 cm 土层和 20 ~ 40 cm 土层全氮含量的变异系数分别为 10.43% 和 13.79%，土壤全氮含量在 0 ~ 20 cm 土层与 20 ~ 40 cm 土层的变异系数均介于 10% ~ 100%，表明 0 ~ 20 cm 土层和 20 ~ 40 cm 土层的土壤全氮含量都具有中等变异性。

表 10.6　不同土层全氮含量的描述性统计分析

层次（cm）	取样数	最大值（g/kg）	最小值（g/kg）	均值（g/kg）	标准差（g/kg）	方差	变异系数（%）
0 ~ 20	78	0.26	0.15	0.21	0.02	0.005	10.43
20 ~ 40	78	0.34	0.14	0.22	0.03	0.001	13.79

10.4.2　土壤全氮含量的多重分形分析

由图 10.12 和图 10.13 可知,随 q 的增加,不同土层土壤全氮含量的 $D(q)$ 逐渐减小,其中 0～20 cm 土层土壤全氮含量的 $D(0)$、$D(1)$、$D(2)$ 分别为 1、0.999、0.998,20～40 cm 土层土壤全氮含量的 $D(0)$、$D(1)$、$D(2)$ 分别为 1、0.998、0.997。由此可知,0～20 cm 和 20～40 cm 土层土壤全氮含量的多重分形特征比较明显。

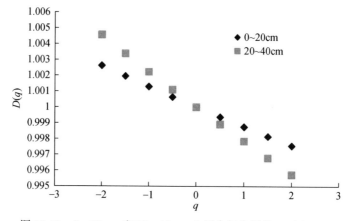

图 10.12　0～20 cm 和 20～40 cm 土层全氮含量的 $D(q)$ ~q

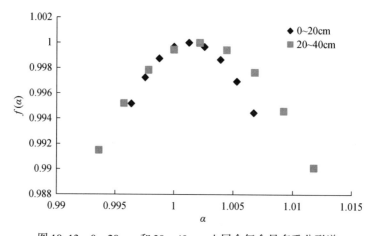

图 10.13　0～20 cm 和 20～40 cm 土层全氮含量多重分形谱

由表 10.7 可知，0～20 cm 土层和 20～40 cm 土层土壤全氮含量的多重分形谱宽度分别为 0.01 和 0.018。$\Delta\alpha$ 越大则土壤的非均匀性越大，说明 0～20 cm 土层全氮含量非均匀性小，20～40 cm 土层土壤全氮含量非均匀性大。

表 10.7 不同土层全氮含量的多重分形参数

层次(cm)	$D(0)$	$D(1)$	$D(2)$	$\alpha_{min}(q)$	$\alpha_{max}(q)$	$\Delta\alpha$
0～20	1	0.999	0.998	0.996	1.007	0.01
20～40	1	0.998	0.997	0.994	1.012	0.018

10.4.3 土壤全氮含量的联合多重分形分析

利用联合多重分形方法分析 0～20 cm 土层与 20～40 cm 土层土壤全氮含量空间变异性之间的相互关系时，将 $\alpha^1(q^1, q^2)$ 表示成 α_{TN20}，$\alpha^2(q^1, q^2)$ 表示成 α_{TN40}，其中 TN20 表示 0～20 cm 土层的全氮含量，TN40 表示 20～40 cm 土层的全氮含量。图 10.14 为 0～20 cm 土层和 20～40 cm 土层全氮含量的联合多重分形谱，图 10.15 为联合多重分形谱投影后的灰度图。

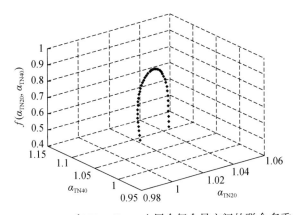

图 10.14 0～20 cm 和 20～40 cm 土层全氮含量之间的联合多重分形谱

由图 10.14 和图 10.15 可知，全氮含量的灰度图沿对角线方向延伸，说明 0～20 cm 和 20～40 cm 土层全氮含量的相关程度较高。为进一步量化分析两个土层有机质含量在多尺度上的相关性，通过对两个土层全氮含量进行相关性分析，得到相关系数为 0.995，在 0.01 水平上显著，说明两个土层全氮含量在多尺度上的相关程度较高，也就是说有机质含量空间变异性之间的相互关系比较密切。

综上所述，在 0～20 cm、20～40 cm 土层有机质含量和全氮含量的空间变异性基本一致，这也与程先富等（2004）、张建杰等（2010b）的研究结果相似，分

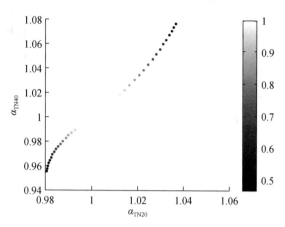

图 10.15　0 ~ 20 cm 和 20 ~ 40 cm 土层全氮含量之间联合多重分形谱

析研究可能是由结构性因素引起。

10.5　小　结

10.5.1　总结

本章利用多重分形理论和联合多重分形理论对研究区土壤理化性质空间变异性进行了分析，通过研究得到以下结论。

1）研究区土壤颗粒组成具有明显的多重分形特征，$D(0)$、$D(1)$、$D(1)$ /$D(0)$、$\Delta\alpha$ 和 $\Delta f(\alpha)$ 都可以从不同角度反映土壤颗粒分布的非均匀质特征。

2）排土场重构土壤黏粒、砂粒、有机质和全氮含量 $D(q) \sim q$ 的减小趋势均比较明显，说明多重分形特征比较明显，粉粒含量的多重分形特征不明显；砂粒和黏粒含量有较强的空间变异性，粉粒、有机质、全氮含量的空间变异性相对较弱；在 0 ~ 20 cm、20 ~ 40 cm 这两个土层上，有机质含量、全氮含量、土壤粒径分布分形维数空间变异性之间的相互关系比较密切。其中，有机质含量和全氮含量的分布状况比较相似，研究结果表明土壤有机质和全氮含量的空间变异性基本一致，它们的空间变异主要是由结构变异引起的。

3）在矿区重构土壤理化特性空间变异性研究中，研究结论与前人的研究结论基本相符，相对于前人的研究，本章利用多重分形理论可以更好地分析土壤结构的复杂性、不规则程度及不均匀程度；联合多重分形理论通过分析不同土层土壤特性空间变异性之间的相互关系来反映垂直方向上其他土层土壤特性的空间变异特征分析，从而能更准确地反映对应变量的空间变异性在多尺度上的相互关系。

10.5.2　展望

1）土壤特性的空间变异性是一个复杂的问题，本章只分析了平朔矿区内排土场部分土壤特性的空间变异性，在时间方面研究区土壤仅复垦一年，未对时间的变异性进行研究。

2）本书只分析了上下两层土壤特性空间变异性之间的相互关系，还要进一步深入分析深层土壤特性空间变异性之间的相互关系。

3）排土方式、施工技术、表土来源及厚度等影响因素的差异，都会改变采矿后复垦土壤理化性质的空间变异性，从而直接影响复垦后的田间管理、培肥改良措施等，最终表现为对植物生长情况的影响。因此，如何将研究区域内土壤特性的空间变异性与矿区生态修复结合起来有待于进一步研究。

第11章　黄土区露天煤矿重构土壤孔隙三维重建及定量表征

露天煤矿开采是一种高速度、大规模改变生态环境的生产活动，严重损坏了地表土壤与植被，且露天矿多分布在黄土高原等生态脆弱区，露天开采使该区的生态环境更加恶劣。因此，在复垦中重构具有良好理化性质与肥力条件的土壤，对于促进矿区植被快速恢复至关重要。在排土场排土及复垦时受大型机械的碾压，土壤颗粒重新排列（陈星彤等，2005），土壤紧实度增大，致使土壤孔隙度减小、充气孔隙数量减小，从而改变了土壤的三相比，直接影响土壤的理化性质、肥力、通气及水分运移状况等，进而影响矿区植被恢复及复垦效果。因此，研究矿区排土场土壤孔隙十分必要。土壤孔隙的三维重建可直观显示孔隙的三维分布，从而为土壤孔隙的研究提供了一种新的手段。目前，只有少数学者实现了土壤孔隙的三维重建，且现有的研究大多只停留在重建的层面上，很少对每个土壤孔隙团的体积进行计算，且涉及重构土壤的很鲜见。

本书基于 Matlab 平台，通过获取的 CT 扫描图片，对不同复垦年限重构土壤孔隙进行三维重建，展示土壤孔隙的三维分布及连通性，并对孔隙团数量和孔隙团体积大小进行分析，揭示不同复垦年限土壤孔隙的分布规律，从而为露天矿区的复垦工作与土壤质量改良提供指导。

11.1　土壤孔隙三维重建及定量表征的研究方法

11.1.1　土壤样品的采集

本次采样选取的是安太堡矿复垦 23 年的南排土场（Y23）、复垦 20 年的西排土场（Y20）、刚排完土未复垦的内排土场（Y0），另外选取原地貌（Y）作为对照组，分别开挖 100 cm 的土壤剖面，使用直径为 2 cm、高为 10 cm 的有机玻璃管，分层采集 0~25 cm、25~50 cm、50~75 cm 原状土样，将采集样品密封以供 CT 扫描。采样点具体情况见表 9.1。

11.1.2　CT 扫描

采集的土壤样品在航天特种材料及工艺技术研究所进行 CT 扫描，本次扫描所用设备为 PHOENIX 公司生产的 X 射线数字岩心分析设备，该仪器主要由焦点 X 射线管、机械转台、探测器、样品室、计算机断层扫描软件等组成，最大管电压为 180 kV，最大管功率为 15 W，体元分辨率与样品的直径和密度相关，本次扫描最小体元分辨率为 10 μm，通过扫描可以在不破坏土壤结构的情况下获取完整的静态物理参数。CT 扫描图片如图 11.1 所示。

(a) Y23　　　　　(b) Y20　　　　　(c) Y0　　　　　(d) Y

图 11.1　不同复垦年限土壤 CT 扫描图

11.1.3　土壤孔隙三维重建

基于 Matlab 2009，编写程序实现土壤孔隙的三维重建，主要步骤如下：将 CT 扫描图片导入 Matlab，经过插值处理与三维矩阵的构建得到土壤样品的三维重建图，接着选取合适的阈值进行二值化处理，提取孔隙单元并进行重绘，得到重构土壤孔隙三维分布图，其中黑色代表孔隙，表示为"0"，白色代表土壤基质，表示为"1"。

由于计算机内存有限，本研究每个样点选取了 20 张连续 CT 图片，每张图片选取 150×150 个像素点大小的区域进行三维重建，共设置 A、B、C 3 个重复，如图 11.2 所示。

阈值确定的过程如下：选择一张 CT 图片，对图片中大孔隙进行图像分析计算，得到孔隙面积大小的数值，然后随意给定一个阈值，对选出的 CT 图片进行二值化处理，将二值化处理后该孔隙面积与未二值化处理的该孔隙面积的大小进行比较，如果相差较大，则重新设定阈值进行试验，当计算出的孔隙面积与未二值化处理的孔隙面积差值非常小时，即可认为二值化处理的孔隙面积与真实的孔隙面积相等，所以选用该阈值作为二值化阈值。

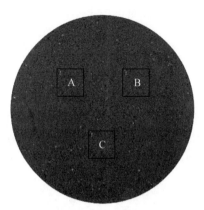

图 11.2　三维重建位置示意图

11.1.4　孔隙团搜索

根据土壤孔隙三维分布图，搜索土壤孔隙团的个数及每个孔隙团的体积大小，本研究的体积以像素点的个数表示。搜索时，以每个像素点的灰度值来判断该点是否为孔隙，如果灰度值为 0，则为孔隙；如果灰度值为 1，则为土壤基质；则孔隙团即为 0 的连通域。假如搜索的像素点的值是 0，就对这个像素点周围的点进行判断，如果周围有 0，在其周围是 0 的像素点继续往下判断，直到附近的像素点没有 0 值出现，则认为连通域判断完毕，即可计算出这个连通域内有多少个 0 值像素点；在连通域的判别过程中，对搜索过的点进行标序，以避免在下一轮搜索中重复记录，同时记录每一个连通域内的像素个数，最后序号的最大值就是连通域所含像素点的个数，每一个孔隙团的体积大小就可以用这个孔隙团所对应的连通域内的像素个数来表征。

孔隙团的个数、孔隙度及其他参数取 A、B、C 3 个处理的平均值。

11.2　重构土壤孔隙的三维分布

不同复垦年限重构土壤三维重建及孔隙三维分布如图 11.3 和图 11.4 所示。由图 11.4 可看出原地貌孔隙数量最多，孔隙形态最为复杂、不规则，在重构土壤中，复垦 23 年和复垦 20 年的土壤孔隙较多，未复垦的土壤孔隙很少，且孔隙形态比较单一。每个复垦年限不同土层土壤孔隙分布情况也有所不同，在复垦 23 年的土壤孔隙分布图中可以看出，50～75 cm 土层土壤孔隙最多，0～25 cm 土层次之，25～50 cm 土层孔隙最少；在复垦 20 年的土壤孔隙分布图中可知，25～50 cm 土层与 50～75 cm 土层孔隙较多，两土层孔隙量相差不大，0～25 cm 土层孔隙相对较少；未复垦土壤 3 个土层孔隙量都很少，3 个土层相差不大，孔隙分布比较均一；原地貌土壤中，0 ~ 25 cm 土层孔隙最多，形态最为复杂，25 ~ 50 cm 与 50 ~ 75 cm 土层孔隙比较接近。

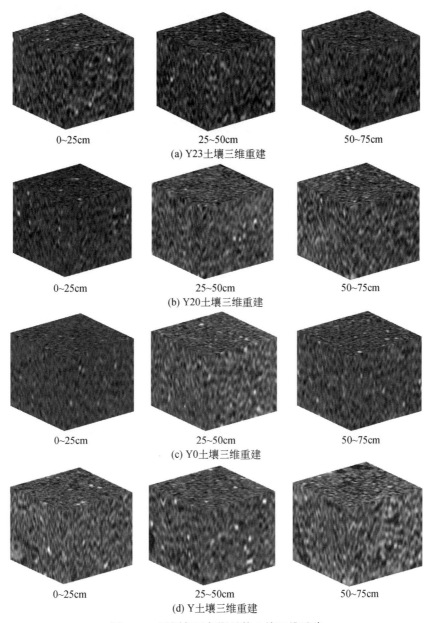

(a) Y23土壤三维重建

(b) Y20土壤三维重建

(c) Y0土壤三维重建

(d) Y土壤三维重建

图 11.3　不同复垦年限重构土壤三维重建

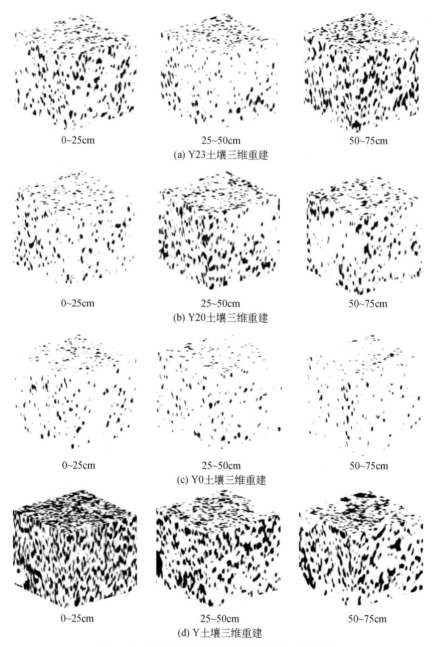

0~25cm　　　　　　　　25~50cm　　　　　　　　50~75cm

(a) Y23土壤三维重建

0~25cm　　　　　　　　25~50cm　　　　　　　　50~75cm

(b) Y20土壤三维重建

0~25cm　　　　　　　　25~50cm　　　　　　　　50~75cm

(c) Y0土壤三维重建

0~25cm　　　　　　　　25~50cm　　　　　　　　50~75cm

(d) Y土壤三维重建

图11.4　不同复垦年限重构土壤孔隙三维分布

11.3　孔隙团搜索结果

11.3.1　搜索结果

根据重建的土壤孔隙三维立体图，搜索出土壤孔隙团的个数及体积大小，统计出最大孔隙团像素个数及总孔隙团像素个数，并计算出土壤孔隙度，结果见表11.1。由表11.1中总孔隙团像素个数及孔隙度可知，搜索结果与图11.4直观观察结果一致，原地貌的土壤孔隙度最大，复垦23年与复垦20年的土壤孔隙度次之，刚排土未复垦的土壤孔隙度最小。

表11.1　不同复垦年限重构土壤孔隙团搜索结果

复垦年限	土层（cm）	孔隙团个数（个）	最大孔隙团像素个数(个)	最小孔隙团像素个数(个)	总孔隙团像素个数(个)	孔隙度（%）
Y23	0~25	1 383	260 002	1	573 212	12.55
	25~50	1 888	44 570	1	374 690	8.12
	50~75	644	1 032 677	1	1 090 864	23.92
Y20	0~25	1 639	90 884	1	412 613	9.02
	25~50	1 255	380 247	1	670 539	14.58
	50~75	1 523	169 514	1	499 799	10.96
Y0	0~25	2 012	3 340	1	157 081	3.41
	25~50	1 781	25 697	1	171 806	3.76
	50~75	2 031	3 659	1	112 698	2.44
Y	0~25	837	1 561 530	1	1 576 014	34.56
	25~50	843	863 192	1	979 358	21.47
	50~75	1 001	591 009	1	812 484	17.82

复垦23年土壤中，50~75 cm土壤孔隙度最大，为23.92%，这可能与复垦种植的抗旱乔灌木有关，树木根系扎根较深，所以在50~75 cm土层孔隙较多，其中最大孔隙团像素点个数为100多万个，占了总孔隙体积的95%，表明内部孔隙连通性较好，除了最大团外，其他孔隙团体积都比较小；0~25 cm孔隙度大于25~50 cm孔隙度，可能是由于植被的枯枝落叶在表层转化为有机物质，草本植被生长较好，草本根系疏松了表层土壤；与孔隙度相反，孔隙团个数从大到小依次为25~50 cm、0~25 cm、50~75 cm土层，最多有1888个孔隙团，最少的只有644个孔隙团。复垦20年土壤孔隙度在10%左右，从大到小依次为25~50 cm、50~75 cm、0~25 cm土层，这是因为在25~50 cm与50~75 cm土层的植被根系

分布较多，3 个土层最大孔隙团的大小顺序与孔隙度的大小顺序一致；孔隙团个数从表层到底层依次为 1639 个、1255 个、1523 个，同样与孔隙度成反比关系。排土后未复垦的土壤中，3 个土层孔隙度大小很接近，都在 3% 左右，最大孔隙团的体积也较小，这是由于在排土过程中受大型机械的碾压，土壤颗粒重新排列，使得土壤结构板结（杨晓娟和李春俭，2008），从上到下土壤孔隙比较均一，小孔隙居多；未复垦土壤孔隙团个数最多，3 个土层比较接近。原地貌土壤孔隙团个数较小，表层土壤孔隙度最大，为 34.56%，最大孔隙团像素点个数达到 150 多万个，占了总孔隙团体积的 99%，说明孔隙团内部连通性非常好，大孔隙较多，这可能与原地貌草本植物生长茂盛有关，草本植被根系主要在表层，表层土壤最为疏松。

利用 SPSS 20.0 对复垦年限为 23 年、20 年、排土后未复垦及原地貌的土壤孔隙度、孔隙团个数、最大孔隙团像素个数进行显著性分析（ $\alpha = 0.05$ ）。复垦 23 年土壤孔隙度显著大于未复垦土壤孔隙度，显著性水平为 0.049，与复垦 20 年、原地貌土壤孔隙度差异不显著，显著性水平均大于 0.05；复垦 20 年、未复垦土壤孔隙度显著小于原地貌土壤孔隙度，显著性水平均小于 0.032，复垦 20 年土壤孔隙度与未复垦土壤差异不显著，显著性水平为 0.137；复垦 23 年土壤孔隙团个数显著小于未复垦土壤孔隙团个数，显著性水平为 0.05，与复垦 20 年、原地貌的显著性水平均大于 0.1，没有明显差异，未复垦土壤孔隙团个数显著大于复垦 23 年、原地貌土壤孔隙团个数，显著性水平均小于 0.05，与复垦 20 年土壤孔隙团个数差异不明显，显著性水平为 0.128；复垦 20 年、未复垦土壤最大孔隙团像素个数显著小于原地貌，显著性水平均小于 0.03，其余复垦年限之间最大孔隙团像素个数显著性水平均大于 0.1，差异不显著。

11.3.2　孔隙团个数、最大孔隙团体积与孔隙度之间的关系

由图 11.5、图 11.6 可以看出，孔隙团个数、最大孔隙团像素个数与孔隙度都符合较好的线性关系，拟合优度 R^2 分别为 0.835、0.9616。随着孔隙度的增加，孔隙团个数呈减小趋势，最大孔隙团像素个数呈递增趋势，这是由于孔隙度越大，孔隙连通性越好，越多的孔隙团合并成更大的团，孔隙团的个数减小，最大孔隙团的体积变大，相反，如果孔隙连通性越差，其内部孔隙分布越细碎，独立分布的孔隙团个数越多，最大孔隙团的体积也就越小。

11.3.3　孔隙团体积分布

表 11.2 为不同复垦年限土壤孔隙团体积大小的分布情况，可以看出每个土层中除了几个较大团外，绝大部分孔隙团的体积都小于 10 000 个像素点，且 96% 以

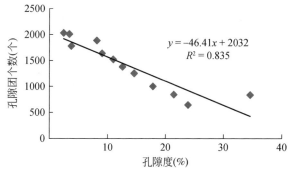

图 11.5　孔隙团个数与孔隙度的关系

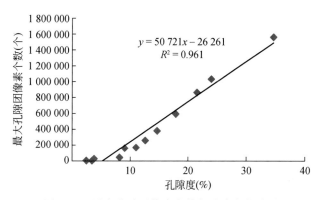

图 11.6　最大孔隙团像素个数与孔隙度的关系

上都处于 1000 个像素点以下, 说明除最大孔隙团外, 其余孔隙团的体积非常小,
这种情况在原地貌 0～25 cm 土层表现得最为明显, 最大孔隙团像素点个数达到
100 多万个, 而其他所有团的像素点都 ≤1000, 孔隙团的大小分布是非常不均
匀的。

表 11.2　不同复垦年限土壤孔隙团体积分布情况

复垦年限	土层（cm）	孔隙团体积分布（个）（像素点个数）					
		>100 万	10 万～100 万	1 万～10 万	1000～1 万	≤1000	合计个数
Y 23	0～25	0	1	3	50	1330	1383
	25～50	0	0	3	45	1840	1888
	50～70	1	0	0	7	636	644

复垦年限	土层(cm)	孔隙团体积分布（个）（像素点个数）					合计个数
		>100万	10万~100万	1万~10万	1000~1万	≤1000	
Y 20	0~25	0	0	2	39	1597	1639
	25~50	0	1	3	33	1218	1255
	50~70	0	1	3	51	1468	1523
Y 0	0~25	0	0	0	8	2004	2012
	25~50	0	0	1	11	1769	1781
	50~70	0	0	0	6	2025	2031
Y	0~25	1	0	0	0	836	837
	25~50	0	1	0	16	825	843
	50~70	0	1	1	21	978	1001

11.4　影响土壤孔隙状况的讨论

土壤孔隙一方面对水分、养分及气体的运移起重要作用，孔隙的大小、形状、连通性都会影响运移的速度与效率，另一方面可以储藏水分，提高水分的入渗速率，减少地表的水土流失，具有涵养水源的功能（李红等，2010）。土壤孔隙状态能够反映复垦土壤质量的好坏，影响植被的生长。排土和复垦对土壤孔隙状况都有很大的影响。

11.4.1　排土对土壤孔隙状况的影响

随着机械化水平的提高，露天煤矿在排土时受大型机械的碾压，土壤颗粒重新排列组合，大孔隙数量减少（Lipiec et al., 2012），使土壤紧实度增大，导致土壤板结，如果在土壤水分较大时作业，更容易导致土壤下沉、孔隙度下降（张兴义和隋跃宇，2005）。此外，排土机械越重，轮胎与地面接触面积越小，土壤压实越严重，孔隙度就越小。当土壤孔隙度小于10%时，土壤大孔隙急剧减少，而小孔隙会呈现封闭的状态，不利于空气的交换，土壤趋于厌氧环境会导致土壤微生物活性降低、数量减少（Jordan et al., 2003），同时对土壤动物也有影响（Bouwman and Arts, 2000）。较大的土壤紧实度还会影响土壤中水分、养分的有效性，抑制植物根系的伸长，根系的生长需要消耗更多的营养物质（Groleau-Renaud et al., 1998）。

本研究中刚排土未复垦土壤孔隙度只有3%左右，属于严重压实，不利于植被的恢复，应采取深耕等措施对土壤结构进行改良。有研究表明，履带型机械对土壤的压实度相对较小（刘宁等，2014），未来在露天煤矿排土时应选择合适的机械，改进工艺，减轻排土场土壤的压实度。

11.4.2　复垦对土壤孔隙状况的影响

随着排土场的不断复垦，土壤质量会不断提高，植被生物量也会不断丰富（王金满等，2012，2013），从而使土壤孔隙得到极大的改善。首先，植被根系可改良土壤孔隙状况（李宗超和胡霞，2015），根据对复垦 23 年、复垦 20 年、未复垦土壤及原地貌土壤孔隙的分析发现，随着复垦年限的增长，土壤的孔隙度增大，但在不同的植被恢复措施下，孔隙结构在垂直方向上的发展不尽相同，复垦 23 年的土壤底层孔隙较多，而原地貌土壤表层孔隙较多，存在明显的差异，这是因为土地的利用类型不同，种植的植被根系分布的深度不同。因此，在复垦中选择合适的植被配置模式对土壤孔隙改良具有重要影响。其次，土壤有机质对土壤孔隙有改善作用，有机质中的成分能够与土壤颗粒或团聚体产生胶结作用，土壤有机质含量较高，土壤团聚体就较发育（钟继红等，2002）。研究表明，土壤团聚体与土壤孔隙度间有着深刻的联系（Regelink et al.，2015）。Chen 等（2012）研究也发现，较高的有机碳含量会导致较大的土壤孔隙度。随着复垦时间的增长，土壤中微生物的数量、种类不断丰富（樊文华等，2011a；Li et al.，2013），越来越多的植被凋落物在微生物的分解下转化为有机质存储在土壤中，从而优化了土壤孔隙结构。此外，随着土壤条件的改善，土壤动物的数量、种类也不断增加，像蚯蚓等动物对土壤有着很好的疏松作用，从而增加了土壤孔隙度。为了改善未复垦排土场土壤的压实状况，应选择合适的植被进行复垦，使土壤质量不断提高，改善土壤孔隙条件。

11.5　小　　结

本章基于 CT 扫描图片，对复垦 23 年、复垦 20 年、排土后未复垦的重构土壤及原地貌土壤进行了孔隙分布的三维重建，分析了不同复垦年限不同土层土壤孔隙状况，从而得到以下结论。

1）CT 扫描技术能够无损获取土壤孔隙信息，通过三维重建可以得到土壤孔隙三维分布，并能搜索到土壤孔隙团的个数及体积，使土壤孔隙的研究更加简单、直接。

2）随着复垦年限的增加，土壤孔隙度、连通性得到显著性提高，重构土壤中复垦 23 年土壤孔隙状况最好，最接近原地貌，其次为复垦 20 年土壤，未复垦土壤孔隙状况最差，不同复垦年限土壤孔隙分布在垂直方向上有很大差异。

3）孔隙团个数、最大孔隙团像素个数与孔隙度都符合较好的线性关系，随着孔隙度的增加，孔隙团的个数呈减小的趋势，最大孔隙团像素个数呈递增趋势，除最大孔隙团外，其余孔隙团的体积非常小。

4）未复垦排土场受大型机械的压实作用，土壤孔隙度最小，不同土层孔隙分布比较均一，为了改善土壤孔隙状况，应尽快进行排土场植被恢复。

第 12 章　总结与探讨

12.1　总　　结

本书运用模型构建、三维重建方法，并引入地统计学理论、多重分形理论、联合多重分形理论，研究了露天煤矿重构土壤质量、植被演替规律，土壤质量-植被-环境因子之间的响应关系，以及土壤颗粒粒径分布特征、土壤孔隙分布特征、土壤特性空间变异性。

由研究结果可知，复垦土壤质量随复垦年限的增加而增加，复垦初期增长速度较快，随着复垦时间的增长，土壤质量的恢复速度逐渐缓慢，接近原地貌，土壤理化性质指标显示出了明显的空间分布格局与空间变异性。复垦土地植被恢复的早期阶段，很大程度上受到土壤环境因素的制约，土壤状况不仅影响着植物群落的发生、发育和演替的速度，而且决定着植物群落演替的方向。土壤环境因子与植被群落是相互联系、相互制约的关系。土壤颗粒组成与土壤孔隙分布具有明显的多重分形特征，$D(0)$、$D(1)$、$D(1)/D(0)$、$\Delta\alpha$ 和 Δf 都能较好地从不同角度反映土壤颗粒与孔隙分布的非均匀质特征。随着复垦年限的增加，土壤孔隙度、连通性得到显著性提高，植被恢复能够改善土壤孔隙的状况。

12.2　探　　讨

自我国进行矿区的复垦工作以来，取得了不少的成果，本书也讨论了黄土区露天煤矿土壤重构的理论与方法，总结了一些关于露天煤矿的研究成果，可以为矿区的复垦提供一定的指导。但是，现有的复垦工作与本书的研究存在着不足，有许多地方需要进行完善与创新，本节将作如下探讨。

12.2.1　土壤植被一体化复垦

土壤重构与植被重建是复垦中两个关键的步骤，土壤重构是复垦的核心，要重构一个具有良好理化性质的土壤，在较短的时间内恢复和提高重构土壤的生产力；植被重建是矿区土地复垦的保障，其可以恢复矿区的生态多样性。目前，在露天煤矿排土场的复垦中，土壤重构与植被重建往往是分开完成的，有的在排土场排完土很长时间内都未进行植被重建，排土场的水土流失与土壤侵蚀等问题严重，导致土壤养分流失，从而致使重构土壤的质量更加低下。因此，未来在排土场排完土后，应及时根据重构土壤质量状况、当地气候、水热条件，以及复垦目标，选择合适的植被类型进行生态恢复，实现土壤植被一体化复垦，减少排土场的水土流失，恢复矿区的生态系统。

12.2.2　土壤孔隙三维多重分形表征

土壤孔隙在水分、养分的运输与存储，气体的交换中起着重要的作用，土壤孔隙结构十分复杂，多重分形理论的引入为土壤孔隙定量化研究带来了新的方法。多重分形可以分析随尺度的变化研究变量的概率分布，能够充分刻画复杂、不规则的结构，对局部微小变化也十分敏感，本书对土壤孔隙二维分布进行了多重分形表征，但是土壤孔隙是三维立体的，具有连通性，孔隙平面分布与三维分布存在很大差异，利用平面代替三维有很大的局限性，所以土壤孔隙二维多重分形表征不能充分刻画土壤孔隙的分布特征。三维重建可真实还原土壤孔隙的空间分布，为土壤孔隙的研究提供了一种新的手段，今后可以在土壤孔隙三维重建的基础上，通过多重分形理论对土壤孔隙三维分布进行表征，充分描述土壤孔隙分布的非均匀质特征。

12.2.3　微地形改造

黄土高原区多为干旱、半干旱地区，水分对植被的生长与恢复至关重要，研究发现，土壤水分含量较高的区域一般是地势较低的区域，因此为了提高土壤水分的含量，可在地貌重塑时采用一种微地形的整地方式，形成稍有起伏的地形，以增加土壤水分含量，利于今后植被的生长。微地形是指在景观施工过程中，采用人工模拟大地形态及其起伏错落的韵律而设计出有起伏变化的地形，其地面高低起伏但起伏幅度不太大。目前，微地形改造已经在景观设计中广泛使用，但在复垦工作中的应用还不多。微地形的塑造能够提供多样的环境，其对改善小环境景观具有重要作用，也为植物的生长提供了必要条件。在矿区复垦中，可利用微地形改造的地形优点促进植被快速恢复。

12.2.4　排土场土壤压实改良

排土场排土及复垦时受大型机械的碾压，土壤颗粒重新排列，土壤紧实度增大，导致土壤板结，不利于水分、养分、气体的运移与交换，土壤趋于厌氧环境，从而导致土壤微生物活性降低、数量减少，同时其对土壤动物也有影响，进而影响到矿区植被恢复及复垦的效果。已有研究表明，不同的压实机械参数、不同的土壤质地、不同的复垦工艺都会对土壤压实产生影响，但是关于压实后土壤改良技术的研究较少。应在明确机械压实机制和影响因素的前提下，制定改良土壤的措施，同时也要改进排土工艺，减轻排土场的机械压实状况。

12.2.5　土壤重金属污染修复

在露天煤矿的复垦中，重金属污染也是一个值得关注的问题。煤矸石中的重金属在长期堆积、风化和淋溶的作用下，向土壤中扩散，从而造成土壤污染，影响植被生长。其中，毒性较大的有 Cd、Pb、Hg、As 等，这些元素不能被微生物降解，如果进入人类的食物链，将会引起中毒以及多种疾病。目前，对于矿区重金属污染运用较多的是植物修复技术，通过植物吸收来富集重金属。但是，植物修复技术存在一定的局限性，首先很难培育出高效的重金属富集植物，其次这种高效富集植物往往生物量低，生长缓慢，从而导致修复周期长。此外，植物修复不适合多种重金属复合污染的土壤，因为有些重金属很难被吸收。能否找到合适的方法，既能提取各种形态的重金属，又不破坏土壤结构，不产生二次污染，将重金属元素从土壤中快速分离，是值得思考的问题。

参 考 文 献

白中科, 付梅臣, 赵中秋. 2006. 论矿区土壤环境问题. 生态环境, 15 (5): 1122-1125.

白中科, 李晋川, 王文英, 等. 2000a. 中国山西平朔安太堡露天煤矿退化土地生态重建研究. 中国土地科学, 14 (4): 1-4.

白中科, 赵景逵, 段永红, 等. 2000b. 工矿区土地复垦与生态重建. 北京: 中国农业出版社.

白中科, 王文英, 李晋川, 等. 1998a. 黄土区大型露天煤矿剧烈扰动土地生态重建研究. 应用生态学报, 9 (6): 621-626.

白中科, 王文英, 李晋川. 1998b. 试析平朔露天煤矿废弃地复垦的新技术. 煤矿环境保护, 12 (6): 47-50.

白中科, 赵景逵, 李晋川, 等. 1999a. 大型露天煤矿生态系统受损研究——以平朔露天煤矿为例. 生态学报, 19 (6): 870-875.

白中科, 赵景逵, 朱荫湄. 1999b. 试论矿区生态重建. 自然资源学报, 14 (1): 35-41.

卞正富. 2000. 国内外煤矿区土地复垦研究综述. 中国土地科学, 14 (1): 6-11.

卞正富. 2005. 我国煤矿区土地复垦与生态重建研究. 资源产业, 7 (2): 18-24.

曹汉强, 朱光喜, 李旭涛, 等. 2004. 多重分形及其在地形特征分析中的应用. 北京航空航天大学学报, 30 (12): 1182-1185.

曹银贵, 白中科, 张耿杰, 等. 2013. 山西平朔露天矿区复垦农用地表层土壤质量差异对比. 农业环境科学学报, 32 (12): 2422-2428.

陈洪祥, 张树礼, 马建军. 2007. 煤矿复垦地不同恢复模式下土壤特性研究——以黑岱沟露天煤矿为例. 内蒙古环境科学, 19 (4): 63-67.

陈来红, 马万里. 2011. 霍林河露天煤矿排土场植被恢复与重建技术探讨. 中国水土保持科学, 9 (4): 117-120.

陈龙乾, 邓喀中, 徐黎华, 等. 1999. 矿区复垦土壤质量评价方法. 中国矿业大学学报, 28 (5): 449-452.

陈秋计. 2007. 基于 GIS 的矿区土地复垦信息系统与辅助规划研究. 北京: 中国科学技术出版社.

陈双平, 韩凯, 马猛, 等. 2008. 染色体碱基序列的联合多重分形分析. 电子与信息学报, 30 (2): 298-301.

陈星彤, 胡振琪, 张学礼. 2005. 开采沉陷区不同复垦技术下复垦土壤压实的空间变化. 灌溉排水学报, 24 (6): 74-77.

陈星彤, 胡振琪, 张学礼. 2006. 煤炭开采沉陷区典型复垦工艺的土壤压实度分析. 矿业研究与开发, 26 (2): 86-88.

程建龙, 陆兆华, 范英宏. 2004. 露天煤矿区生态风险评价方法. 生态学报, 24 (12): 2945-2950.

程先富, 史学正, 于东升, 等. 2004. 江西省兴国县土壤全氮和有机质的空间变异及其分布格局. 应用与环境生物学报, 10 (1): 64-67.

崔旭, 葛元英, 白中科. 2010. 黄土区大型露天煤矿区生态承载力评价研究——以平朔安太堡露天煤矿为例. 中国生态农业学报, 18 (2): 422-427.

崔艳. 2009. 生态脆弱矿区土地利用调控机制与对策. 北京: 中国地质大学博士学位论文.

丁敏, 庞奖励, 刘云霞, 等. 2010. 黄土高原不同土地利用方式下土壤颗粒体积分形特征. 干
旱区资源与环境, 24 (11): 161-165.

丁青坡, 王秋兵, 魏忠义, 等. 2007. 抚顺矿区不同复垦年限土壤的养分及有机碳特性研究.
土壤通报, 38 (2): 262-267.

樊文华, 白中科, 李慧峰, 等. 2011a. 不同复垦模式及复垦年限对土壤微生物的影响. 农业工
程学报, 27 (2): 330-336.

樊文华, 白中科, 李慧峰, 等. 2011b. 复垦土壤重金属污染潜在生态风险评价. 农业工程学
报, 27 (1): 348-354.

樊文华, 李惠峰, 白中科. 2006. 黄土区大型露天煤矿不同复垦模式和年限下土壤肥力的变化.
山西农业大学学报, 26 (4): 313-316.

樊文华, 李慧峰, 白中科, 等. 2010. 黄土区大型露天煤矿煤矸石自燃对复垦土壤质量的影响.
农业工程学报, 26 (2): 319-324.

冯杰, 郝振纯. 2002. CT 扫描确定土壤大孔隙分布. 水科学进展, 13 (5): 611-617.

冯杰, 郝振纯. 2004. 分形理论在描述土壤大孔隙结构中的应用研究. 地球科学进展, 19: 270-
274.

冯杰, 于纪玉. 2005. 利用 CT 扫描技术确定土壤大孔隙分形维数. 灌溉排水学报, (4):
26-28.

冯亮亮, 庞奖励. 2009. 关中东部人工花椒林土壤孔隙的分形特征. 贵州农业科学, 37 (4):
130-132.

冯娜娜, 李廷轩, 张锡洲, 等. 2006. 不同尺度下低山茶园土壤有机质含量的空间变异. 生态
学报, 26 (2): 349-356.

付梅臣, 陈秋计. 2004. 矿区生态复垦中表土剥离及其工艺. 金属矿山, (8): 63-65.

高君亮, 李玉宝, 虞毅, 等. 2010. 毛乌素沙地不同土地利用类型土壤分形特征. 水土保持研
究, 17 (6): 220-223.

高晴. 2003. 加拿大的矿业环境保护. 资源产业, 5 (4): 19-23.

高雅, 陆兆华, 魏振宽, 等. 2014. 露天煤矿生态风险受体分析——以内蒙古平庄西露天煤矿为
例. 生态学报, 34 (11): 2844-2854.

高英旭, 刘红民, 刘阳, 等. 2014. 海州露天矿排土场不同林分土壤理化性质对植被生物量的
影响. 中南林业科技大学学报, 34 (1): 78-83.

葛元英, 崔旭, 白中科. 2008. 露天煤矿复垦土壤重金属污染及生态风险评价——以平朔安太
堡露天矿区为例. 山西农业大学学报 (自然科学版), 28 (1): 85-88.

巩杰, 陈利顶, 傅伯杰, 等. 2005. 黄土丘陵区小流域植被恢复的土壤养分效应研究. 水土保
持学报, 19 (1): 93-96.

管孝艳, 杨培岭, 吕烨. 2011a. 基于多重分形的土壤粒径分布与土壤物理特性关系. 农业机械
学报, 42 (3): 44-50.

管孝艳, 杨培岭, 吕烨. 2011b. 基于多重分形理论的农田土壤特性空间变异性分析. 应用基础

与工程科学学报, 19 (5): 712-720.

管孝艳, 杨培岭, 任树梅, 等. 2009. 基于多重分形理论的壤土粒径分布非均匀性分析. 应用基础与工程科学学报, 17 (2): 196-205.

郭飞, 徐绍辉, 刘建立. 2005. 土壤样本分形几何特征的图像分析方法. 土壤学报, 42 (1): 24-29.

郭凌俐, 王金满, 白中科, 等. 2015. 黄土区露天煤矿排土场复垦初期土壤颗粒组成空间变异分析. 中国矿业, 24 (2): 52-59.

郭凌俐, 王金满, 张萌, 等. 2014. 草原露天煤矿区不同复垦模式效果对比. 金属矿山, (6): 150-155.

郭祥云, 李道亮. 2009. 阜新海州露天煤矿排土场植被与土壤环境关系. 辽宁工程技术大学学报 (自然科学版), 28 (5): 823-826.

郭逍宇, 张金屯, 宫辉力, 等. 2007. 安太堡矿区复垦地植被种间关系及土壤因子分析. 生物多样性, 15 (1): 46-52.

郭中领, 符素华, 王向亮, 等. 2010. 北京地区表层土壤分形特征研究. 水土保持通报, 30 (2): 151-158.

韩桂云, 张铁珩, 李培军, 等. 2003. 外生菌根真菌在大型露天煤矿生态修复中的应用研究. 应用生态学报, 13 (9): 1150-1152.

韩丽君, 白中科, 李晋川, 等. 2007. 安太堡露天煤矿排土场土壤种子库. 生态学杂志, 26 (6): 817-821.

郝蓉, 白中科, 赵景逵, 等. 2003. 黄土区大型露天煤矿废弃地植被恢复过程中的植被动态. 生态学杂志, 23 (8): 1470-1476.

郝蓉, 陕永杰, 白中科, 等. 2001. 露天煤矿复垦土地的植物群落多样性和稳定性. 煤矿环境保护, 16 (6): 14-16.

何娟, 刘建立, 吕菲. 2008. 基于 CT 数字图像的土壤孔隙分形特征研究. 土壤, 40 (4): 662-666.

何永涛, 李文华, 郎海鸥. 2009. 黄土高原降水资源特征与林木适宜度研究. 干旱区研究, 26 (3): 406-412.

候景儒, 尹镇南, 李维明. 1998. 实用地质统计学. 北京: 地质出版社.

胡江波, 杨改河, 张笑培, 等. 2007. 不同植被恢复模式对土壤肥力的影响. 河北农业科学, 3: 69-72.

胡振琪, 魏忠义, 秦萍. 2005. 矿山复垦土壤重构的概念与方法. 土壤, 37 (1): 8-12.

胡振琪, 张光灿, 魏忠义, 等. 2003. 煤矸石山的植物种群生长及其对土壤理化性质的影响. 中国矿业大学学报, 32 (5): 491-499.

胡振琪, 赵艳玲, 程玲玲. 2004. 中国土地复垦目标与内涵扩展. 中国土地科学, 18 (3): 3-8.

胡振琪. 1992. 露天煤矿复垦土壤物理特性的空间变异性. 中国矿业大学学报, 21 (4): 31-37.

胡振琪. 1995. 露天煤矿土地复垦研究. 北京: 煤炭工业出版社.

胡振琪. 1996. 复垦土壤耕作效果的定量评价. 土壤侵蚀与水土保持学报, 2 (2): 86-93.

胡振琪. 1997. 煤矿山复垦土壤剖面重构的基本原理与方法. 煤炭学报, 22（6）: 617-622.

胡振琪. 2010. 山西省煤矿区土地复垦与生态重建的机遇和挑战. 山西农业科学, 38（1）: 42-45.

淮态, 庞奖励, 文青. 2008. 不同土地利用方式下土壤粒径分布的分维特征. 生态与农村环境学报, 24（2）: 41-44.

黄昌勇. 2000. 土壤学. 北京: 中国农业科技出版社.

黄冠华, 詹卫华. 2000. 土壤水力特性分形特征的研究进展. 水科学进展, 39（4）: 490-497.

黄龙. 2011. 海州露天矿排土场边坡土壤抗冲性空间变异性特征. 亚热带水土保持, 23（1）: 1-5, 14.

贾晓红, 李新荣, 李元寿. 2007. 干旱沙区植被恢复过程中土壤颗粒分形特征. 地理研究, 26（3）: 518-525.

姜娜, 邵明安, 雷廷武. 2005. 水蚀风蚀交错带坡面土壤入渗特性的空间变异及其分形特征. 土壤学报, 42（6）: 904-908.

焦菊英, 马祥华, 白文娟, 等. 2005. 黄土丘陵沟壑区退耕地植物群落与土壤环境因子的对应分析. 土壤学报, 42（5）: 744-752.

解文艳, 周怀平, 关春林, 等. 2012. 山西省主要农田土壤有机质和全氮的空间变异分析. 山西农业科学, 10（5）: 493-497.

景明. 2014. 黄土区超大型露天煤矿地貌重塑演变、水土响应与优化研究. 北京: 中国地质大学博士学位论文.

李长春, 张光胜, 姚峰, 等. 2014. 新疆准东煤田五彩湾露天矿区土壤重金属污染评估与分析. 环境工程,（7）: 142-146.

李春, 李云驹, Mortimer P E. 2014. 昆阳磷矿不同植被恢复模式对土壤理化性质和细菌群落的影响. 植物分类与资源学报, 36（4）: 514-522.

李道亮, 王莹. 2005. 煤矿废弃地植物恢复品种选择模型研究. 系统工程理论与实践, 25（8）: 140-144.

李德成, Velke B, Delerue J F, et al. 2002. 土壤孔隙质量分维数 Dm 二元图像分析及其影响因素研究. 土壤通报, 33（4）: 256-259.

李国敏. 1992. 多孔介质水动力弥散尺度效应的分形特征//第一届全国分形理论与地质科学学术讨论会交流论文, 武汉: 中国地质大学出版社: 56-59.

李海英, 顾尚义, 吴志强. 2007. 矿山废弃土地复垦技术研究进展, 矿业工程, 5（2）: 43-45.

李红, 范素芳, 张光灿, 等. 2010. 黄土丘陵区退耕还林后不同林地土壤孔隙与贮水特性. 水土保持通报, 30（1）: 27-30.

李华, 李永青, 沈成斌, 等. 2008. 风化煤施用对黄土高原露天煤矿区复垦土壤理化性质的影响研究. 农业环境科学学报, 27（5）: 1752-1756.

李华清, 谢水生, 米绪军. 2006. 连续切片三维立体重构的程序设计. 计算机仿真, 23（10）: 227-230.

李晋川, 白中科, 柴书杰, 等. 2009. 平朔露天煤矿土地复垦与生态重建技术研究. 科技导报, 27（17）: 30-34.

李晋川, 白中科. 2000. 露天煤矿土地复垦与生态重建——平朔露天矿的研究与实践. 北京: 科学出版社.

李晋川, 王文英, 卢崇恩. 1999. 安太堡露天煤矿新垦土地植被恢复的探讨. 河南科学, 17 (6): 92-95.

李静鹏, 徐明峰, 苏志尧, 等. 2014. 不同植被恢复类型的土壤肥力质量评价. 生态学报, 34 (9): 2297-2307.

李俊超, 党廷辉, 郭胜利, 等. 2014. 植被重建下煤矿排土场土壤熟化过程中碳储量变化. 环境科学, 35 (10): 3842-3850.

李敏, 李毅. 2009. 不同尺度网格膜下滴灌土壤水盐的空间变异性分析. 水利学报, 40 (10): 1210-1218.

李明安. 1996. 平朔矿区和安太堡露天煤矿. 中国煤炭, (10): 30-31.

李鹏, 徐康. 2013. 分形理论在土壤学研究中的应用进展. 江西农业学报, 25 (4): 78-84.

李其远. 1998. 论平庄矿区可持续发展之路. 内蒙古煤炭经济, (1): 4-6.

李戎凤, 胡春原, 王义, 等. 2007. 马家塔露天矿生态复垦区土壤养分状况研究. 内蒙古农业大学学报, 28 (2): 106-110.

李汝莘, 林成厚, 高焕文, 等. 2002. 小四轮拖拉机土壤压实的研究. 农业工程学报, 33 (1): 126-129.

李淑敏, 李红, 周连, 等. 2009. 土壤电导率的快速测量 (EM38) 与数据的研究应用. 安徽农业科学, 37 (29): 14001-14004, 14015.

李树志, 高荣久. 2006. 塌陷地复垦土壤特性变异研究. 辽宁工程技术大学学报, 25 (5): 792-794.

李树志, 周锦华, 姜升, 等. 1999. 浅析煤矿塌陷区域综合治理与利用. 山东邹城: 中国土地协会土地复垦分会. 第六次全国土地复垦学术会议.

李树志. 1999. 当前煤矿土地复垦工作中应重点研究的几个问题. 中国土地科学, 13 (2): 12-15.

李小昱, 雷廷武. 2000. 农田土壤特性的空间变异性及分形特征. 干旱地区农业研究, 18 (4): 61-65.

李晓燕, 张树文. 2004. 吉林省德惠市土壤特性空间变异特征与格局. 地理学报, 59 (6): 989-997.

李新举, 方玉东, 田素锋, 等. 2007a. 黄河三角洲垦利县可持续土地利用障碍因素分析. 农业工程学报, 23 (7): 71-75.

李新举, 胡振琪, 李晶, 等. 2007b. 采煤塌陷地复垦土壤质量研究进展. 农业工程学报, 23 (6): 276-280.

李新荣. 2012. 荒漠生物土壤结皮生态与水文学研究. 北京: 高等教育出版社.

李毅, 李敏, 曹伟, 等. 2010. 农田土壤颗粒尺寸分布分维及颗粒体积分数的空间变异性. 农业工程学报, 26 (1): 94-102.

李裕元, 邵明安. 2004. 子午岭植被自然恢复过程中植物多样性的变化. 生态学报, 24 (2): 252-260.

李宗超, 胡霞. 2015. 小叶锦鸡儿灌丛化对退化沙质草地土壤孔隙特征的影响. 土壤学报, 52 (1): 225-231.

廖尔华, 张世熔, 邓良基, 等. 2002. 丘陵区土壤颗粒的分形维数及其应用. 四川农业大学学报, 20 (3): 242-245.

刘爱利, 王培法, 丁园圆. 2012. 地统计学概论. 北京: 科学出版社.

刘创民, 李昌哲. 1996. 多元统计分析在森林土壤肥力类型分辨中的应用. 生态学报, 16 (4): 444-447.

刘春雷, 王金满, 白中科, 等. 2011. 干旱区草原露天煤矿土地复垦技术分析. 金属矿山, 5 (419): 154-157.

刘春雷. 2011. 干旱区草原露天煤矿排土场土壤重构技术研究. 北京: 中国地质大学硕士学位论文.

刘付程, 史学正, 潘贤章, 等. 2003. 苏南典型地区土壤颗粒的空间变异特征. 土壤通报, 34 (4): 246 -249.

刘广明, 吕真真, 杨劲松, 等. 2012. 典型绿洲区土壤盐分的空间变异特征. 农业工程学报, 28 (16): 100 -107.

刘广明, 杨劲松. 2001. 土壤含盐量与土壤电导率及水分含量关系的试验研究. 土壤通报, 26 (专辑): 85-87.

刘继龙, 马孝义, 张振华. 2010a. 土壤水盐空间异质性及尺度效应的多重分形. 农业工程学报, 26 (1): 81-86.

刘继龙, 马孝义, 张振华. 2010b. 土壤入渗特性的空间变异性及土壤转换函数. 水科学进展, 21 (2): 214-221.

刘继龙, 马孝义, 张振华. 2010c. 不同土层土壤水分特征曲线的空间变异及其影响因素. 农业机械学报, 41 (1): 46-52.

刘建立, 聂永丰. 2001. 非饱和土壤水力参数预测的分形模型. 水科学进展, 12 (1): 99-105.

刘建立, 徐绍辉. 2004. 参数模型在壤土类土壤颗粒大小分布中的应用. 土壤学报, 41 (3): 375-379.

刘美英. 2009. 马家塔复垦区土壤质量评价及其平衡施肥研究. 呼和浩特: 内蒙古农业大学博士学位论文.

刘宁, 李新举, 郭斌, 等. 2014. 机械压实过程中复垦土壤紧实度影响因素的模拟分析. 农业工程学报, 30 (1): 183-190.

刘世梁, 马克明, 傅伯杰, 等. 2003. 北京东灵山地区地形土壤因子与植物群落关系研究. 植物生态学报, 27 (4): 496-502.

刘松玉, 张继文. 1997. 土中孔隙分布的分形特征研究. 东南大学学报, 27 (3): 127-130.

刘伟红, 王金满, 白中科, 等. 2014. 露天煤矿排土场复垦土地土壤有机碳的动态变化. 金属矿山, (3): 141-146.

刘伟红. 2014. 黄土丘陵区露天煤矿复垦土壤有机碳的变化特征及影响因素. 北京: 中国地质大学硕士学位论文.

刘霞, 姚孝友, 张光灿, 等. 2011. 沂蒙山林区不同植物群落下土壤颗粒分形与孔隙结构特征.

林业科学，47（08）：31-37.

刘宪芳．2007．超精密加工表面的功率谱密度与分形表征技术研究．黑龙江：哈尔滨工业大学硕士学位论文．

刘欣，王红梅，廖丽君．2011．黑龙江省巴彦县土壤养分空间变异规律与格局分析．土壤通报，42（1）：86-90.

刘雪冉，李新举，李海龙．2008．邹城市采煤塌陷区复垦土壤质量变化研究．安徽农业科学，38（32）：14206.

柳云龙，胡宏涛．2004．红壤地区地形位置和利用方式对土壤物理性质的影响．水土保持学报，18（1）：22-26.

龙健，黄昌勇，滕应，等．2003．矿区废弃地土壤微生物及其生化活性．生态学报，23（3）：496-503.

卢昆，陈剑伟．2014．浅谈土壤的污染及其治理．微元素与健康研究，31（3）：72-73.

卢铁光，杨广林，王利坤．2003．基于相对土壤质量指数法的土壤质量变化评价与分析．东北农业大学学报，34（1）：56-59.

吕春娟，白中科，陈卫国．2011．黄土区采煤排土场生态复垦工程实施成效分析．水土保持通报，31（6）：232-236．

吕菲，刘建立，何娟．2008．利用 CT 数字图像和网络模型预测近饱和土壤水力学性质．农业工程学报，24（5）：10-14.

马从安，王启瑞，才庆祥．2007．大型露天煤矿重金属污染评价．矿业安全与环保，34（2）：36-41.

马建军，李青丰，张树礼．2007．灰色关联分析在黑岱沟露天煤矿土壤质量评价中的应用．干旱区资源与环境，21（7）：125-129.

马建军，张树礼，李青丰．2006．黑岱沟露天煤矿复垦土地野生植物侵入规律及对生态系统的影响．环境科学研究，19（5）：101-106.

马建军，张树礼，姚虹，等．2012．复垦地土壤重金属及类重金属的时间累积效应．干旱区资源与环境，26（12）：69-74.

马锐．2004．矿区排土场水土安全及景观格局评价——以平朔安太堡露天煤矿西排土场为例．晋中：山西农业大学硕士学位论文．

马旭东，张苏峻，苏志尧，等．2010．车八岭山地常绿阔叶林群落结构特征与微地形条件的关系．生态学报，30（19）：5151-5160.

宁茂岐，刘洪斌，武伟．2007．两种取样尺度下土壤重金属空间变异特征研究．中国生态农业学报，15（2）：86-91.

牛星，蒙仲举，高永，等．2011．伊敏露天煤矿排土场自然恢复植被群落特征研究．水土保持通报，31（1）：215-221.

潘德成，邓春晖，吴祥云，等．2014．矿区复垦区土壤水分时空分布对植被恢复的影响．干旱区资源与环境，28（3）：96-100.

彭新华，张斌，赵其国．2004．土壤有机碳库与土壤结构稳定性关系的研究进展．土壤学报，41（4）：618-623.

戚家忠, 赵艳玲, 杨璐. 2008. 复垦重构土壤有机质的空间变异特性研究. 安徽理工大学学报 (自然科学版), 28 (3): 8-13.

齐雁冰, 常庆瑞, 田康, 等. 2013. 黄土丘陵沟壑区不同植被恢复模式土壤无机磷形态分布特 征. 农业环境科学学报, 32 (1): 56-62.

钱洲, 俞元春, 俞小鹏, 等. 2014. 毛乌素沙地飞播造林植被恢复特征及土壤性质变化. 中南 林业科技大学, 34 (4): 102-107.

秦高远, 周跃, 郭广军, 等. 2006. 矿山生态恢复研究进展. 云南环境科学, 26 (4): 19-21.

秦俊梅, 白中科, 李俊杰, 等. 2006. 矿区复垦土壤环境质量剖面变化特征研究——以平朔露 天矿区为例. 山西农业大学学报, 26 (1): 101-105.

冉景江, 梁川. 2006. 基于分形的土壤水分输运机制与模型研究. 四川大学学报, 38 (4): 10-14.

任海, 杜卫兵, 王俊, 等. 2007. 鹤山退化草坡生态系统的自然恢复. 生态学报, 27 (9): 3593-3600.

任晓旭, 蔡体久, 王笑峰. 2010. 不同植被恢复模式对矿区废弃地土壤养分的影响. 北京林业 大学学报, 32 (4): 151-154.

陕永杰, 张美萍, 白中科, 等. 2005. 平朔安太堡大型露天矿区土壤质量演变过程分析. 干旱 区研究, 22 (4): 565-568.

邵明安, 王全九, 黄明斌. 2006. 土壤物理学. 北京: 高等教育出版社.

师华定. 2004. 矿区土地复垦与生态重建信息系统的实现——以平朔露天矿区为例. 晋中: 山 西农业大学硕士学位论文.

史瑞和. 1986. 土壤农化分析 (第二版). 北京: 中国农业出版社.

史舟, 李艳. 2006. 地统计学在土壤学中的应用. 北京: 中国农业出版社.

宋创业, 郭柯. 2007. 浑善达克沙地中部丘间低地植物群落分布与土壤环境关系. 植物生态学 报, 31 (1): 40-49.

苏永中, 赵哈林. 2004. 科尔沁沙地农田沙漠化演变中土壤颗粒分形特征. 生态学报, 24 (1): 71-74.

孙海运, 李新举, 胡振琪, 等. 2008. 马家塔露天矿区复垦土壤质量变化. 农业工程学报, 24 (12): 205-209.

孙洪泉. 1990. 地质统计学及在其应用. 徐州: 中国矿业大学出版社.

孙泰森, 白中科. 2001. 大型露天煤矿人工扰动地貌生态重建研究. 太原理工大学学报, 32 (3): 219-221.

孙铁珩, 姜凤岐. 1996. 草原矿区开发的环境影响与生态工程. 北京: 科学出版社.

台培东, 孙铁珩, 贾宏宇, 等. 2002. 草原地区露天矿排土场土地复垦技术研究. 水土保持学 报, 16 (3): 90-93.

唐立松, 张佳宝, 程心俊, 等. 2002. 干旱区绿洲荒漠交错带土地退化及生态重建. 干旱区研 究, 19 (3): 38-43.

陶冶, 刘彤. 2009. 天山-阿尔泰山拟南芥种群分布与环境的关系. 地理科学进展, 28 (3): 449-459.

王波, 毛任钊, 曹健, 等. 2006. 海河低平原区农田重金属含量的空间变异性——以河北省肥乡县为例. 生态学报, 26 (12): 4082-4090.

王德, 傅伯杰, 陈利顶, 等. 2007. 不同土地利用类型下土壤粒径分形分析: 以黄土丘陵沟壑区为例. 生态学报, 36 (2): 3081-3089.

王改玲, 白中科, 赵景逵. 2000. 安太堡露天煤矿排土场刺槐生长状况研究. 煤矿环境保护, 14 (2): 21-24.

王改玲, 白中科. 2002. 安太堡露天煤矿排土场植被恢复的主要限制因子及对策. 水土保持研究, 9 (1): 38-40.

王国梁, 刘国彬, 周生路. 2003. 黄土高原土壤干层研究述评. 水土保持学报, 17 (6): 156-159.

王辉, 韩宝平, 卞正富. 2007. 充填复垦区土壤水分空间变异性研究. 河南农业科学, (7): 67-70.

王健, 高永, 魏江生, 等. 2006. 采煤塌陷对风沙区土壤理化性质影响的研究. 水土保持学报, 20 (5): 52-55.

王金满, 白中科, 罗明, 等. 2010. 基于专业序列的中国多层次土地复垦标准体系. 农业工程学报, 26 (5): 312-315.

王金满, 郭凌俐, 白中科, 等. 2013. 黄土区露天煤矿排土场复垦后土壤与植被的演变规律. 农业工程学报, 29 (21): 223-232.

王金满, 杨睿璇, 白中科. 2012. 草原区露天煤矿排土场复垦土壤质量演替规律与模型. 农业工程学报, 28 (14): 229-235.

王金满, 张萌, 白中科, 等. 2014. 黄土区露天煤矿排土场重构土壤颗粒组成的多重分形特征. 农业工程学报, 30 (4): 230-238.

王康, 张仁铎, 王富庆. 2004. 基于不完全分形理论的土壤水分特征曲线模型. 水利学报, 12 (5): 1-7.

王礼先. 2004. 中国水利百科全书——水土保持分册. 北京: 中国水利水电出版.

王丽, 刘霞, 张光灿, 等. 2007. 鲁中山区采取不同生态修复措施时的土壤粒径分形与孔隙结构特征. 中国水土保持科学, 5 (2): 72-80.

王丽艳, 韩有志, 张成梁, 等. 2011. 不同植被恢复模式下煤矸石山复垦土壤性质及煤矸石风化物的变化特征. 生态学报, 31 (21): 6429-6441.

王倩, 尚月敏, 冯锐, 等. 2012. 基于变异函数的耕地质量等别监测点布设分析——以四川省中江县和北京市大兴区为例. 中国土地科学, 26 (8): 80-86.

王蓉, 康萨如拉, 牛建明, 等. 2013. 草原区露天煤矿复垦恢复过程中植物多样性动态——以伊敏矿区为例. 内蒙古大学学报 (自然科学版), 44 (6): 597-606.

王尚义, 牛俊杰, 朱炜歆, 等. 2013. 晋西北矿区、非矿区不同植被下土壤水分特征. 干旱区研究, 30 (6): 986-991.

王翔, 李晋川, 岳建英, 等. 2013. 安太堡露天矿复垦地不同人工植被恢复下的土壤酶活性和肥力比较. 环境科学, 34 (9): 3601-3606.

王应刚, 朱宇恩, 张秋华, 等. 2006. 龙角山林区维管植物物种多样性. 生态学杂志, 25

（12）：1490-1494.

王勇，李廷轩，邢小军，等．2008．不同尺度下中低山区植烟土壤氯素空间变异性研究．中国烟草科学，29（4）：18-24.

王玉杰，王云琦，齐实，等．2006．重庆缙云山典型林地土壤分形特征对水分入渗影响．北京林业大学学报，28（2）：73-78.

王煜琴，李新举，胡振琪，等．2009．煤矿区复垦土壤压实时空变异特征．农业工程学报，25（5）：223-227.

王政权．1999．地质统计学及在生态学中的应用．北京：科学出版社．

王志宏，李爱国，范良千．2006．海州露天煤矿排土场土壤现状评价．安全与环境学报，6（4）：70-73.

王自威．2013．典型工矿区受损土地修复技术与整治规划设计．北京：中国地质大学硕士学位论文．

魏远，顾红波，薛亮，等．2012．矿山废弃地土地复垦与生态恢复研究进展．中国水土保持科学，10（2）：107-114.

魏忠义，胡振琪，白中科．2001．露天煤矿排土场平台"堆状地面"土壤重构方法．煤炭学报，26（1）：18-21.

魏忠义，陆亮，王秋兵．2008．抚顺西露天矿大型煤矸石山及其周边土壤重金属污染研究．土壤通报，39（4）：946-949.

魏忠义，王秋兵．2009．大型煤矸石山植被重建的土壤限制性因子分析．水土保持研究，16（1）：179-182.

吴蔚东，黄月琼，黄春昌，等．1996．江西省主要森林类型下土壤的物理性质．江西农业大学学报，18（2）：131-136.

夏冰，韩政兴，林俊，等．2011．煤矿土地复垦与生态恢复研究．科技向导，35：271-290.

肖波，王庆海，李翠，等．2011．黄土高原退耕地复垦对土壤理化性状及空间变异特征的影响．西北农林科技大学学报（自然科学版），39（7）：185-192，200.

徐占军，侯湖平，张绍良，等．2012．采矿活动和气候变化对煤矿区生态环境损失的影响．农业工程学报，28（5）：232-240.

徐志果．2013．安太堡露天矿复垦地草本植物群落多样性研究．北京：中国地质大学硕士学位论文．

许建伟，李晋川，白中科．2010．黄土区大型露天矿复垦地土壤对植物多样性的影响研究——以平朔安太堡露天矿排土场为例．山西农业科学，38（4）：48-51.

许丽，樊金栓，周心澄，等．2005．阜新市海州露天煤矿排土场植被自然恢复过程中物种多样性研究．干旱区资源与环境，19（6）：152-157.

许明祥，刘国彬．2004．黄土丘陵区刺槐人工林土壤养分特征及演变．植物营养与肥料学报，10（1）：40-46.

杨培岭，罗远培，石元春．1993．用粒径的重量分布表征的土壤分形特征．科学通报，38（20）：1896-1899.

杨勤学，赵冰清，郭东罡．2015．中国北方露天煤矿区植被恢复研究进展．生态学杂志，34

（4）：1152-1157.

杨小波，吴庆书．2000. 海南岛热带地区弃荒农田次生植被恢复特点．植物生态学报，24（4）：477-482.

杨晓娟，李春俭．2008. 机械压实对土壤质量、作物生长、土壤生物及环境的影响．中国农业科学，41（7）：2008-2015.

杨秀春，刘连友，严平．2004. 土壤短期吹蚀的粒度分维特征．土壤学报，41（2）：176-182.

姚荣江，杨劲松，姜龙．2006. 黄河三角洲土壤盐分空间变异与合理采样数研究．水土保持学报，20（6）：84-94.

于君宝，刘景双，王金达，等．2001. 矿山复垦土壤典型元素时空变化研究．中国环境科学，21（3）：235-239.

于君宝，王金达，刘景双，等．2002. 矿山复垦土壤营养元素时空变化研究．土壤学报，39（5）：750-753.

张桂莲，张金屯，郭逍宇．2005. 安太堡矿区人工植被在恢复过程中的生态关系．应用生态学报，16（1）：151-155.

张华，张甘霖．2001. 土壤质量指标和评价方法．土壤，（6）：298-305.

张建彪．2011. 煤矸石山生态重建中的植被演替及其与土壤因子的相互作用．太原：山西大学博士学位论文．

张建杰，张强，杨治平，等．2010a. 山西临汾盆地土壤 SOM 和 TN 的空间变异特征及其影响因素．土壤通报，41（4）：839-843.

张建杰，张强，杨治平，等．2010b. 山西临汾盆地土壤有机质和全氮的空间变异特征及其影响因素．土壤通报，（4）：839-844.

张连翔，黄丽华，李杰．2001. 林木胸径与材积的关系：Logistic 衍生模型．东北林业大学学报，29（2）：99-101.

张萌．2014. 黄土区露天煤矿排土场重构土壤颗粒分布的多重分形特征．北京：中国地质大学硕士学位论文．

张乃明，武雪萍，谷晓滨，等．2003. 矿区复垦土壤养分变化趋势研究．土壤通报，34（1）：58-60.

张前进．2003. 黄土区大型露天矿景观动态演变及格局分析．晋中：山西农业大学硕士学位论文．

张淑彬，纪晶晶，王幼珊，等．2009. 内蒙古露天煤矿区回填土壤生态适应能力丛枝菌根真菌的筛选．生态学报，29（7）：3729-3736.

张文辉，卢涛，马克明，等．2004. 岷江上游干旱河谷植物群落分布的环境与空间因素分析．生态学报，24（3）：552-559.

张喜荣，蔡艳蓉，赵晶，等．2010. 黄土高原水土流失造成的危害及其综合治理措施．安徽农业科学，38（28）：15776-15781.

张新时．2010. 关于生态重建和生态恢复的思辨及其科学涵义与发展途径．植物生态学报，34（1）：112-118.

张兴义，隋跃宇．2005. 农田土壤机械压实研究进展．农业机械学报，36（6）：122-125.

张振国，焦菊英，贾燕锋，等．2010．黄土丘陵沟壑区不同立地环境因子对植被变化的解释比例分析．中国水土保持科学，8（2）：59-67．

张志权，束文圣，廖文波，等．2002．豆科植物与矿业废弃地植被恢复．生态学杂志，21（2）：47-52．

赵广东，王兵，苏铁成，等．2005．煤矸石山废弃地不同植物复垦措施及其对土壤化学性质的影响．中国水土保持科学，3（2）：65-69．

赵红梅，张发旺，宋亚新，等．2010．大柳塔采煤塌陷区土壤含水量的空间变异特征分析．地球信息科学学报，12（6）：753-760．

赵其国．1996．现代土壤学与农业持续发展．土壤学报，33（1）：1-12．

赵世伟，赵勇钢，吴金水．2010．黄土高原植被演替下土壤孔隙的定量分析．中国科学：地球科学，40（2）：223-231．

赵洋，张鹏，胡宜刚，等．2014．黑岱沟露天煤矿排土场不同植被配置对生物土壤结皮拓殖和发育的影响．生态学杂志，33（2）：269-275．

赵洋，张鹏，胡宜刚，等．2015．露天煤矿排土场不同配置人工植被对草本植物物种多样性的影响．生态学杂志，34（2）：387-392．

郑永红，张治国，姚多喜，等．2013．煤矸石充填复垦对土壤特性影响研究．安徽理工大学学报（自然科学版），33（4）：7-11．

钟继红，唐淑英，谭军．2002．广东红壤类土壤结构特征及其影响因素．土壤与环境，11（1）：61-65．

周虎，李保国，吕贻忠，等．2010．不同耕作措施下土壤孔隙的多重分形特征．土壤学报，47（6）：1094-1100．

周虎，吕贻忠，李保国．2009．土壤结构定量化研究进展．土壤学报，46（3）：501-506．

周萍，刘国彬，侯喜禄．2008．黄土丘陵区不同恢复年限草地土壤微团粒分形特征．草地学报，16（4）：396-402．

周树理．1995．矿山废地复垦与绿化．北京：中国林业出版社．

周玮，周运超．2009．花江峡谷喀斯特区土壤质量两种定量评价方法研究．中国岩溶，28（3）：313-318．

周炜星，吴韬，于遵宏．2000．多重分形奇异谱的几何特性 II．配分函数法．华东理工大学学报，26（4）：390-395．

朱志诚．1993．陕北黄土高原植被基本特征及其对土壤性质的影响．植物生态学与地植物学学报，17（3）：280-286．

祝寿泉，王遵亲．1989．盐渍土分类原则及其分类系统．土壤，（2）：106-109．

Akala V A, Lal R. 2001. Soil organic carbon pools and sequestration rates in reclaimed minesoils in Ohio. Journal of Environmrntal Quality, (30): 2098-2104.

Anderson D W, Saggar S, Bettany J R, et al. 1981. Particle size fractions and their use in studies of soil organic matter: I. The nature and distribution of forms of carbon, nitrogen, and sulfur. Soil SCI. Soc. Am. J., 45: 767-772.

Arya L M, Paries J F. 1981. A physic empirical model to predict the soil moisture retention characteristic from particle size distribution and bulk density data. Soil Science Society of America Journal, 45: 1023-1030.

Asare S N, Rudra P R, Dickinson T W, et al. 2001. SW-soil and water: soil macroporosity distribution and trends in a no-till plot using a volume computer tomography scanner. Journal of Agricultural Engineering Research, 78 (4): 437-447.

Ashton M S, Gunatilleke C V S, Singhakumara B M P, et al. 2001. Restoration pathways for rain forest in southwest SriLanka: A review of concepts and models. Forest Ecology and Management, 154 (3): 409-430.

Bartuska M, Frouz J. 2015. Carbon accumulation and changes in soil chemistry in reclaimed open-cast coal mining heaps near Sokolov using repeated measurement of chronosequence sites. European Journal of Soil Science, (66): 104-111.

Belnap J, Lange O L. 2003. Biological Soil Crusts: Structure, Function, and Management. Berlin: Springer-Verlag.

Berry E C. 2000. Influence of soil compaction on carbon and nitrogen mineralization of soil organic matter and crop residues. Biology and Fertility of Soils, 30 (5-6): 544-549.

Bird N, Díaz M C, Saa A, et al. 2006. Fractal and multifractal analysis of pore-scale images of soil. Journal of Hydrology , 322 (1-4): 211-219.

Bouwman L A, Arts W B M. 2000. Effects of soil compaction on the relationships between nematodes, grass production and soil physical properties. Applied Soil Ecology, 14: 213-222.

Burgos P, Madejo'n E, Pe'rez-de-Mora A, et al. 2006. Spatial variability of the chemical characteristics of a trace-element-contaminated soil before and after remediation. Geoderma, 130: 157-175.

Burrough P A. 1983. Multiscale sources of spatial variation in soil-The application of fractal concepts to nested levels of soil variation. European Journal of Soil Science, 34 (3): 577-597.

Caniego F J, Espejo R, Martin M A, et al. 2005. Multifractal scaling of soil spatial variability. Ecological Modelling, 82 (3-4): 291-303.

Carman K. 2002. Compaction characteristics of towed wheels on clay loam in a soil bin. Soil and Tillage Research, 65 (1): 37-43.

Cerri C E P, Bernoux M, Chaplot V, et al. 2004. Assessment of soil property spatial variation in an Amazon pasture: Basis for selecting an agronomic experimental area. Geoderma, 123 (1-2): 51-68.

Chen Y Y, Yang K, Tang W J, et al. 2012. Parameterizing soil organic carbon's impacts on soil porosity and thermal parameters for Eastern Tibet grasslands. Science China-earth Sciences, 55 (6): 1001-1011.

Christensen B T. 1996. Carbon in primary and secondary organomineral complex//Cater M R, Stewart B A. Structure and Organic Matter Storage in Agricultural Soil. Boca Raton: Lewis Publ: 97-165.

Ciarkowska K, Solek-Podwika K, Wieczorek J. 2014. Enzyme activity as an indicator of soil-rehabilitation processes at a zinc and lead ore mining and processing area. Journal of Environment Management, 132: 250-256.

Costigan P A, Bradshaw A D, Gemmell R. 1981. The reclamation of acidic colliery spoil waste. I . Acid production potential. Journal of Applied Ecology, 18: 865-878.

Cristescu R H, Frere C, Banks P B. 2012. A review of fauna in mine rehabilitation in Australia: Current state and future directions. Biological Conservation, 149 (1): 60-72.

Critchley C N R, Chambers B J, Fowbert J A, et al. 2002. Association between lowland grassland plant communities and properties. Biological Conservation, 105 (2): 199-215.

Dancer W S, Handley J F, Bradshaw A D. 1977. Nitrogen accumulation in kaolin mining wastes in Cornwall I. Natural communities. Plant and Soil, 48 (1): 153-167.

Dangi S R, Stahl P D, Wick A F, et al. 2012. Soil microbial community recovery in reclaimed soils on a surface coal mine site. Soil SCI. Soc. Am. J. , 76: 915-924.

Daniel L M, Peter D S, Jeffrey S B. 2002. Soil microbiological properties 20 years after surface mine reclamation: Spatial analysis of reclaimed and undisturbed sites. Soil Biology & Biochemistry, (34): 1717-1725.

Deng S P, Tabatabai M A. 1994. Celluase activity of soils. Soil Biology & Biochemistry, 26: 1347-1354.

Domene X, Mattana S, Ramirez W, et al. 2010. Bioassays prove the suitability of mining debris mixed with sewage sludge for land reclamation purposes. Journal of Soils and Sediments, 10 (1): 30-44.

Emerson W W, Mcgarry D. 2003. Organic carbon and soil porosity. Australian Journal of Soil Research, 41 (1): 107-118.

Filgueira R R, Fournier L L, Sarli G O, et al. 1999. Sensitivity of fractal parameters of soil aggregates to different management practices in a pohaeozem in central Argentina. Soil and Tillage Research, 52: 217-222.

Frouz J, Keplin B, Pizl V, et al. 2001. Soil biota and upper soil layer development in two contrasting post-mining chronosequences. Ecological Engineering, 17 (2-3): 275-284.

Fuentes C, Antonino A C D, Sepulveda J, et al. 2003. Prediction of the relative soil hydraulic conductivity with fractal models. Hydraulic Engineering in Mexico, 18 (4) : 31-40 .

Gambolatti G, Volpi G. 1979. Ground water mapping in Venice by stochastic interpolators. Water Resour. Res, 15: 281-290.

Ganti S, Bhushan B. 1995. Generalized fractal analysis and its surfaces applications to engineering. Wear, 180 (1-2): 17-34.

Gardner W R. 1956. Representation of soil aggregate-size distribution by a logarithmic normal distribution. Soil Science Society of America Journal, 20 (2) : 151-153.

Gibson J, Lin H, Bruns M. 2006. A comparison of fractal analytical methods on 2- and 3- dimensional computed tomographic scans of soil aggregates. Geoderma, 134 (3-4): 335-348.

Gilland K E, Mccarthy B C. 2014. Microtopography influences early successional plant communities on experimental coal surface mine land reclamation. Restoration Ecology, 22 (2): 232-239.

Graham W H. 1996. A review of soil pore models. Biomathematics and Statistics Scotland, 10 (1): 1-15.

Groleau-Renaud V, Plantureux S, Guckert A. 1998. Influence of plant morphology on root exudation of maize subjected to mechanical impendence in hydroponics conditions. Plant and Soil, 201: 231-239.

Grout H, Tarquis A M, Wiesner M R. 1998. Multifractal analysis of particle size distributions in soil. Environmental Science and Technology, 32 (9): 1176-1182.

Guo D G, Zhao B Q, Shangguan T L, et al. 2013. Dynamic parameters of plant communities partially reflect the soil quality improvement in eco-reclamation area of an opencast coal mine. Clean: Soil, Air, Water, 41: 1018-1026.

Habakuchi H. 2015. Foamable Sintered Material Used for Land Reclamation, is Obtained by Baking Mixture of Foaming Agent and Metal Oxide of Zinc, Copper, Manganese and/or Chromium Obtained by Sewage Treatment: Japan, JP2015003855-A.

Hakansson I, Voorhees W B. 1998. Soil compaction//Lal R, Blum W H, Valentine C, et al. Methods for Assessment of Soil Degradation. USA: CRC Press: 167-179.

Harris J A, Palmer J, Birch P. 1996. Land Restoration and Reclamation Principles and Practice. Singapore: Prentice Hall.

Herrera, M A, Salamanca C P, Barea J M. 1993. Inoculation of woody legumes with selected arbuscular mycorrhizal fungi and rhizobia to recover desertified mediterranean ecosystems. Applied and Environmental Microbiology, 59 (1): 129-133.

Hinojosa M B, Carreira J A, Garcia-Ruiz R. 2004. Soil moisture pre-treatment effects on enzyme activities as indicators of heavy metal-contaminated and reclaimed soils. Soil Biology & Biochemistry, 36: 1559-1568.

Horn R, Domzal H. 1995. Soil compaction processes and their effects on the structure of arable soils and the environment. Soil & Tillage Research, 35 (1-2): 23-36.

Hossner L R. 1988. Reclamation of Surface-Mined Lands. Roca action, Florida: CRC Press.

Jordan D, Ponder F, Hubbard V C. 2003. Effects of soil compaction, forest leaf litter and nitrogen ferilizer on two oak species and microbial activity. Applied Soil Ecology, 23: 33-41.

Ju'nior V V, Carvalho M P, Dafonte J, et al. 2006. Spatial variability of soil water content and mechanical resistance of Brazilian ferralsol. Soil & Tillage Research, 85: 166-177.

Kirkham F W, Mountford J O, Wilkins R J. 1996. The effects of nitrogen, potassium and phosphorus addition on the vegetation of a somerset peat moor under cutting management. Journal of Applied Ecology , 33 (5): 1013-1029.

Komnitsas K, Guo X, Li D. 2010. Mapping of soil nutrients in an abandoned Chinese coal mine and waste disposal site. Mineral Engineering, 23: 627-635.

Li J J, Zheng Y M, Yan J X, et al. 2013. Effects of different regeneration scenarios and fertilizer treatments on soil microbial ecology in reclaimed opencast mining areas on the Loess Plateau China. PLoS One, 8 (5): 1-11.

Li J J, Zhou X M, Yan J X, et al. 2015. Effects of regenerating vegetation on soil enzyme activity and microbial structure in reclaimed soils on a surface coal mine site. Applied Soil Ecology, 87: 56-62.

Lipiec J, Hajnos M, Świeboda R. 2012. Estimating effects of compaction on pore size distribution of soil aggregates by mercury porosimeter. Geoderma, 179: 20-27.

Liu X M, Wu J J, Xu J M. 2006. Characterizing the risk assessment of heavy metals and sampling uncertainty analysis in paddy field by geostatistics and GIS. Environmental Pollution, 141: 257-264.

Liu X P, Zhang W J, Yang F, et al. 2012. Changes in vegetation-environment relationships over long-term natural restoration process in Middle Taihang Mountain of North China. Ecological Engineering, 49: 193-200.

Lovich J E, Bainbrdge D. 1999. Anthropogenic degradation of the southern California desert ecosystem and prospect for natural recovery and restoration. Environmenial Management, 24 (3): 309-326.

Luxmoore R J, Jarding P M, Wilson G V, et al. 1990. Physical and chemical controls of preferred path flow through a forested hill slope. Geoderma, 46: 139-154.

Marsili A. 1998. Changes of some physical properties of a clay soil following passage of rubber and metal tracked tractors. Soil and Tillage Research, 49 (3): 185-199.

Martin M A, Montero E. 2002. Laser diffraction and multifractal analysis for the characterization of dry soil volume-size distributions. Soil and Tillage Research, 64 (1-2): 113-123.

Martinez R E, Marquez J E, Hoa H T B, et al. 2013. Open-pit coal-mining effects on rice paddy soil composition and metal bioavailability to Oryzasativa L. plants in Cam Pha, northeastern Vietnam. Environmental Science and Pollution Research, 20 (11): 7686-7689.

Matthew L B. 2003. Effects of increased soil nitrogen on the dominance of alien annual plants in the Mojave Desert. Journal of Applied Ecology, 40 (2): 344-353.

McNaba W H, Sara A B, Steven A S. 1999. An unconventional approach to ecosystem unit classification in western North Carolina, USA. Forest Ecology and Management, 114: 405-420.

Meneveau C, Sreenivasan K R, Kailasnath P, et al. 1990. Joint multifractal measures: Theory and applications to turbulence. Physical Review. A: Atomic, Molecular and Optical Physics, 41 (2): 894-913.

Morrison I K, Foster N W. 2001. Fifteen-year change in forest floor organic and element content and cycling at the Turkey Lakes water-shed. Ecosystems, 4 (6): 545-554.

Mummey D L, Stahl P D, Buyer J S. 2002. Soil microbiological properties 20 years after surface mine reclamation: Spatial analysis of reclaimed and undisturbed sites. Soil Biology & Biochemistry, 34 (11): 1717-1725.

Naeth M A, Chanasyk D S, Burgers T D. 2011. Vegetation and soil water interactions on a tailings sand storage facility in the athabasca oil sands region of Alberta Canada. Physics and Chemistry of the Earth, 36 (1/4): 19-30.

Nyamadzawo G, Shukla M K, Lal R. 2008. Spatial variability of total soil carbon and nitrogen stocks for some reclaimed minsoils of southeastern Ohio. Land Degradation & Develop, (19): 275-288.

Parrotta J A. 1992. The role of plantation forests in rehabilitating degraded ecosystems. Agriculture, Ecosystems &Environment, 41: 115-133.

Peyton R L, Gantzer C J, Anderson S H, et al. 1994. Fractal dimension to describe soil macropore structure using X ray computed tomography. Water resources research, 30 (3): 691-700.

Popovic A, Djordjevic D, Polic P. 2001. Trace and major element pollution originating from coal ash suspension and transport processes. Environment International, 26: 251-255.

Posadas A N D, Gimenez D, Quiroz R, et al. 2003. Multi-fractal characterization of soil pore systems. Soil Science Society of America Journal, 67 (5): 1361-1369.

Post W M, Pastor J, King A W, et al. 1992. Aspects of the interaction between vegetation and soil under global change. Water, Air and Soil Pollution, 64 (1/2): 345-363.

Potter K N, Carter F S, Doll E C. 1988. Physical properties of constructed and unconstructed soils. Soil Science Society of America Journal, (52): 1435-1438.

Rao M, Kathavate Y V. 1972. Effect of soil compaction on the yields of wheat and maize. Indian Journal of Agronomy, 17 (3): 199-205.

Regelink I C, Stoof C R, Rousseva S, et al. 2015. Linkages between aggregate formation, porosity and soil chemical properties. Geoderma, 247: 24-37.

Robertson G P, Klingensmith K M, Klug M J, et al. 1997. Soil resources, microbial activity, and primary production across an agricultural ecosystem. Ecological Applications, 7 (1): 158-170.

San Jose Martinez F, Martin M A, Caniego F J, et al. 2010. Multifractal analysis of discretized X-ray CT images for the characterization of soil macropore structures. Geoderma, 156: 32-42.

Shukla M K, Lal R, Underwood J, et al. 2004. Physical and hydrological characteristics of reclaimed minesoils in Southeastern Ohio. Soil Science Society of America Journal, 68 (4): 1352.

Soaneb D, Vanouwerkerk C. 1994. Soil compaction in cropproduction. Elsevier, Amsterdam, 56 (4): 198-204.

Sourkova M, Frouz J, Fettweis U, et al. 2005. Soil development and properties of microbial biomass succession in reclaimed post mining sites near Sokolov (Czech Republic) and near Cottbus (Germany). Geoderma, 129 (1-2): 73-80.

Stenico J W G, Vieira F H T, Lee L L. 2013. Estimation of loss probability and the admissible number of users in a network link considering a lognormal multifractal traffic model with exponential variance. Measurement, 46 (10): 3929.

Turcotte D L. 1986. Fractals and fragmentation. Geophys Research, 91 (B2): 1921-1926.

Tyler S W, Wheatcraft S W. 1992. Fractal frcaling of soil particle-size distribution: Analysis and imitations. Soil Science Society of America Journal, 56: 362-369.

Udawatta R P, Anderson S H, Gantzer C J, et al. 2006. Agroforestry and grass buffer influence on macropore characteristics: A computed tomography analysis. Soil Science Society of America Journal, 70 (5): 1763-1773.

Udawatta R P, Anderson S H. 2008. CT-measured pore characteristics of surface and subsurface soils influenced by agroforestry and grass buffers. Geoderma, 145 (3-4): 381-389.

Vogel H J, Roth K. 2001. Quantitative morphology and network representation of soil pore structure. Advances in Water, 24 (3-4): 233-242.

Wang J M, Liu W H, Yang R X, et al. 2013a. Assessment of the potential ecological risk of heavy metals in reclaimed soils at an opencast coal mine. Disaster Advances, 6 (S3): 366-377.

Wang J, Shang P J, Dong K Q. 2013b. Effect of linear and nonlinear filters on multifractal analysis. Applied Mathematics and Computation, 224-337.

Wang Y G , Zhu Y E , Zhang Q H, et al. 2006. Species diversity of wild vascular plants in Longjiao Mountain forest area. Chinese Journal of Ecology, 25 (12): 1490-1494.

Wanner M, Dunger W. 2001. Biological activity of soils from reclaimed open−cast coal mining areas in Upper Lusatia using testate amoebae (protists) as indicators. Ecological Engineering, 17 (2-3): 323-330 .

Warkentin B P. 1995. The changing concept of soil quality. Soil and Water Conservation, 50: 226-228.

Warner G S, Nieber J L, Moore I D, et al. 1989. Characterizing macro−pores in soil by computed tomography. Soil Science Society of America Journal, 53: 653-660.

Webster R. 1985. Quantitative spatial analysis of soil in the field. Advances in Soil Science, 3: 1-70.

Wedin D A, Tilman D. 1996. Influence of nitrogen loading and species composition on the carbon balance of grasslands. Science, 274 (5293): 1720-1723.

Xu Y F, Sun D A. 2002. A fractal model for soil pores and its application to determination of water permeability. Physica A-Statistical Mechanics and Its Applications, 316 (1) : 56-64.

Zeleke T B, Si B C. 2005. Scaling relationships between saturated hydraulic conductivity and soil physical properties. Soil Science Society of America Journal, 69: 1691-1702.

Zeleke T B, Si B C. 2006. Characterizing scale- dependent spatial relationships between soil properties using multifractal techniques. Geoderma, 134 (3-4): 440-452.

Zeng Y H, Zhang Z G, Yao G X, et al. 2013. Study on influence of gangue on reclaimed soil properties. Journal of Anhui University of Science and Technology (Natural Science), 33 (4): 7-11.

Zeng Y, Gantzer C J, Peyton R L. 1996. Fractal dimension and lacunarity determined with X- ray computed tomography. Soil Science Society of America Journal, (60): 1718-1724.

Zhang J T , Xi Y , Li J. 2006. The relationships between environment and plant communities in the middle part of Taihang Mountain Range, North China. Community Ecol, 7: 155-163.

Zhang L, Wang J M, Bai Z K, et al. 2015. Effects of vegetation on runoff and soil erosion on reclaimed land in an opencast coal−mine dump in a loess area. Catena, 128: 44-53.

Zhu H H, He X Y, Wang K L, et al. 2012. Interactions of vegetation succession, soil bio−chemical properties and microbial communities in a Karst ecosystem. European Journal of Soil Biology, 51: 1-7.